"十二五"江苏省高等学校重点教材（编号：2013-2-048）

结 构 力 学

（第 2 版）

U0224496

主 编　王振波　乔　燕　马　林

主 审　张金生　周广春

中国建材工业出版社

北　京

图书在版编目（CIP）数据

结构力学/王振波，乔燕，马林主编 . -- 2 版 . --
北京：中国建材工业出版社，2024.3
ISBN 978-7-5160-3967-0

Ⅰ. ①结… Ⅱ. ①王… ②乔… ③马… Ⅲ. ①结构力
学－高等学校－教材 Ⅳ. ①O342

中国国家版本馆 CIP 数据核字（2023）第 249737 号

内 容 简 介

本书是"十二五"江苏省高等学校重点教材（编号：2013-2-048）《结构力学》
的第 2 版。

本书共 12 章，主要内容包括绪论、平面体系的几何组成分析、静定结构的受
力分析、静定结构的影响线、虚功原理和结构的位移计算、力法、位移法、力矩分
配法、矩阵位移法、结构的极限荷载、结构的稳定计算、结构的动力计算。其中第
1～8 章为基本内容，第 9～12 章为专题内容，各院校可根据具体情况选学，一般
需安排约 120 学时。

本书适合作为普通高校应用型本科土木类（包括建筑工程、交通工程及工程管
理等）专业教材，以及水利工程、港口航道工程等相近专业教材，也可供上述专业
的广大工程技术人员参考。

结构力学（第 2 版）
JIEGOU LIXUE（DI-ER BAN）
主 编 王振波 乔 燕 马 林
主 审 张金生 周广春

出版发行：中国建材工业出版社
地　　址：北京市海淀区三里河路 11 号
邮　　编：100831
经　　销：全国各地新华书店
印　　刷：北京雁林吉兆印刷有限公司
开　　本：787mm×1092mm　1/16
印　　张：22
字　　数：530 千字
版　　次：2024 年 3 月第 2 版
印　　次：2024 年 3 月第 1 次
定　　价：69.80 元

前　　言

　　结构力学是土木工程专业的一门重要专业基础课，主要内容包括绪论、平面体系的几何组成分析、静定结构的受力分析、静定结构的影响线、虚功原理和结构的位移计算、力法、位移法、力矩分配法、矩阵位移法、结构的极限荷载、结构的稳定计算、结构的动力计算。其中第1～8章为基本内容，第9～12章为专题内容，各院校可根据具体情况选学，一般需安排约120学时。不同专业可根据专业的需要酌情取舍，每章均配备精选的习题和小结，对活跃思维、启发思考，加深对基本概念理解，掌握基本的运算技能具有重要作用。

　　本书内容精练，通俗易懂，便于自学，既重视基本概念、基本原理的讲解和基本方法的训练，又注重理论知识与后续课程及工程应用背景的结合，力求保持结构力学基本理论的系统性和先进性，并适当地掌握内容的深度和广度，由浅入深、注重培养学生的解题能力，方便教学。

　　本书适合作为普通高校应用型本科土木类（包括建筑工程、交通工程及工程管理等）专业教材，以及水利工程、港口航道工程等相近专业教材，也可供上述专业的广大工程技术人员参考。

　　本书由王振波、乔燕、马林主编，张金生、周广春主审。编写分工如下：乔燕（第1、2章），王振波（第3、5章），于晓明（第4、6章），马林、李洁（第7、8、9章），生涛、陈旭阳（第10、11、12章）。

　　本书在编写过程中，吸取了目前结构力学教材中适合普通高等院校特点的内容，在此对这些教材的作者表示衷心的感谢。由于水平有限，书中可能存在一些疏漏或不妥之处，敬请读者批评指正。

编　者
2024.1

目　　录

第 1 章　绪　　论

§1-1　结构力学的研究对象、基本任务和学习方法

在土建、交通和水利工程中，支承和传递荷载而起骨架作用的部分称为工程结构，简称结构。图 1-1 所示为工程结构实例：结构通常是由许多构件连接而成，如杆、柱、梁、板、壳等。

(a)　(b)　(c)

图 1-1　工程结构实例

　　图 (a) 为高层建筑结构（克里克塔，位于迪拜溪港，高约 928m，比哈利法塔高出 100m）；图 (b) 为桥梁结构（港珠澳大桥，桥隧全长 55km，其中主桥 29.6km，香港口岸至珠澳口岸 41.6km，桥面为双向六车道高速公路，设计速度 100km/h，工程项目总投资额 1269 亿元）；图 (c) 为水利结构工程（三峡大坝，主要由挡水泄洪主坝体、发电建筑物、通航建筑物等建筑组成，坝体为混凝土重力坝，全长 2335m）。

结构的类型是多种多样的，结构的受力特性和承载能力与结构的几何特征关系密切。结构按其构件的几何特征可分为以下三种类型：

1. 杆系结构

杆系结构是由若干个杆件相互连接而组成的结构。杆系结构的几何特征是杆件的长度远

大于其横截面上两个方向的几何尺度。梁、拱、刚架、桁架等都是杆系结构的典型形式，例如钢结构厂房（图1-2）。杆系结构又可分为平面杆系结构和空间杆系结构。

图1-2　钢结构厂房

2. 板壳结构

板壳结构的几何特征是它的构件厚度远小于其余两个方向的尺度，又称薄壁结构。薄壁结构又可分为薄板结构和薄壳结构。例如房屋建筑中的楼板（图1-3）、壳体屋盖（图1-4）等。

图1-3 地下室顶板

图1-4 国家大剧院

3. 实体结构

实体结构的几何特征是构件的三个方向的尺度大约为同一量级的结构，例如重力式挡土墙、堤坝（图1-1c）等。

结构力学是土木工程类专业的一门重要的专业基础课，与先修的理论力学、材料力学以及后继的弹、塑性力学之间有着密切的联系。材料力学主要是研究材料和单根杆件的强度、刚度和稳定性的计算；而结构力学是以杆系结构为主要研究对象；弹、塑性力学则是以板壳结构和实体结构为主要研究对象。

结构力学是研究结构的合理形式及结构在受力状态下的内力、变形、动力响应和稳定性等方面的计算原理和计算方法。研究的目的是使结构满足安全性、适用性和经济性的要求。具体地说，结构力学的基本任务主要包括以下几个方面：

① 研究结构的几何组成规则，探讨结构的合理形式，以便有效地利用材料，充分发挥其性能。

② 计算结构在荷载、温度变化、支座移动等外部因素作用下的内力、变形和位移，为结构的强度和刚度计算提供依据，以保证结构满足安全、经济和适用的要求。

③ 计算结构的稳定性，确定结构丧失稳定性的最小临界荷载，以保证结构处于稳定的平衡状态而正常工作。

④ 研究结构在动力荷载作用下的动力特性，为结构抗震设计提供理论基础。

结构力学的学习，一方面要用到高等数学、理论力学和材料力学等课程的知识，另一方面又为钢筋混凝土结构、钢结构、砌体结构、桥梁结构等后继专业课程的学习提供必要的基本理论和计算方法。结构力学在房建、水利、交通及地下工程等专业的学习中占有重要的地位。

学习结构力学课程时要注意它与先修课程的联系。对先修课的知识，应当根据情况进行必要的复习，并在运用中得到巩固和提高。只有牢固地掌握结构力学课程所涉及的基本理论和计算方法，才能为后继课程的学习打下坚实的基础。因此，学习结构力学时应特别注重分析能力、计算能力、自学能力和表达能力的培养。

① 分析能力：合理选择结构计算简图，对结构的受力、变形和位移进行分析，选择恰当计算方法的能力。

② 计算能力：对各种结构进行计算和使用结构计算程序进行校核的能力。

③ 自学能力：吸收、消化、运用和拓展相关知识的能力。

④ 表达能力：表述问题条理清晰、内容简洁、图文并茂和计算准确的能力。

学习结构力学课程必须坚持理论与实践相结合的原则。在参观、实习及日常生活中，要留心观察实际结构的构造，分析结构的受力特点，思考如何利用所学习的理论知识解决实际结构的力学问题。只有理论联系实际，才能深刻理解、掌握书本知识，为将来应用所学知识解决实际工程问题做好铺垫。

做习题是学好结构力学课程的重要环节之一，只有高质量地完成足够数量的习题，才能掌握和理解相关的概念、原理和方法。

§1-2　结构的计算简图

在结构设计中，需要对实际结构进行力学分析。由于实际结构的组成、受力和变形情况复杂，要完全按照结构的实际情况进行力学分析，通常很困难，也是不必要的。因此，在对实际结构进行力学分析时，应抓住结构基本的、主要的特征和能反映实际结构受力情况的主要因素，忽略一些次要因素，对实际结构进行抽象和简化。这种既能反映真实结构的主要特征，又便于计算的模型称为计算简图。

由于计算简图的选取直接关系到计算精度和计算工作量的大小，因此在选取计算简图时，可根据具体情况和不同要求，对于同一实际结构可选取不同的计算简图。例如：对结构的静力计算，由于计算较简单，可选取比较精确的计算简图；对结构的动力计算，由于计算较复杂，可选取较为简单的计算简图；在初步设计阶段可选取较为粗略的计算简图，在施工图设计阶段可选取较为精细的计算简图；采用手算时可选取较为简明的计算简图，采用电算时可选取较为复杂的计算简图。

将实际结构简化为计算简图，通常包括以下几方面的工作。

1. 结构体系的简化

实际结构一般都是空间结构，各部分相互连接形成一个整体，以承受各种荷载作用。对空间结构进行力学分析往往比较复杂，工作量较大。在一定条件下，可抓住实际结构受力情况的主要因素，略去次要因素，将其分解简化为平面结构，使计算得到简化。在本书中主要以平面杆系结构为研究对象。

2. 杆件的简化

杆系结构中的杆件，在计算简图中可以用杆件的轴线来表示，用各杆轴线相互连接构成的几何图形代替真实结构。

3. 结点的简化

在杆系结构中，杆件间相互连接的部分称为结点。根据结构的受力特点和结点的构造情况，结点的计算简图常简化为以下两种类型：

（1）铰结点

铰结点的特征是汇交于结点的各杆端不能相对移动，但它所连接的各杆可以绕铰自由转动。理想的铰结点在实际结构中是很难实现的，结点处各杆件并不能完全自由地转动，但是由于杆件间的连接对于相对转动的约束作用不强，受力时杆件发生微小的相对转动还是可能的，因此，这时该结点可近似视为铰结点。图1-5表示一个木屋架的结点构造和它的计算简图，图1-6表示一个钢桁架的结点构造和它的计算简图。

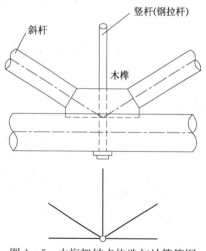

图1-5 木桁架结点构造与计算简图

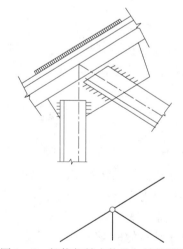

图1-6 钢桁架结点构造与计算简图

（2）刚结点

刚结点的特征是结点处所连接的各杆端不能相对移动，也不能相对转动，即结点处的各杆件之间的夹角在结构变形后不会改变。

图 1-7 所示为一钢筋混凝土框架结点构造与计算简图。横梁的受力钢筋伸入柱内锚固，二者整体浇筑，该结点不仅可以传递力，而且可以传递弯矩，因此简化为刚结点。

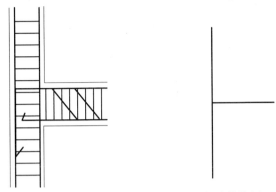

图 1-7　钢筋混凝土框架结点构造与计算简图

4. 支座的简化

把结构与基础或其他支承物连接起来的装置称为支座。平面杆系结构的支座通常简化为以下几种形式：

（1）可动铰支座

可动铰支座的特征是被支承的结构物既可以绕铰中心转动，也可以沿支承面移动，但不能沿垂直于支承面方向移动。桥梁结构中所用的摇轴支座（图 1-8a）和辊轴支座（图 1-8b）都是可动铰支座，其计算简图可用图 1-8c 来表示，支座反力的作用点和作用线均为已知，只有大小未知，可用力 Y 表示。

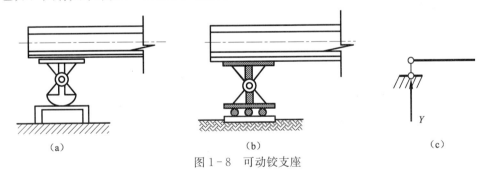

（a）　　　　　　　　　（b）　　　　　　　　　（c）

图 1-8　可动铰支座

（2）固定铰支座

固定铰支座的特征是被支承的结构可以绕铰中心转动，但不可以沿任何方向移动。图 1-9a 所示为结构施工过程中连接撑杆和基础的装置，为一固定铰支座。图 1-9b 为插入杯形基础的混凝土预制柱，杯口内用沥青麻刀填实，柱端可以做微小转动，柱下端杯口连接处可视为固定铰支座。固定铰支座的计算简图如图 1-9c 所示，其支座反力通常可用水平反力 X 和竖向反力 Y 来表示。

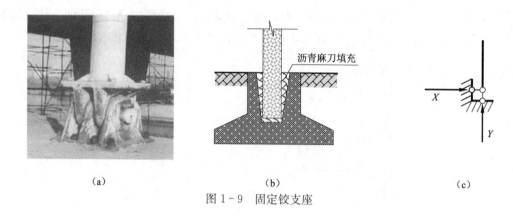

(a)
(b)
(c)

图 1-9 固定铰支座

（3）固定支座

固定支座的特征是在支承处被支承的结构既不能发生移动，也不能发生转动。图 1-10a 所示为插入杯形基础的混凝土预制柱，杯口内用细石混凝土填实，柱端不能移动和转动，柱下端杯口连接处可视为固定支座。它的计算简图如图 1-10b 所示，其支座反力通常可用水平反力 X 和竖向反力 Y，反力矩 M 来表示。图 1-10c 所示为一悬臂梁，当梁端插入墙体一定深度时，梁端约束可视为固定支座，其计算简图与支座反力如图 1-10d 所示。

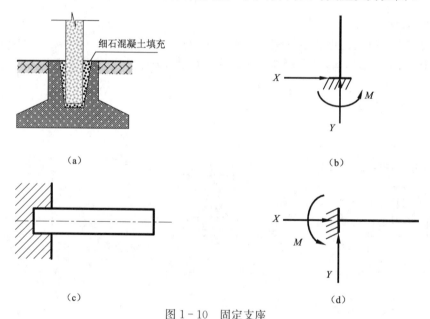

(a)
(b)
(c)
(d)

图 1-10 固定支座

（4）定向支座

定向支座又称滑动支座，它的特征是允许被支承的结构沿支承面移动但不允许有垂直于支承面的移动和绕支承端的转动。定向支座的构造如图 1-11a 所示，其计算简图与支座反力如图 1-11b 所示。

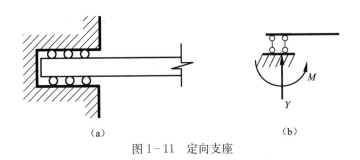

（a）　　　　　　　　　　　　　（b）

图 1-11　定向支座

上述四种支座，均假设支座本身是不变形的，计算简图中的支杆也被视为不能变形的刚性链杆，这类支座称为刚性支座。

（5）弹性支座

若要考虑支座本身的变形，则这类支座称为弹性支座。图 1-12a 所示的桥面结构计算简图，桥面板上的荷载通过纵梁传给横梁，然后由横梁传给主梁，最后由主梁传给桥墩。在荷载传递过程中，横梁起支承纵梁作用，横梁将产生弯曲变形而引起竖向位移，此时横梁相当于一个弹簧，它具有抵抗纵梁移动的能力，故计算纵梁时把横梁对它的约束简化为弹性支座，如图 1-12b 所示。

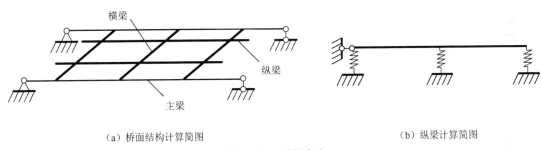

（a）桥面结构计算简图　　　　　　　　　　　　　（b）纵梁计算简图

图 1-12　弹性支座

5. 荷载的简化

作用在结构上的外力，包括荷载和约束反力，可以分为体积力和表面力两大类。体积力是指自重和惯性力等分布在结构内的作用力；表面力是指风压力、水压力和车辆的轮压力等分布在结构表面上的作用力。不管是体积力还是表面力都可以简化为作用在杆轴线上的力（图 1-13）。根据外力的分布情况，这些力一般可以简化为集中荷载、集中力偶和分布荷载。

下面举例说明结构计算简图的选取。

图 1-14 所示为单层厂房结构组成示意图，根据结构受力特点，抓住结构的主要因素，略去次要因素，可将空间结构体系简化

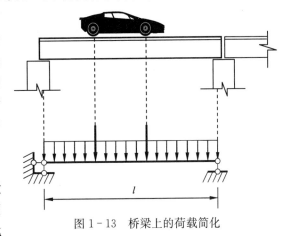

图 1-13　桥梁上的荷载简化

为平面结构体系。沿厂房的横向，柱子与屋架之间通过预埋钢板，吊装就位后焊接在一起，不能相互移动，但不能完全阻止二者间发生相对转动，此时柱子与屋架间的连接可视为铰结点，计算屋架内力时，可忽略其传递柱顶剪力将其单独取出，把屋架简化为两端铰支的平面理想桁架，计算简图如图 1-15a 所示。

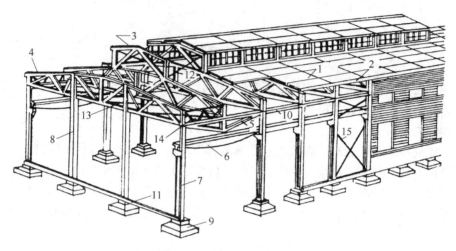

图 1-14 单层厂房结构组成

1—屋面板；2—天沟板；3—天窗架；4—屋架；5—托架；6—吊车梁；7—排架柱；

8—抗风柱；9—基础；10—连系梁；11—基础梁；12—天窗架垂直支承；

13—屋架下弦横向水平支承；14—屋架端部垂直支承；15—柱间支承

在分析柱子的内力时，屋架可视为连接柱端刚度无限大的链杆，柱顶铰结，计算简图如图 1-15b 所示，这种结构体系工程上称为排架。沿厂房的纵向，由于吊车梁支承在单阶柱上，梁上铺设钢轨，可将吊车荷载引起的轮压、钢轨和梁的自重及支座反力一起简化到梁轴线所在的平面内，以梁的轴线代替吊车梁。由于梁的两端搁置在柱子上，整个梁既不能上下移动，也不能水平移动，当承受荷载而微弯时，梁的两端可以发生微小的转动，当温度变化时，梁还能自由伸缩；为了反映上述支座对梁的约束作用，可将梁的一端简化为固定铰支座，另一端简化为可动铰支座。钢轨和梁的自重是作用在梁轴线上的恒荷载，它们沿梁的轴线是均匀分布的，可简化为作用在梁轴线上的均布线荷载。吊车荷载引起的轮压是活荷载，由于它们与钢轨的接触面积很小，可以简化为集中荷载，吊车梁的计算简图如图 1-15c 所示。

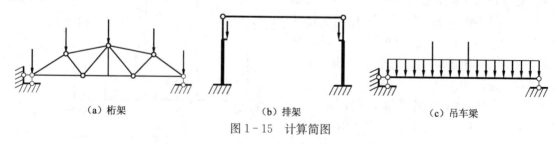

(a) 桁架   (b) 排架   (c) 吊车梁

图 1-15 计算简图

§1-3 杆系结构的分类

平面杆系结构是本书的主要研究对象，根据其组成特征和受力特点，通常可将其分为以下五种类型：

1. 梁

梁是一种受弯构件，它的轴线通常为直线，其变形主要以弯曲变形为主。梁有单跨梁和多跨梁（图 1-16）。

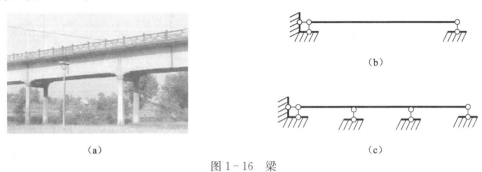

（a）

（b）

（c）

图 1-16 梁

2. 拱

拱的轴线一般为曲线，拱在竖向荷载作用下支座处会产生水平推力，由此可以减小拱截面内的弯矩（图 1-17）。

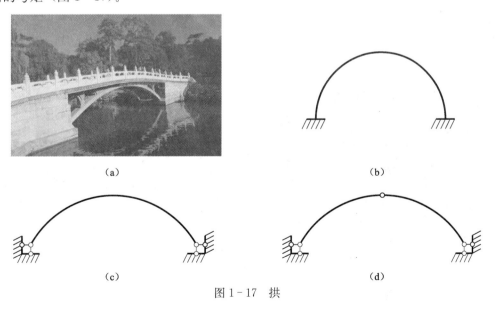

（a）

（b）

（c）

（d）

图 1-17 拱

3. 刚架

刚架中的杆件通常由直杆组成，刚架的结点主要是刚结点，也可以有部分铰结点。刚架中各杆以弯曲变形为主（图1-18）。

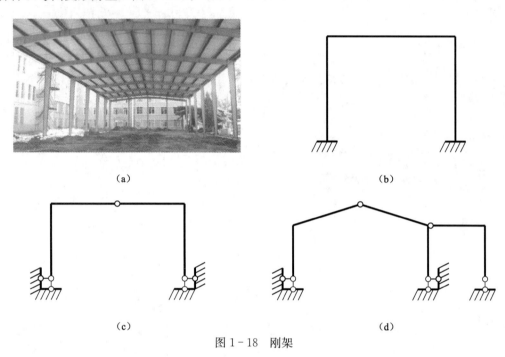

（a）　　　　　　　　　　　　　　　　（b）

（c）　　　　　　　　　　　　　　　　（d）

图1-18　刚架

4. 桁架

桁架由直杆组成，各结点均为铰结点（图1-19）。当桁架承受结点荷载时，各杆件内只产生轴力。

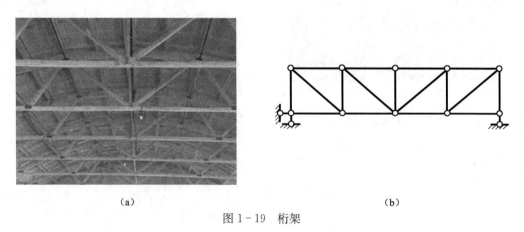

（a）　　　　　　　　　　　　　　　　（b）

图1-19　桁架

5. 组合结构

组合结构由链杆和受弯杆组成，其中受弯杆以弯曲变形为主，链杆仅承受轴力（图1-20）。

上述五种类型的杆系结构是最基本的结构类型，除此之外还有拉索、悬索等结构类型，在此不做详细介绍。

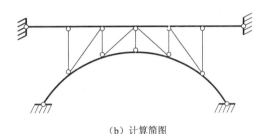

（a）拱桥　　　　　　　　　　　　　　（b）计算简图

图1-20　组合结构

§1-4　荷载的分类

荷载是作用于结构上的主动力，常见的荷载有以下几种分类方法：

（1）根据荷载作用的范围和分布情况可分为分布荷载和集中荷载

分布荷载是指连续分布在结构某一部分上的荷载，它又可分为均布荷载和非均布荷载。当分布荷载的集度各处相同时称为均布荷载，如等截面杆的自重可简化为沿杆长作用的均布荷载；当分布荷载的集度各处不相同时称为非均布荷载，如作用在游泳池的池壁上的水压力可简化为按直线变化的非均布荷载（又称线性分布荷载）。

集中荷载是指作用在结构上某一点处的荷载，当实际结构上的分布荷载作用的总区域尺寸远小于结构的尺寸时，为了计算简便，可将此区域上的荷载总和视为作用在结构某一点上的集中荷载。

（2）根据荷载作用于结构时间的久暂可分为恒载和活载

恒载是指永久作用在结构上不变的荷载。在结构正常使用阶段，荷载作用于结构上的位置、大小和方向均不改变。如结构的自重、永久固定在结构上的设备重量等。

活载是指暂时作用在结构上可以变动的荷载。荷载在建筑物的施工过程和使用期间可能存在，其大小、方向、位置均可随时变化。如人群、冰雪的重量、风荷载等。

（3）根据荷载作用的性质可分为静力荷载和动力荷载

静力荷载是指逐渐增加的、不致使结构产生显著的冲击或振动，可略去惯性力影响的荷载。如结构的自重等恒载都是静力荷载。

动力荷载是指作用在结构上对结构产生显著的冲击或振动的荷载。这类荷载作用下，结构将会产生不容忽视的加速度。如机械振动、地震、爆炸冲击等。

§1-5 小 结

本章重点掌握结构计算简图的简化方法和简化要点、杆系结构的分类、荷载分类等。结构计算简图的合理选择，在结构分析中是一个极为重要的环节，也是必须首先要解决的问题。在对各类工程结构进行研究、分析和设计时，应对工程结构实际情况进行简化，用简图来描述它。

1. 基本概念

结构；计算简图；结点；支座；荷载

（1）结构

工程结构是指建筑物或构筑物中能够发挥承受、传递荷载而起骨架作用的部分，简称为结构。

（2）计算简图

对实际结构进行必要的简化，忽略结构中的一些次要影响因素，突出原结构最基本和最主要的受力特征和变形特点，能够用来进行力学分析和研究的抽象化结构模型，简称为计算简图。

（3）结点

结构中两个或两个以上杆件间共同连接的部分称为结点，一般可分为铰结点、刚结点和组合结点。

（4）支座

支座是指连接结构与基础的装置，刚性支座一般可分为可动铰支座、固定铰支座、固定支座和定向支座。

（5）荷载

荷载是作用在结构上的主动力，一般可简化为集中荷载、集中力偶和分布荷载。

2. 知识要点

（1）结构的分类

结构一般分为杆系结构、板壳结构和实体结构三种类型。

（2）结构的计算简图

计算简图选取原则：能正确反映实际结构的主要受力特征和变形特点；在满足工程需要的前提下，忽略一些次要因素，使计算简图便于力学分析和计算。

计算简图简化要点主要包括：结构体系、杆件、结点、支座、材料性质和荷载的简化等。

（3）杆系结构的分类

根据结构形式和受力特性，通常将平面杆系结构可分为梁、拱、桁架、刚架和组合结构五种类型。根据杆件轴线和外力的空间分布，杆系结构可分为空间结构和平面结构；根据计算特征，可分为静定结构和超静定结构。

（4）荷载的分类

荷载按作用范围和分布情况，可分为集中荷载和分布荷载；按作用时间的久暂，可分为恒载和活载；按荷载作用的性质，可分为静力荷载和动力荷载。

第2章 平面体系的几何组成分析

§2-1 概 述

若干根杆件以某种方式相互连接构成杆件体系，若体系内所有杆件和联系都在同一平面内，则称为平面体系。对体系发生运动的可能性进行分析，以确定它属于哪一种体系，称为几何组成分析。

在忽略材料变形的条件下，体系受到任意荷载作用时，若杆系原有的几何形状和各杆的相对位置保持不变，称为几何不变体系。图2-1a所示的体系为几何不变体系。图2-1b所示的杆件体系，在水平荷载作用下产生了运动，各杆间的相对位置也产生了明显的变化，像这种体系受到荷载作用后，杆系的形状或各杆的相对位置会发生改变，称为几何可变体系。几何组成分析就是研究杆件体系如何保持空间几何位置不变的规律，或者说杆件体系按什么样的规则才能组成几何不变体系。只有几何不变体系才能作为工程结构。

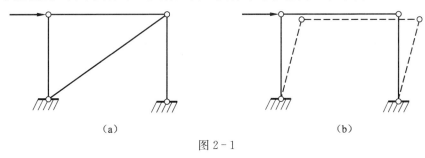

（a）   （b）

图2-1

进行几何组成分析的目的在于：判别杆件体系是否几何不变，以确定它能否作为结构使用；研究几何不变体系组成规则，判断结构是静定结构还是超静定结构，为进行结构的内力分析打下必要的基础。

本章只讨论平面杆件体系的几何组成分析。

§2-2 平面杆件体系的自由度和约束

本节中几个基本概念如下：

1. 刚片

在几何组成分析中，把杆件当做刚体，在平面杆件体系中把刚体称为刚片。有时为讨论问题方便，常将平面杆件体系中已判定为几何不变的部分视为刚片，基础也常看成刚片。

2. 自由度

自由度是确定物体在空间的几何位置所需的独立坐标的个数。

① 确定平面上的一个点的位置，需要两个独立的坐标，即平面上的一个点有两个自由度。如图 2-2a 所示，需要 2 个独立坐标 x 和 y 来确定平面上一点 A 的位置。

② 确定一个刚片在平面内的位置，需要 3 个独立的坐标，即一个刚片在平面内有 3 个自由度。如图 2-2b 所示，平面刚片 AB 需要 3 个独立坐标 x、y 和 α 确定其位置，所以刚片 AB 有 3 个自由度。

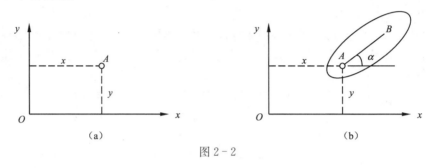

图 2-2

3. 约束

能减少体系自由度数的装置称为**约束**，又称**联系**。约束是杆件体系与基础或支承物间、杆件与杆件间的连接装置。约束对杆件或杆件体系的几何位置起限制作用，即约束限制杆件与杆件间、体系与基础间、体系与支承物间的相对运动。因此，杆件体系中的约束使该体系的自由度减少。不同约束对体系自由度减少的程度是不同的。

在刚片上加上约束装置，它的自由度将会减少，凡能减少一个自由度的装置称为一个约束。

（1）链杆

如图 2-3a 所示，刚片原来有 3 个自由度，用一根链杆 AB 将刚片与基础连接后，刚片的自由度剩下 2 个，即 α_1 和 α_2，减少了 1 个自由度。图 2-3b 中，刚片 Ⅰ 在平面内有 3 个自由度，即 x、y 和 α_1，用一根链杆 12 将刚片 Ⅰ、Ⅱ 连起来，以刚片 Ⅰ 作为参照物分析刚片 Ⅱ 的运动，则可知刚片 Ⅱ 可绕 2 点转动，而链杆 12 又可绕 1 点转动，故刚片 Ⅱ 相对于刚片 Ⅰ 的位置还需要两个独立坐标 α_2 和 α_3 才能确定。因此，由刚片 Ⅰ、Ⅱ 组成的体系具有 5 个自由度，其自由度减少了一个。因此，一根链杆或一个可动铰支座相当于一个约束，可以减少 1 个自由度。

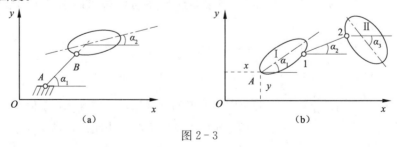

图 2-3

（2）铰

一个铰可以连接两个或两个以上的刚片，当一个铰仅连接两个刚片时，称之为单铰。若一个铰连接三个或三个以上刚片，则称之为复铰。图 2－4a 中，用一个单铰将刚片与基础连接后，体系的自由度只剩 1 个，减少了 2 个。单铰的约束作用与两根不共轴线的链杆的约束作用等价。图 2－4b 中，两刚片用铰 A 连接后，两刚片的位置用坐标 x、y，角 α_1 和 α_2 可确定，此时由两刚片组成体系的自由度为 4 个，减少了 2 个。因此，一个单铰或一个固定铰支座相当于 2 个约束，可以减少 2 个自由度。

图 2－4c 中铰 A 为复铰，4 个刚片用铰 A 连接后体系的自由度为 6 个，比连接前减少了 6 个自由度。因此，连接 n 个刚片的复铰等于（n－1）个单铰。

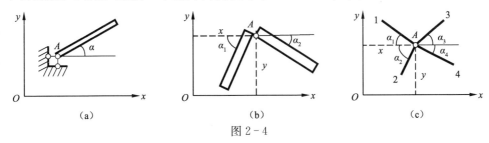

图 2－4

两根链杆轴线的交点称为实铰（图 2－5a）；两根链杆轴线延长线的交点称为虚铰，又称为瞬铰（图 2－5b、c）。虚铰的位置与刚片的相对位置有关，或者说与两刚片的相对运动有关。因此，虚铰的位置是刚片的瞬时转动中心。

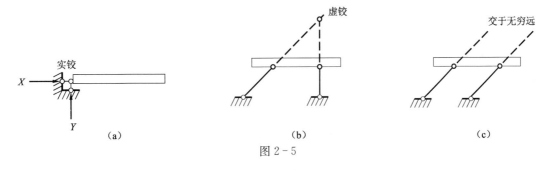

图 2－5

（3）刚性连接（刚结点、固定支座）

当两杆之间用刚结点相互连接时，称之为刚性连接。一个刚结点可以连接两个或两个以上的刚片，当一个刚结点仅连接两个刚片时，称之为单刚结点。若一个刚结点连接三个或三个以上刚片，则称之为复刚结点。如图 2－6a 所示，当两刚片用刚结 A 连接时，此两刚片间不能产生任何相对运动，使两刚片体系减少了 3 个自由度，故刚结点相当于 3 个约束。图 2－6b 所示固定支座也是刚结点，相当于 3 个约束。1 个单刚节点，或 1 个固定支座，相当于 3 个约束，可以减少 3 个自由度。

图 2－6c 所示为一复刚结点，连接 3 个刚片后的体系自由度为 3 个，比连接前减少 6 个自由度。因此，连接 n 个刚片的复刚结点等于（n－1）个单刚结点。无论刚结点连接多少刚片都等于一个刚片，只有 3 个自由度。

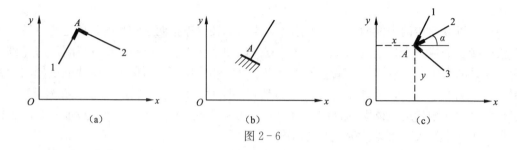

图 2－6

4. 多余约束

不改变体系原有自由度数的约束称为多余约束。多余约束具有约束的形式，但并不改变体系原有的自由度数。如图 2－7a 所示杆件 AB 与基础刚性连接，体系的自由度为零，在点 A 处增加一根链杆与基础连接，体系的自由度仍为零，此时体系中有一个多余约束。图 2－7b 中，点 O 与基础间用 OA、OB 两根链杆连接后体系的自由度为零，再增加一根链杆 OC 连接后体系的自由度仍为零，因此体系中有一个多余约束。总之，体系中多余约束的存在，不会减少体系的自由度。

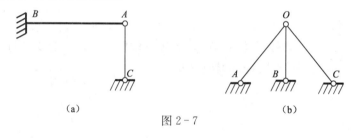

图 2－7

5. 体系的计算自由度

在受力分析中，有时需要将杆件体系中的刚片或铰结点当做运动的主体（研究对象）来考察。当把刚片当做运动主体时，刚片之间的结点与链杆就是约束装置，即联系；当把铰结点当做运动的主体时，铰结点间的链杆便是联系。体系的计算自由度为体系中各构件的总自由度数与总约束数之差。

（1）将杆件当做刚片时体系的计算自由度

计算自由度 W 等于刚片总自由度数减总约束数。

$$W = 3m - (3g + 2h + b) \tag{2-1}$$

式中 m——刚片数（不包含基础）；

g——单刚结点数；

h——单铰数；

b——单链杆数（含支杆）。

（2）将铰结点当做运动主体时自由度的计算

有一类杆件体系全部由链杆铰结而成，这类体系称为铰结链杆体系。计算这类体系的自由度时，用式（2－1）不太方便。这时若把各铰结点当做运动的主体，链杆当做约束，则讨论问题时会方便一些。也就是说把总数为 j 的铰结点组成的体系当做质点系，当此质点系间无任何联系，与基础间也无任何联系时，其总自由度为 $W=2j$；如果质点系内部以及与基础间有 b 根链杆联系，则体系自由度减少 b 个，铰结链杆体系的计算自由度为

$$W=2j-b \qquad\qquad (2-2)$$

式中　j——结点数；

　　　b——链杆数，含支座链杆。

在应用式（2-2）计算体系的自由度时，应将体系中的复铰折合成单铰，再与实有的单铰数相加，便得总单铰数。

【例 2-1】 计算图 2-8a 所示体系的自由度。

解

方法一：按刚片计算，3 个刚片，3 个单铰，3 根链杆。

$$W=3\times3-2\times3-3=0$$

方法二：按结点计算，3 个铰结点，6 根链杆。

$$W=2\times3-6=0$$

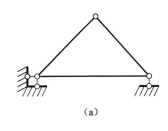
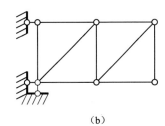

（a）　　　　　　　　　　　　　　　　　（b）

图 2-8

【例 2-2】 计算图 2-8b 体系的自由度。

解

方法一：按刚片计算，9 根杆，9 个刚片，12 个单铰，3 根单链杆

$$W=3\times9-（2\times12+3）=0$$

方法二：按铰结计算，6 个铰结点，12 根单链杆

$$W=2\times6-12=0$$

（3）计算公式的讨论

按式（2-1）与式（2-2）计算体系的自由度，可得到以下三种情况：

$W>0$，表明体系的约束数小于阻止体系中各运动主体之间以及体系与基础（或支承物）间的相对运动所必需的最少约束数，体系有一部分自由度未被约束，从而体系内部之间或体系相对于基础之间可产生相对运动，体系是可变的。

$W=0$，表明体系所具有的约束数等于体系保持几何不变所需的最小约束数。但体系是否几何不变，要看所具有的约束的配置情况。

$W<0$，表明体系所具有的约束数大于体系保持几何不变所需的最小约束数。此时体系是否几何不变，同样要看各约束的配置情况。这种情况下说明体系中具有多余约束。

由以上讨论可知,当 $W>0$ 时体系一定是可变的,当 $W \leqslant 0$ 时,要根据具体约束情况才能做出判断。因此,由式 (2-1) 与式 (2-2) 计算得出的自由度不一定是体系的实际自由度,常称为计算自由度。计算自由度 $W \leqslant 0$ 是体系几何不变的必要条件,满足几何不变体系的基本组成规律则是体系几何不变的充分条件。

§2-3 几何不变体系的基本组成规则

为了确定平面体系是否是几何不变体系,需要研究组成几何不变体系的充分条件。本节所讨论的几何体系的基本组成规则就是要保证体系几何不变的最少约束数。

1. 两刚片规则

两刚片用不相交于一点也不全平行的三根链杆相连,组成无多余约束的几何不变体系。

如图 2-9a 所示,两刚片 Ⅰ、Ⅱ 用 1、2、3 杆连接,2 和 3 杆轴线汇交于 B 点 (虚铰),1 杆轴线不通过 B 点,刚片 Ⅰ、Ⅱ 不能发生相对运动,构成没有多余约束的几何不变体系。图 2-9b、c 所示体系与图 2-9a 体系的实质是相同的,均为没有多余约束的几何不变体系。图 2-9c 中连接刚片 Ⅰ、Ⅱ 的实铰 B 相当于 2 个约束,可以理解为图 2-9b 中的 2 根链杆构成的,三个图是等效的。

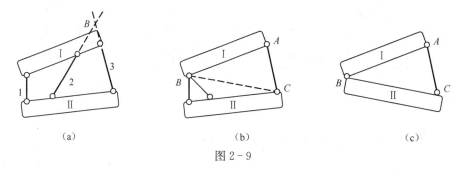

(a)　　　　　　　　　　(b)　　　　　　　　　　(c)

图 2-9

根据上述分析,两刚片规则又可表述为:两个刚片用一个铰和一根不通过该铰的链杆相连,组成无多余约束的几何不变体系。

2. 三刚片规则

链杆与仅有两个铰和外界连接的刚片间可进行等价代换,如果将图 2-9c 中的链杆 AC 换成刚片 Ⅲ,就成了图 2-10a 所示体系,则该体系几何不变,且无多余约束。于是,得到如下的三刚片规则:

三刚片用三个不在同一直线上的铰两两相连所组成的体系是几何不变体系,且无多余约束。

根据等效性,可将图 2-10a 中的刚片 Ⅰ、Ⅱ、Ⅲ 换成 3 根链杆就成为图 2-10b 所示,即平面上的三根链杆用不在同一直线上的三个铰两两相连,则此三杆体系 (三角形) 几何不变,这一规律称为基本三角形规律,在几何组成分析中经常用到。图 2-10a 中三刚片的连接方式也可以变换成图 2-10c、d、e 三种形式,都是等效的。

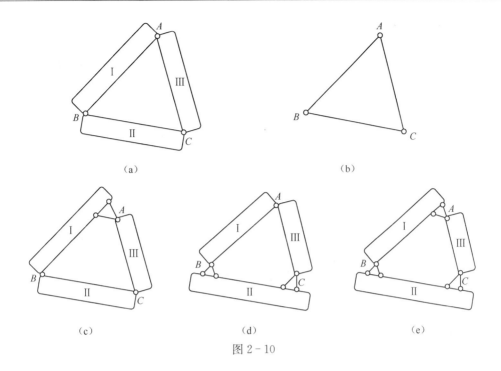

图 2 - 10

3. 二元体规则

图 2 - 10b 所示的三角形，也可看成为图 2 - 11a 所示体系。即将图 2 - 10b 中的链杆 BC 看做刚片，A 为刚片 BC 所在平面上的一个点，该点通过两根交叉但不共轴线的链杆 AB 与 AC 同刚片 BC 相连接，此体系仍几何不变，且无多余约束。一个铰连接两根不共轴线的链杆组成的体系称为二元体。显然，在图 2 - 11b 中，刚片 I 上依次增加二元体 $A - D - C$、$A - B - C$ 后形成的杆件体系，其自由度未因二元体的加入而改变，即原体系的自由度不变。不仅如此，如果在图 2 - 11b 中依次减少二元体 $A - B - C$、$A - D - C$ 便可得到刚片 I，即无多余约束的几何不变体系。由此可知，在一个几何不变体系上依次增减二元体后，所得到的体系仍然几何不变。

如果一个体系是可变的，增加二元体后这种性质是否发生改变呢？图 2 - 11c 中，$A - D - C$ 是一个可变体系，在其上增加二元体 $A - B - C$ 后，体系 $A - B - C - D$ 仍是一个几何可变体系。由此可见，增减二元体不会改变原有体系的几何组成性质。

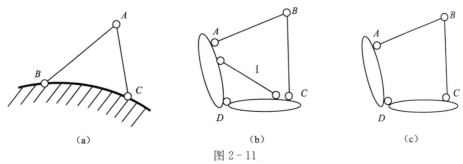

图 2 - 11

由以上分析可知：

在杆件体系上依次增减二元体不改变原体系的几何组成性质。这就是二元体规则。

以上从基本三角形出发，得到了三个判断几何不变体系的规则。三个规则虽出自同一几何不变的三角形，但三个规则的适用情况各有不同。三刚片规则和两刚片规则直接用于判断杆件体系的几何组成性质，二元体规则用来简化杆件体系，以便应用三刚片规则或两刚片规则判断体系的几何组成性质。

在上述几个规则中，都规定了一些限制条件，如在两刚片规则中，规定三根链杆既不能交于一点，也不能全平行等，下面讨论如果不加这些限制条件，其结果将如何。

（1）连接两刚片的三根链杆交于一点

如图 2-12a 所示，连接刚片Ⅰ、Ⅱ的三根链杆轴线的延长线交于 A 点，两刚片可以绕点 A 做相对转动，但发生一微小转动后，三根链杆就不会全交于一点了，从而不再继续发生相对转动。像这种对体系加载时，体系在瞬时内发生微小位移，然后便成为几何不变体系。这种体系称为几何瞬变体系，简称瞬变体系。

如图 2-12b 所示，连接刚片Ⅰ、Ⅱ的三根链杆的轴线交于 A 点，两刚片可以绕点 A 做相对转动，这种相对转动可以一直继续下去，像这种体系为几何常变体系。

（2）连接两刚片的三根链杆全平行

当连接两刚片的三根链杆全平行，但长度不等时，如图 2-12c 所示，两刚片可以沿与链杆垂直的方向发生相对移动，当发生了一微小的相对移动后，此三链杆将不再相互平行，此时体系几何不变，因此原体系为瞬变体系。

当连接两刚片的三根链杆全平行，且长度相等时，如图 2-12d 所示，两刚片可以沿与链杆垂直的方向发生相对移动，当发生了一微小的相对移动后，三链杆仍相互平行，运动仍可以继续下去，故此体系为几何常变体系。

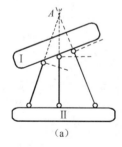 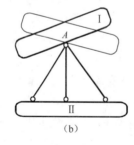 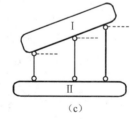 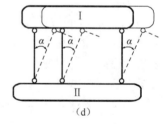

| （a） | （b） | （c） | （d） |

图 2-12

（3）连接三刚片的三个单铰在同一直线上

当连接三刚片的三个单铰 B、A、C 在同一直线上时，如图 2-13a 所示，A 点可以在以 AB、AC 为半径的两圆弧的公切线方向上做微小的移动。当发生一微小移动后，三单铰就不在同一直线上了，故也为瞬变体系。

当铰 A 受竖向荷载 P 作用后，铰 A 将发生移动，如图 2-13b 所示。为简化讨论，假设 ABC 为等腰三角形，容易由结点 A 的平衡条件（图 2-13c）算得杆 AB、AC 的轴力为

$$N = \frac{P}{2\sin\alpha}$$

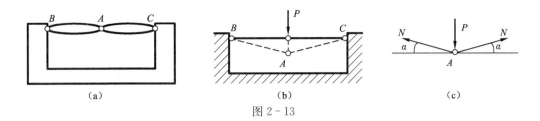

图 2 - 13

　　上式表明杆 AB 和 AC 将产生很大的内力和变形，若其应力超过了材料的强度极限，可能会导致体系破坏，因此工程中是不允许出现瞬变体系的。在设计和施工中要特别注意这一现象，以防意外事故发生。

§2 - 4　几何组成分析举例

　　在进行几何组成分析时，应根据不同的研究对象，从不同的角度出发灵活地运用两刚片规则、三刚片规则、二元体规则。

　　几何组成分析的途径可归纳为以下几种：

1. 排除对体系没有影响的部分

　　先去掉二元体，从体系暴露在最外层的二元体开始依次删减；杆系与基础由彼此不相互平行又不共点的 3 根链杆相连时，可以先不考虑与基础的连接。

2. 扩大刚片，简化分析

　　由基础三角形开始，向外扩展，然后考虑各大刚片之间的连接；增加二元体时，从基础开始或从体系内部开始依次增加；杆系与基础之间由 3 根以上链杆连接时，先考虑部分杆系与基础的连接，形成扩展的基础刚片，再考虑与杆系其他部分的连接。

3. 进行必要的替代

　　刚片与链杆可相互替换，一个刚片如果仅有两铰与外界相连时，也可看成链杆；链杆、基础、几何不变的杆系均可看成刚片，若杆件与外界有三个或三个以上的铰相连时，则必须将其当做刚片。

　　分析体系的几何组成时应注意：每根链杆、每个约束只能用一次；两个刚片之间由链杆的连接必须是直接的，不能是间接的。

　　【例 2 - 3】 对图 2 - 14a 所示体系做几何组成分析。

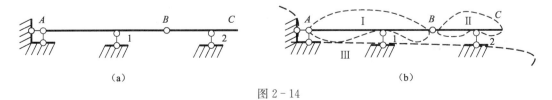

图 2 - 14

解

方法一：从右边去掉二元体 $B-C-2$，剩余部分中 AB 为一刚片，基础为一刚片，三链杆相连接，符合两刚片规则，则该体系为无多余约束的几何不变体系。

方法二：从左边分析，如图 2-14b 所示，AB 为刚片 Ⅰ，基础为刚片 Ⅲ，3 根链杆相连，符合两刚片规则，Ⅰ、Ⅲ 形成扩展的基础刚片，再将 BC 视为刚片 Ⅱ，通过铰 B 和链杆 2 相连，符合两刚片规则，则该体系为无多余约束的几何不变体系。

【**例 2-4**】 对图 2-15a 所示体系做几何组成分析。

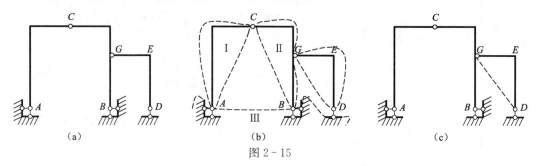

图 2-15

解

方法一：从左向右分析，如图 2-15b 所示，取 AC 为刚片 Ⅰ，BC 为刚片 Ⅱ，基础为刚片 Ⅲ，三刚片通过 A、B、C 三铰连接，符合三刚片规则，得到扩展的基础刚片；将 GDE 作为刚片 Ⅳ，与扩展的基础刚片通过铰 G 和链杆 D 连接，符合两刚片规则，所以该体系为无多余约束的几何不变体系。

方法二：从右向左分析，如图 2-15c 所示，先去掉二元体 $G-E-D$，剩余部分中取 AC 为刚片 Ⅰ，BC 为刚片 Ⅱ，基础为刚片 Ⅲ，三刚片通过 A、B、C 三铰连接，符合三刚片规则，所以该体系为无多余约束的几何不变体系。

【**例 2-5**】 对图 2-16a 所示体系做几何组成分析。

解 如图 2-16b 所示，将 2-3-4-5-6 作为刚片 Ⅰ，基础为刚片 Ⅱ，两根链杆连接，不符合两刚片规则，少一个约束，因此该体系为几何常变体系。

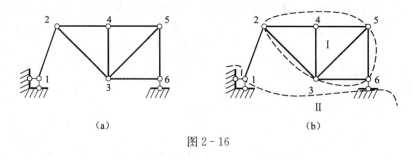

图 2-16

【**例 2-6**】 对图 2-17a 所示体系做几何组成分析。

解 如图 2-17b 所示，阴影三角形为刚片 Ⅰ、Ⅱ、Ⅲ，刚片 Ⅰ、Ⅱ 由 1、2 杆虚铰于 A，刚片 Ⅱ、Ⅲ 由 3、4 杆虚铰于 C，刚片 Ⅰ、Ⅲ 由 5、6 杆虚铰于 B，三铰 A、B、C 不共线，构成内部几何不变，且无多余约束的体系。

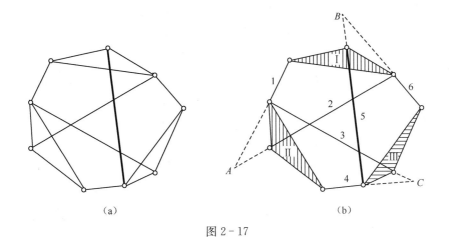

图 2 - 17

【例 2 - 7】对图 2 - 18a、b 所示体系做几何组成分析。

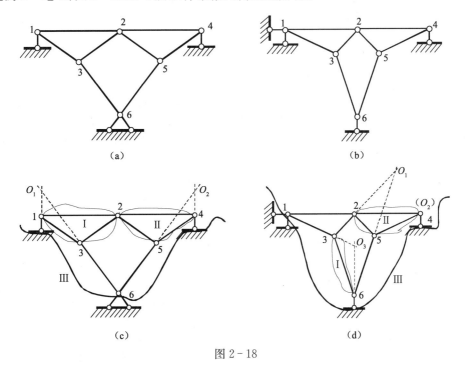

图 2 - 18

解

① 对图 2 - 18a 分析：如图 2 - 18c 所示，取 1 - 2 - 3 为刚片 I，2 - 4 - 5 为刚片 II，基础为刚片 III，刚片 I、II 由铰 2 连接，刚片 II、III 虚铰于 O_2，刚片 I、III 虚铰于 O_1，三铰 2、O_1、O_2 不共线，构成无多余约束的几何不变体系。

② 对图 2 - 18b 分析：如图 2 - 18d 所示，取 3 - 6 杆为刚片 I，2 - 4 - 5 为刚片 II，基础为刚片 III，刚片 I、II 虚铰于 O_1，刚片 II、III 虚铰于 O_2，刚片 I、III 虚铰于 O_3，三铰 O_1、O_2、O_3 不共线，构成无多余约束的几何不变体系。

比较本题两例，由于 1、6 两处支座约束的改变，两体系中刚片和约束的选取各不相同。灵活、恰当和正确地选取刚片和约束，能简化、精练分析过程和找出正确的分析途径。

【例 2-8】 试对图 2-19a、b 所示体系做几何组成分析。

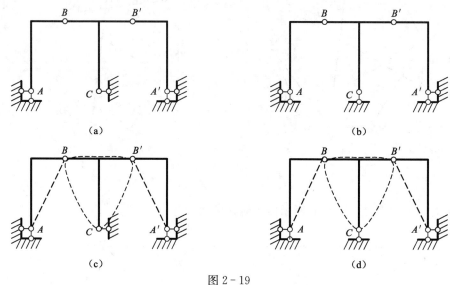

图 2-19

解 图 2-19a 中刚片 AB 只有两个铰，从几何组成分析的角度来看，其作用相当于虚线 AB 所示的链杆；同理，$A'B'$ 刚片相当于虚线 $A'B'$ 的链杆。于是该体系可以简化为刚片 $BB'C$ 用三根链杆与基础相连，如图 2-19c 所示，符合两刚片规则，该体系为无多余约束的几何不变体系。

图 2-19b 与图 2-19a 的区别在 C 处链杆支承方向不同，分析方法同上，刚片 $BB'C$ 用三根链杆与基础相连，三根链杆虚铰于一点，如图 2-19d 所示，不符合两刚片规则，该体系为几何瞬变体系。

【例 2-9】 对图 2-20a 所示体系做几何组成分析。

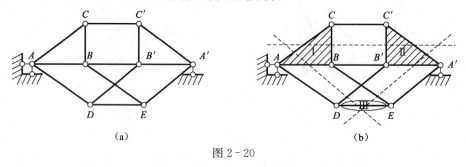

图 2-20

解 该体系与基础由 3 根既不全平行又不交于一点的三根支座链杆相连，所以仅分析体系内部即可。如图 2-20b 所示△ABC 和△$A'B'C'$ 是两个几何不变体系，分别作为刚片Ⅰ、Ⅱ，DE 杆视为刚片Ⅲ，该三刚片由 6 根链杆组成的三个虚铰，由于该三个虚铰在无穷远处可在同一条直线上，因此体系本身应为瞬变体系，但三对平行链杆又各自等长，故该体系为几何常变体系。

【例 2-10】 对图 2-21a 杆系做几何组成分析。

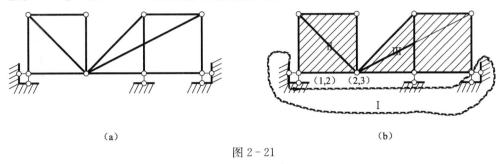

（a） （b）

图 2-21

解 将系统划分为图 2-21b 所示的三个刚片，刚片 Ⅰ 与刚片 Ⅱ 由铰（1，2）相连，刚片 Ⅱ 与刚片 Ⅲ 由铰（2，3）相连。而刚片 Ⅲ 与刚片 Ⅰ 由三根链杆相连，根据三刚片组成规则，多了一个约束，此杆系为有一个多余约束的几何不变体系。

§2-5 静定结构与超静定结构

前已叙述，用来作为结构的杆件体系必须是几何不变体系，而几何不变体系又可分为无多余约束的和有多余约束的。所谓多余约束，是考察杆件体系所具有的约束数是否多于几何组成规则中规定的将杆系固定在平面上所需的最少约束数，多于最少约束数的部分，就是多余约束。要注意具有维持几何不变所需最少约束数的杆件体系是否几何不变，还要看这些约束在杆件体系中是如何配置的，若配置不当，可能使杆件体系的某部分具有多余约束，而其他部分仍可能是几何可变的。多余约束是就以上含义而言的，并不是说实际结构中的多余约束不必要。相反，为了改变结构的某些力学性能，可以有目的地设置多余约束。

对于图 2-22a，将梁和基础作为两刚片，通过 3 根既不全平行也不全过一点的链杆连接，体系为无多余约束的几何不变体系。图 2-22b 相对于图 2-22a 来说，梁和基础通过 4 根既不全平行也不全过一点的链杆连接，该体系为有一个多余约束的几何不变体系。3 根竖向链杆中的任意一根链杆都可以作为多余约束，去除一个多余约束后体系仍为几何不变体系，但是水平链杆是必要约束，不能去掉，否则体系就会变成几何可变体系。

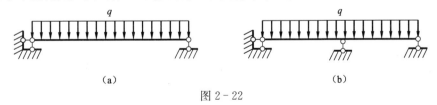

（a） （b）

图 2-22

对于无多余约束的结构（图 2-22a），由静力平衡方程可以求出它的所有约束反力和内力。因此，<u>无多余约束的几何不变体系是静定结构</u>。对于有多余约束的结构（图 2-22b），由静力平衡方程不能全部求出所有约束反力和内力，还需要借助结构的位移条件，联合求解。所以，<u>有多余约束的几何不变体系是超静定结构</u>。

对于有多余约束的几何不变体系，可以用去掉约束的方法，使体系成为无多余约束的几何不变体系，所去掉的约束数就是原体系所具有的多余约束数，具体方法将在以后章节中讲述。

§2-6 小　结

工程结构都应该是几何不变体系。几何组成分析是为了检验并设法保证结构的几何不变性，它对指导结构的受力分析很有必要。为了构造几何不变体系，更需要研究其基本组成规则。本章要求掌握并会运用平面几何不变体系的组成规则进行平面几何组成分析。

1. 基本概念

几何不变体系；几何可变体系；几何瞬变体系；自由度；约束；瞬铰；计算自由度

（1）几何不变体系、几何可变体系、几何瞬变体系

在不考虑材料变形的条件下，体系受到任意荷载作用时，其原有的几何形状和相对位置能够保持不变，此种体系称为几何不变体系；即使在很小的荷载作用下，也会发生机械运动使其几何形状和相对位置发生改变的体系称为几何可变体系；瞬时内由几何可变体系发生微小位移后转变为几何不变体系，这种体系称为几何瞬变体系。

（2）自由度

体系的自由度是指体系运动时，能够确定体系在空间的几何位置彼此独立的几何参变量的数目，也就是确定其几何位置所需的独立坐标的数目。

（3）虚铰

两刚片通过两链杆相连，两链杆轴线延长线的交点称为虚铰。

（4）约束

约束是指减少体系自由度的装置，又称联系。常见的约束包括链杆、铰和刚性连接。

不能改变体系原有自由度数的约束为多余约束，能改变的为必要约束。

（5）计算自由度

计算自由度为体系中各构件的总自由度数与总约束数之差。

2. 知识要点

两刚片规则、三刚片规则和二元体规则是平面体系的 3 个基本组成规则，它体现了组成一般无多余约束几何不变体系的必要和充分条件。除基本规则外，计算自由度也可用于初步分析体系的几何组成。

（1）两刚片规则

两个刚片用一个单铰和一个不通过该铰的链杆相连，组成无多余约束的几何不变体系。该规则也可描述为：两个刚片用不全交于一点也不全平行的 3 根链杆相连，组成无多余约束的几何不变体系。

（2）三刚片规则

三刚片用不共线的铰两两相连，组成无多余约束的几何不变体系。

（3）二元体规则

在一个体系上依次增减二元体，不会改变原体系的几何组成性质。

习　题

2-1　判断题，对的打"√"，错的打"×"。

（1）若平面体系的实际自由度为零，则该体系一定为几何不变体系。　　　　　（　　）

（2）若平面体系的计算自由度 $W=0$，则该体系一定为无多余约束的几何不变体系。

　　　　　　　　　　　　　　　　　　　　　　　　　　　　　　　　　　　（　　）

（3）若平面体系的计算自由度 $W<0$，则该体系为有多余约束的几何不变体系。（　　）

（4）由三个铰两两相连的三刚片组成几何不变体系且无多余约束。　　　　　　（　　）

2-2　计算图示体系的计算自由度。

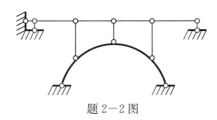

题 2-2 图

2-3～2-32　对图示体系进行几何组成分析，如果是具有多余约束的几何不变体系，应指出多余约束的数目。

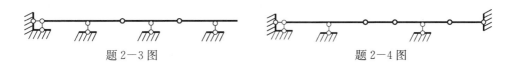

　　　　题 2-3 图　　　　　　　　　　　　　　　　　　题 2-4 图

题 2-5 图

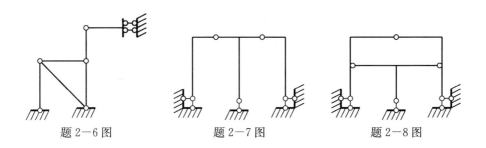

　　题 2-6 图　　　　　　　题 2-7 图　　　　　　　题 2-8 图

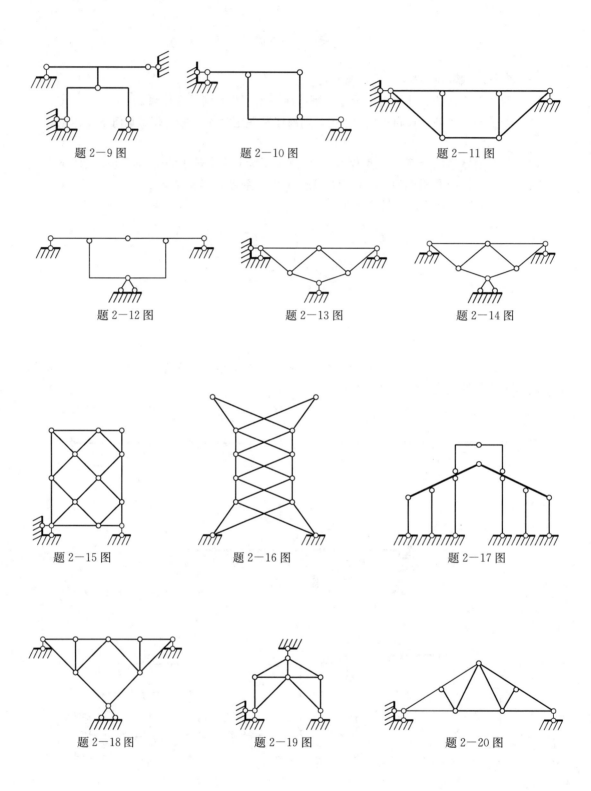

题 2-9 图

题 2-10 图

题 2-11 图

题 2-12 图

题 2-13 图

题 2-14 图

题 2-15 图

题 2-16 图

题 2-17 图

题 2-18 图

题 2-19 图

题 2-20 图

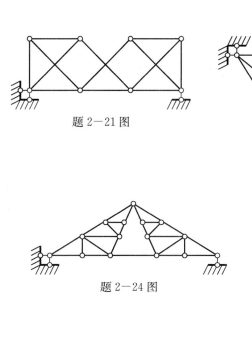

题 2-21 图

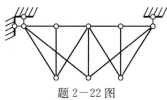

题 2-22 图

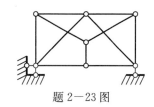

题 2-23 图

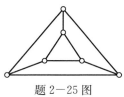

题 2-24 图

题 2-25 图

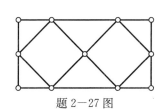

题 2-26 图

题 2-27 图

题 2-28 图

题 2-29 图

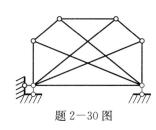

题 2-30 图

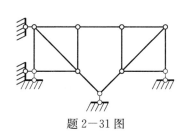

题 2-31 图

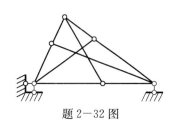

题 2-32 图

第 3 章　静定结构的受力分析

静定结构的种类有很多，包括静定梁、刚架、桁架、组合结构、拱和悬索等不同的类型。本章结合工程中常见的结构类型，讨论静定结构的受力分析问题。

静定结构和非静定结构有显著区别，从几何构造特征上讲，静定结构是没有多余约束的几何不变体系。因此，在任意荷载作用下，静定结构的所有约束反力和内力都可以根据静力学平衡方程求得，且其解是唯一的。静定结构内力分析的基本方法是截面法，利用截面法求出控制截面上的内力值，再利用内力变化规律最后绘出结构的内力图。静定结构的内力计算是结构位移和超静定结构计算的基础，是学习结构力学必须掌握的基本功之一。

§3-1　静　定　梁

1. 单跨静定梁的内力

常见单跨静定梁有简支梁（图 3-1a）、悬臂梁（图 3-1b）和外伸梁（图 3-1c），图 3-1d 所示单跨梁常在对称结构的分析计算中应用。

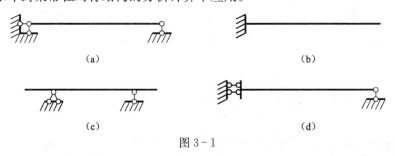

图 3-1

梁在横向荷载作用下，横截面上只有剪力 Q 和弯矩 M。有关梁的内力计算和内力图，材料力学已有详尽论述，所有的理论和方法在结构力学的分析计算中都可使用。因结构力学不做强度计算，因此要求有所不同，例如弯矩图抛物线顶点值不需单独求出。另外，内力正负规定也稍有不同，剪力 Q 仍以使隔离体顺时针转为正。而弯矩 M，在静力计算中正负不作强行规定，在位移法等章中，正负另有规定。但弯矩正负无论规定与否或如何规定，都要求弯矩图必须画在杆件的受拉一侧。

梁截面内力计算一般采用截面法，即将杆件在要求内力的截面处截开，选简单一侧作为隔离体，建立静力平衡方程，求出截面内力。具体步骤如下：

①（一般）先求支座反力；

② 将梁分段，凡集中力（包括支座反力）、力偶作用点，分布力两端皆应取作分段点；

③ 用截面法计算各段梁两端截面的剪力、弯矩；

④ 将各截面的剪力、弯矩按大小比例和正负画在基线两侧，并用直线、均布荷载下弯矩图用抛物线连起来。在剪力图上标出正负、数值，弯矩图画在受拉一侧，弯矩图上只标数值，不标正负。

下面以图 3-2 所示梁为例，将梁的内力计算、内力特点及内力分布规律作以总结。

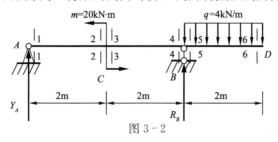

图 3-2

① 取整体，求支座反力。

$$\sum m_B = 0, \quad Y_A \cdot 4 - m + 2q \cdot 1 = 0; \quad Y_A = 3\text{kN}$$
$$\sum Y = 0, \quad Y_A + R_B - 2q = 0; \quad R_B = 5\text{kN}$$

② 该梁需分 AC、CB、BD 三段，分别计算三段梁两端截面的剪力和弯矩，如图 3-3 所示。

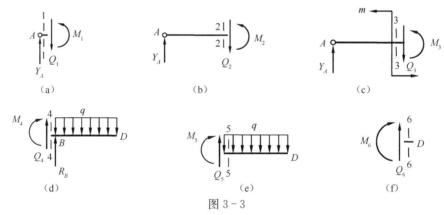

图 3-3

将梁从 1-1 部位截开，取左侧为隔离体，受力如图 3-3a 所示。列平衡方程

$$\sum Y = 0, \quad Q_1 - Y_A = 0; \quad Q_1 = 3\text{kN} \tag{a}$$
$$\sum m_1 = 0, \quad M_1 = 0 \tag{b}$$

由式（b）可知：杆端无力偶作用，杆端弯矩为零。

将梁从 2-2 部位截开，取左侧为隔离体，受力如图 3-3b 所示。列平衡方程

$$\sum Y = 0, \quad Q_2 - Y_A = 0; \quad Q_2 = 3\text{kN} \tag{c}$$
$$\sum m_2 = 0, \quad M_2 - Y_A \cdot 2 = 0; \quad M_2 = 6\text{kN·m} \tag{d}$$

比较式（a）与式（c）可知：杆上无荷载，剪力为常数。

将梁从 3-3 部位截开，取左侧为隔离体，受力如图 3-3c 所示。列平衡方程

$$\sum Y = 0, \quad Q_3 - Y_A = 0; \quad Q_3 = 3\text{kN} \tag{e}$$

$$\sum m_3=0,\ M_3+m-Y_A \cdot 2=0;\ M_3=-14\text{kN·m} \qquad \text{(f)}$$

比较式（c）与式（e），式（d）与式（f）可知：力偶两侧截面剪力相等，$Q_2=Q_3$；弯矩不等，弯矩之差等于力偶矩，$M_2-M_3=m$。

将梁从 4-4 部位截开，取右侧为隔离体，受力如图 3-3d 所示。因 3-4 段杆上无荷载，剪力为常数，因此

$$Q_4=Q_3=3\text{kN}$$

列平衡方程

$$\sum m_4=0,\ M_4+2q \cdot 1=0;\ M_4=-8\text{kN·m} \qquad \text{(g)}$$

将梁从 5-5 部位截开，取右侧为隔离体，受力如图 3-3e 所示。列平衡方程

$$\sum Y=0,\ Q_5-2q=0;\ Q_5=8\text{kN} \qquad \text{(h)}$$

$$\sum m_5=0,\ M_5+2q \cdot 1=0;\ M_5=-8\text{kN·m} \qquad \text{(i)}$$

比较式（g）与式（i）可知：集中力（包括支座反力）两侧弯矩相等，$M_4=M_5$；剪力不等。

将梁从 6-6 部位截开，取右侧为隔离体，受力如图 3-3f 所示。列平衡方程

$$\sum Y=0,\ Q_6=0 \qquad \text{(j)}$$

$$\sum m_6=0,\ M_6=0 \qquad \text{(k)}$$

由（j）、（k）两式可知：杆端无集中力作用，杆端剪力为零；杆端无力偶作用，杆端弯矩为零。

上述总结出计算内力的规律，都是根据平衡方程得来的，不仅适用于所有的梁，也适用于刚架。只要勤于练习，善于总结就可掌握，但不可死记硬背。掌握了这些规律就可不必将梁的各段两端截面一一截开，只需选择少数几个截面就可将所有截面的内力求出，使计算工作量大为减少，计算起来方便快捷。

若各段梁两端截面的内力求出后，即可画出整个梁的剪力图和弯矩图。尤其是弯矩图，以后各章里都将用到。画弯矩图常用的一种方法是叠加法。图 3-4a 所示简支梁受两种荷载作用，将荷载分解为两种独立作用形式，如图 3-4b、c 所示。分别画出各自的弯矩图，如图 3-4e、f 所示。然后将两个弯矩图叠加，即得共同作用的弯矩图，如图 3-4d 所示。跨中截面的弯矩值为

$$M_{\text{中}}=\frac{1}{8}ql^2-\frac{1}{2}M$$

该弯矩值并不是抛物线顶点的弯矩值，以后的计算中经常用到的是跨中截面的弯矩，因此抛物线顶点的弯矩可不必求出。

若梁上作用的是集中荷载（图 3-5a、b），弯矩图叠加如图 3-5c、d 所示。

将简支梁弯矩图的叠加方法推广到梁的任意一段，只要该段梁两端截面的弯矩求出后，就可应用叠加法绘制该段梁的弯矩图，如图 3-6a、b 所示。对每段梁应用叠加法绘制弯矩图，即得整个梁的弯矩图。

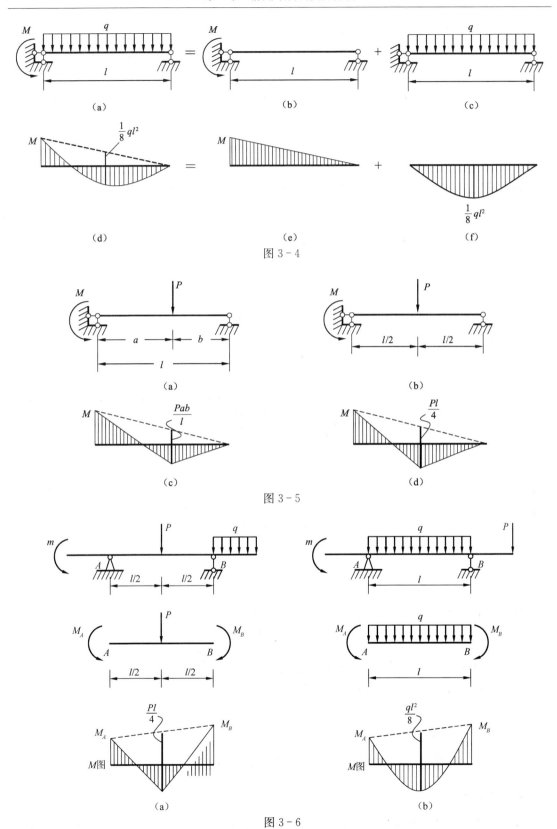

图 3 - 4

图 3 - 5

图 3 - 6

【例 3-1】 画图 3-7a 所示梁的弯矩图。

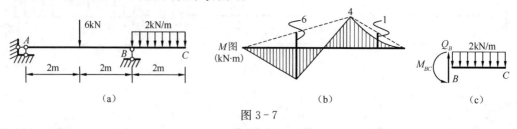

图 3-7

解 该梁只需分 AB、BC 两段即可，不必求支座反力。两端弯矩为零，即

$$M_{AB}=M_{CB}=0$$

将梁由支座 B 右侧截开，取 BC 段为隔离体，受力如图 3-7c 所示。列平衡方程

$$\sum m_B=0,\ M_{BC}-2\times2\times1=0$$
$$M_{BC}=M_{BA}=4\text{kN}\cdot\text{m}（上拉）$$

AB 段弯矩图按图 3-6a 叠加，BC 段弯矩图按图 3-6b 叠加，得梁的弯矩图，如图 3-7b 所示。

【例 3-2】 画图 3-8b 所示梁的弯矩图。

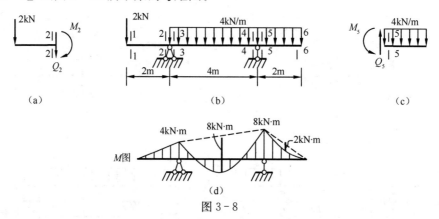

图 3-8

解 该梁需分 1-2、3-4、5-6 三段，可不必求支座反力。两端弯矩为零，即

$$M_1=M_6=0$$

由 2 截面截开，取 1-2 段为隔离体，受力如图 3-8a 所示；再由 5 截面截开，取 5-6 段为隔离体，受力如图 3-8c 所示。列平衡方程

$$\sum m_2=0;\ M_2-2\times2=0,\ M_2=M_3=4\text{kN}\cdot\text{m}（上拉）$$
$$\sum m_5=0;\ M_5-4\times2\times1=0,\ M_4=M_5=8\text{kN}\cdot\text{m}（上拉）$$

3-4、5-6 两段弯矩图按图 3-6b 叠加，得梁的弯矩图如图 3-8d 所示。

2. 斜梁的内力

前面讨论的梁都是水平的，所受竖向荷载及支座反力与梁的轴线垂直。工程中还会遇到另一种梁，其轴线是倾斜的，如楼梯梁（图 3−9a）等，称为斜梁。斜梁所受竖向分布荷载可分两种形式，一种是沿跨度水平分布（图 3−9b），如楼梯上的人流、斜屋面的积雪等；另一种是沿斜梁轴线分布（图 3−9c），如楼梯梁的自重等。两种形式可以互换，即

$$q'=q\cos\alpha$$

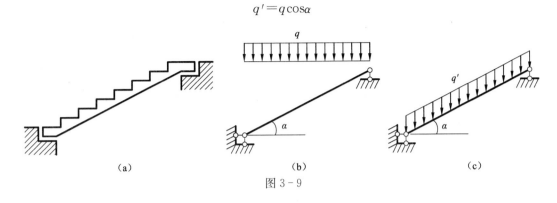

（a）　　　　　　　　（b）　　　　　　　　（c）

图 3−9

同跨度的斜梁与平梁在相同荷载作用下，支座反力是一样的。但荷载及支座反力与斜梁轴线不垂直，因此斜梁横截面的内力不仅有剪力和弯矩，还有轴力。

以图 3−10a 所示斜梁为例，支座反力为

$$X_A=0，Y_A=R_B=\frac{1}{2}ql$$

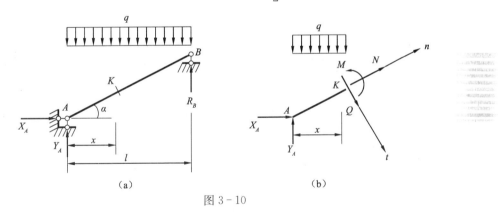

（a）　　　　　　　　　　　　　　（b）

图 3−10

任取一横截面 K 将梁截开，取 AK 为隔离体，受力如图 3−10b 所示。列平衡方程

$$\sum F_n=0，N+Y_A\sin\alpha-qx\sin\alpha=0$$

$$x=0，N_A=-\frac{ql}{2}\sin\alpha$$

$$x=l，N_B=\frac{ql}{2}\sin\alpha$$

$$\sum F_t=0，Q-Y_A\cos\alpha+qx\cos\alpha=0$$

$$x=0，Q_A=\frac{ql}{2}\cos\alpha$$

$$x=l，Q_B=-\frac{ql}{2}\cos\alpha$$

$$\sum m_K = 0, \quad M - Y_A x + qx\frac{x}{2} = 0$$

$$M_A = M_B = 0, \quad x = \frac{l}{2}, \quad M_{max} = \frac{1}{8}ql^2$$

斜梁的轴力图、剪力图和弯矩图如图 3-11a、b、c 所示。

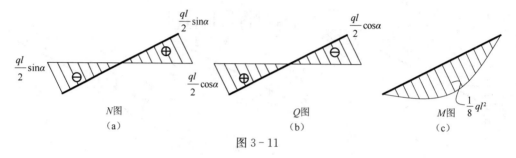

图 3-11

3. 多跨静定梁的内力

多跨静定梁是由若干个单跨梁用铰相连，并用若干支座与基础相连构成几个相连跨度的静定结构。它是工程中广泛使用的一种结构形式，常见的有公路桥梁和房屋中的檩条梁等。图 3-12a 所示为预制装配式钢筋混凝土多跨静定桥梁结构，各单跨梁之间的连接可看做铰结点，图 3-12b 所示为该结构的计算简图。

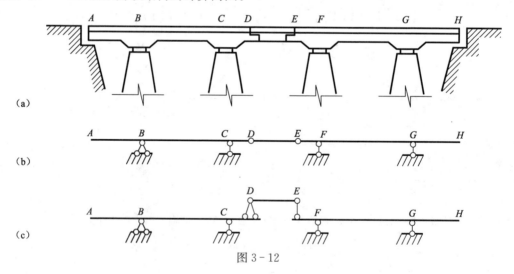

图 3-12

图 3-12a 所示多跨静定梁可分解为 ABCD、DE 和 EFGH 三部分，如图 3-12c 所示。其中 ABCD 部分与基础组成无多余约束几何不变体系，可独立承受荷载，称为基本部分。EFGH 部分与基础虽是几何可变体系，但能独立承受竖向荷载，也属基本部分。而 DE 部分是支承在左右两侧的基本部分上，与基本部分一起组成几何不变体系承受荷载，无基本部分，DE 不能独立承受荷载，这种自身不能独立承受荷载部分称为附属部分。

多跨静定梁都可分解为基本部分和附属部分。如图 3-13a 所示多跨静定梁，ABC 部分与基础组成无多余约束几何不变体系,可独立承受荷载,为基本部分。CDE 部分是通过 ABC 部分与基础组成几何不变体系,自身不能独立承受荷载,为附属部分。EFG 部分是通过 ABC 和 CDE 部分与基础组成几何不变体系,自身也不能独立承受荷载,也为附属部分。

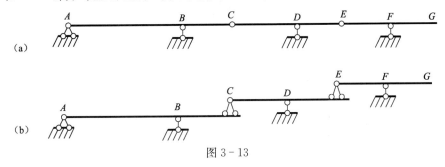

图 3 - 13

从受力特性上分析,基本部分是支承在基础上,可独立承受荷载,并将荷载传递给基础,与附属部分没有力的传递。因此,作用在基本部分的荷载只引起基本部分的内力,不会引起附属部分的内力。而附属部分是支承在基本部分上,或支承在基本部分与基础上,所承受的荷载会全部或部分传递给基本部分。因此,作用在附属部分的荷载不仅引起附属部分的内力,还会引起基本部分的内力。

多跨静定梁的内力计算,需将多跨梁拆解为若干个单跨梁,先附属部分,后基本部分,按前面所述单跨梁的分析方法计算就可以了。

【例 3 - 3】解图 3 - 14a 所示多跨静定梁,并作剪力图和弯矩图。

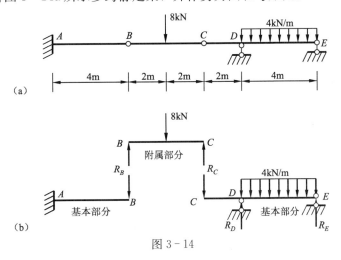

图 3 - 14

解   将多跨梁拆开,先取中间附属部分,再取右侧基本部分为隔离体,受力如图 3 - 14b 所示。列平衡方程,求出约束反力。

$$R_B = R_C = 4kN, \ R_D = 14kN, \ R_E = 6kN$$

分别按单跨梁画 AB、BC、CDE 三部分梁的剪力图和弯矩图,将三部分梁的剪力图和弯矩图组在一起,即得该多跨梁的剪力图和弯矩图,如图 3 - 15a、b 所示。

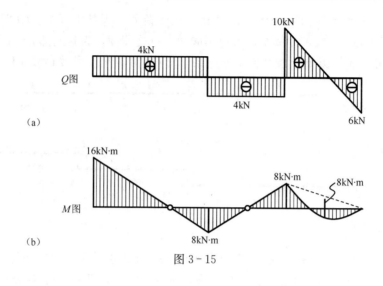

图 3 - 15

§3－2 静定平面刚架

1. 静定平面刚架的组成形式

刚架是由若干横梁、立柱等直杆，全部或部分用刚结点相连接所组成的几何不变体系。若刚架各杆轴线与荷载作用线在同一平面内且无多余约束，为静定平面刚架。刚架在工程结构中应用十分广泛，如厂房、工业和民用建筑物等都大量采用刚架结构。工程中常见的刚架一般多是超静定刚架，但静定刚架是超静定刚架计算的基础，本节主要介绍静定平面刚架的计算。

静定平面刚架的基本形式有：①悬臂式，如车站月台、小型阳台、公共汽车站雨棚等；②简支式，如厂房的毗邻房间、渡槽等；③三铰刚架，如厂房、仓库等，如图 3 - 16 所示。由上述三种形式刚架作为基本部分，再按几何不变体系的组成规则连接相应的附属部分组合而成的刚架称为组合刚架。

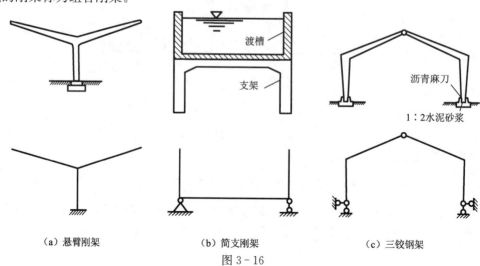

（a）悬臂刚架　　　　　（b）简支刚架　　　　　（c）三铰钢架
图 3 - 16

2. 静定平面刚架的内力计算

刚架中杆与杆的连接点分为刚结点和铰结点，如图 3－17a 所示。受力变形后，刚结点处杆与杆间的夹角保持不变，铰结点处杆与杆间的夹角可以改变。刚结点可以承受弯矩，铰结点不能承受弯矩。

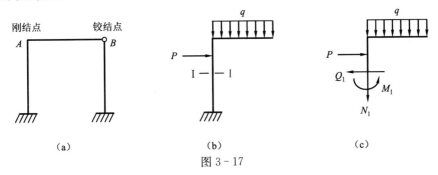

图 3－17

刚架的内力不仅有剪力 Q、弯矩 M，还有轴力 N，刚架 I－I 截面的内力（图 3－17b），如图 3－17c 所示。轴力、剪力的正负规定与材料力学相同，即剪力以使隔离体顺时针转动为正，反之为负；轴力以拉为正，以压为负。剪力图和轴力图可画在杆的任何一侧，但同一杆件正负须分画两侧，并标明正负号和数值。弯矩不作正负规定，但弯矩图必须画在杆的受拉一侧。

刚架的内力特性和分布规律与梁相同，此外，刚架铰结点处无力偶作用，弯矩为零；两杆刚结点处无力偶作用，杆端弯矩相等，或都外侧受拉，或都内侧受拉；多杆刚结点各杆端弯矩要满足平衡条件，即 $\sum M_i = 0$。如图 3－18 所示。

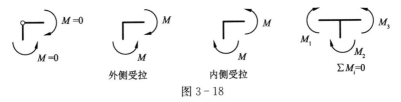

图 3－18

静定刚架内力计算的方法、步骤与静定梁相同，具体如下：

① 求支座约束反力（悬臂刚架此步可省）。

② 将刚架分段，凡集中力（包括支座反力）、力偶作用点、分布力两端、杆的折角处皆应取作分段点。若用叠加法只画弯矩图，杆中间的集中力可不取作分段点。

③ 用截面法计算各段杆两端截面的轴力、剪力和弯矩。

④ 将各截面的轴力、剪力、弯矩按大小比例和正负画在基线两侧，并用直线、均布荷载下弯矩图用抛物线连起来。在剪力图和轴力图上标出正负、数值，弯矩图画在受拉一侧，弯矩图上只标数值，不标正负。

【例 3－4】解图 3－19a 所示刚架，并作内力图。

解　① 求支座反力。

$$\sum X = 0; \quad X_A - ql = 0, \quad X_A = ql$$

$$\sum m_A=0;\ R_B\cdot 2l-ql\cdot\frac{l}{2}=0,\ R_B=\frac{ql}{4}$$

$$\sum Y=0;\ R_B-Y_A=0,\ Y_A=\frac{ql}{4}$$

（a）　　（b）

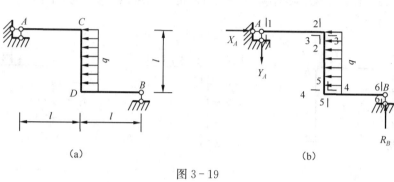

图 3-19

② 分段：该刚架可分为 AC、CD、DB 三段，如图 3-19b 所示。

③ 计算各段杆两端截面的内力。

将刚架由 2-2 部位截开，取左侧为隔离体，如图 3-20a 所示，列平衡方程

$$\sum X=0;\ N_2+X_A=0,\ N_2=N_1=-ql$$

$$\sum Y=0;\ Q_2+Y_A=0,\ Q_2=Q_1=-\frac{ql}{4}$$

$$\sum m_2=0;\ M_2-Y_A\cdot l=0,\ M_2=M_3=\frac{ql^2}{4}\ \text{（外侧受拉）}$$

将刚架由 5-5 部位截开，取右侧为隔离体，如图 3-20b 所示，列平衡方程

$$\sum X=0;\ N_5=N_6=0$$

$$\sum Y=0;\ Q_5+R_B=0,\ Q_5=Q_6=-\frac{ql}{4}$$

$$\sum m_5=0;\ M_5-R_B\cdot l=0,\ M_5=M_4=\frac{ql^2}{4}\ \text{（外侧受拉）}$$

（a）　　（b）

（c）　　（d）

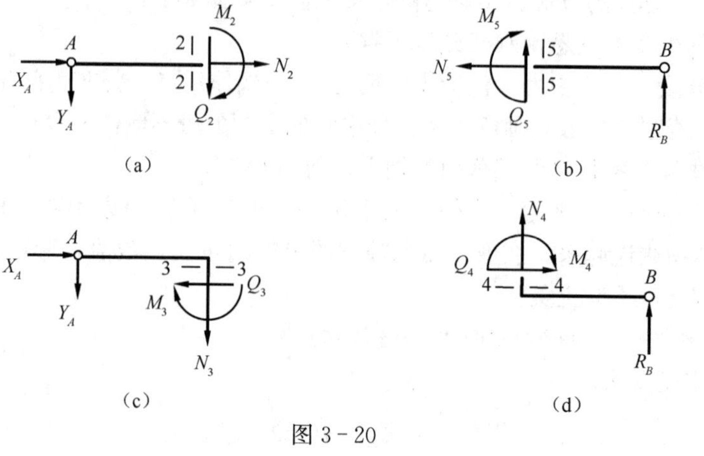

图 3-20

将刚架由 3-3 部位截开，取上侧为隔离体，如图 3-20c 所示，列平衡方程

$$\sum Y = 0; \quad N_3 + Y_A = 0, \quad N_3 = N_4 = -\frac{ql}{4}$$

$$\sum X = 0; \quad X_A - Q_3 = 0, \quad Q_3 = ql$$

将刚架由 4-4 部位截开，取下侧为隔离体，如图 3-20d 所示，列平衡方程

$$\sum X = 0; \quad Q_4 = 0$$

$$M_1 = M_6 = 0$$

④ 根据各段杆的杆端内力作内力图，如图 3-21 所示。

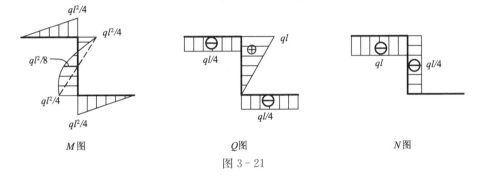

图 3-21

【例 3-5】 画图 3-22a 所示刚架的内力图。

解　先求支座反力并分段，如图 3-22b 所示。

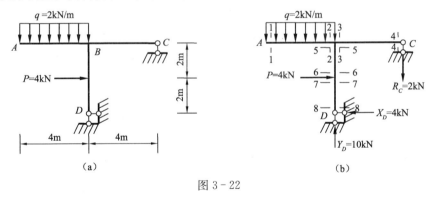

图 3-22

该刚架只需截开 2、3、5、7 四个截面，就可求得所有各段杆的杆端内力。为了清楚起见，可将计算结果用图表列出，如图 3-23a 所示。根据计算结果画刚架的内力图，如图 3-23c、d、e 所示。

为了验证结果的正确性，可取刚结点 B 为隔离体，如图 3-23b 所示，列静力方程

$$\sum M_B = 16 - 8 - 8 = 0$$

刚结点 B 满足平衡条件。

	1	2	3	4	5	6	7	8
N	0 =	0	0 =	0	-10 =	-10	-10 =	-10
Q	0	-8	2 =	2	0 =	0	4 =	4
M	0	16	8	0	8	8 =	8	0
受拉		上	上		右	右	右	

（a）

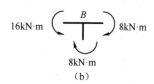

（b）

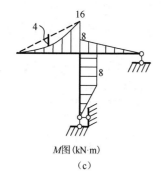

M图（kN·m）

（c）

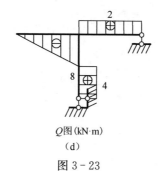

Q图（kN·m）

（d）

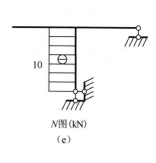

N图（kN）

（e）

图 3 - 23

【例 3 - 6】 画图 3 - 24a 所示刚架的弯矩图。

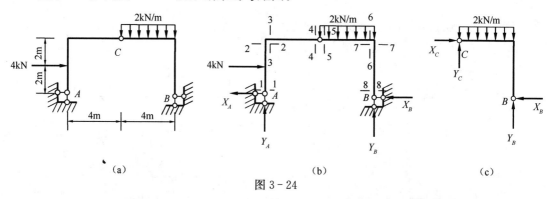

| （a） | （b） | （c） |

图 3 - 24

解 先求支座反力，取整体作隔离体，如图 3 - 24b 所示，列平衡方程

$$\sum m_B = 0;\ Y_A \cdot 8 + 4 \times 2 - 2 \times 4 \times 2 = 0,\ Y_A = 1\text{kN}$$
$$\sum Y = 0;\ Y_A + Y_B - 8 = 0,\ Y_B = 7\text{kN}$$
$$\sum X = 0;\ X_A + X_B - 4 = 0$$

取 BC 作隔离体，如图 3 - 24c 所示，列平衡方程

$$\sum m_C = 0;\ Y_B \cdot 4 - X_B \cdot 4 - 2 \times 4 \times 2 = 0,\ X_B = 3\text{kN}$$
$$X_A = 4 - X_B = 1\text{kN}$$

因本题只要求画弯矩图，将刚架分为 1 - 2、3 - 4、5 - 6、7 - 8 四段即可，如图 3 - 24b 所示，只需截开 2、7 两个截面，就可求得所有各段杆的杆端弯矩。

$$M_1 = M_4 = M_5 = M_8 = 0$$

将刚架由 2—2 部位截开，取下侧为隔离体，如图 3 - 25a 所示，列平衡方程

$$\sum m_2 = 0；\ M_2 - 4 \times 2 + X_A \cdot 4 = 0，\ M_2 = M_3 = 4\text{kN·m （外侧受拉）}$$

将刚架由 7—7 部位截开，取下侧为隔离体，如图 3 - 25b 所示，列平衡方程

$$\sum m_7 = 0；\ M_7 - X_B \cdot 4 = 0，\ M_6 = M_7 = 12\text{kN·m （外侧受拉）}$$

画刚架的弯矩图，如图 3 - 25c 所示。

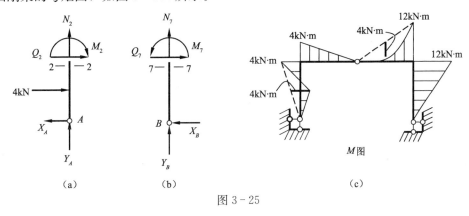

（a）　　　　　（b）　　　　　　　　（c）

图 3 - 25

§3 - 3 　静定平面桁架

1. 桁架简介

由若干两端铰接的直杆组成的结构称为桁架。桁架在各种工程结构中有广泛应用，如屋架、桥梁、输电塔、起重设备等（图 3 - 26）。

图 3 - 26

从几何构成上，桁架可分为静定桁架和超静定桁架。从杆件分布上，桁架可分为平面桁架和空间桁架。从功能上桁架可分为梁式桁架、拱式桁架等。本节只介绍静定平面桁架的内力计算。

平面桁架中各杆的轴线和外力作用线都在同一平面内。内力计算时需将工程中的实际桁架简化为理想桁架，理想桁架应符合如下假设：

① 各杆两端用光滑铰链相互连接；

② 各杆轴线为直线，并通过连接铰的几何中心；

③ 荷载和支座反力均作用在结点上。

理想桁架各杆都是二力杆，只有轴向受力，内力只有轴力，沿截面均匀分布，能充分发挥材料的效能。

实际桁架一般不完全符合理想桁架的假设。例如，杆的连接可能是焊接、铆接、栓接、榫接等，对杆件的转动有一定的约束；结点处各杆轴线也不一定交于一点；另外杆的自重、风载等也不是作用在结点上。按理想桁架算得的轴力称为主内力，非理想因素产生的附加内力称为次内力，本节仅限于桁架主内力计算。

桁架的杆件，依其所在位置不同，可以分为弦杆和腹杆两类，弦杆又分为上弦杆和下弦杆，腹杆又可以分为斜腹杆和竖腹杆。弦杆上相邻两结点水平间距称为结间跨度。两支座间的水平距离 l 称为跨度。上、下弦杆结点的最大竖向距离 h 称为桁架高，如图 3-27 所示。

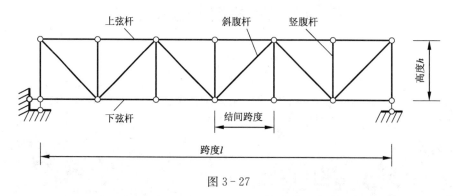

图 3-27

桁架杆件的轴力规定以拉力为正，计算时先假定轴力为拉力，若结果为负，表示杆件的轴力为压力。计算桁架杆件轴力，可取单个结点作为隔离体，由平衡条件求杆件轴力，称为结点法；也可取多个结点作为隔离体，由平衡条件求杆件轴力，称为截面法。

2. 结点法

图 3-28a 所示桁架，将结点 D 周围杆件截开，取结点 D 为隔离体，受力如图 3-28b 所示。结点受力皆为平面汇交力系，可列 2 个平衡方程，若桁架共有 n 个结点，则总平衡方程个数为 $2n$。设桁架杆数为 k，支座反力数为 z，则总未知量个数为 $k+z$。若

$$2n = k + z \tag{a}$$

则满足式（a）的桁架为静定平面桁架。若

$$2n < k + z \tag{b}$$

则满足式（b）的桁架为超静定平面桁架，超静定次数为

$$k + z - 2n \tag{c}$$

式（a）、（b）、（c）可用做静定桁架和超静定桁架的判别规则。

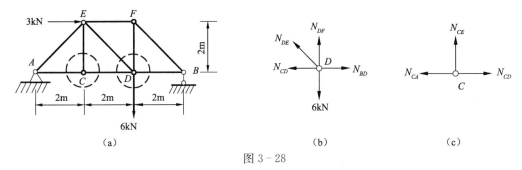

图 3-28

取结点 C 为隔离体，受力如图 3-28c 所示。受力为平面汇交力系，可列 2 个平衡方程，有 3 个未知量，但可利用平衡方程解得

$$\sum Y = 0; \quad N_{CE} = 0$$

桁架中轴力为零的杆件称为零杆。与结点 C 类似，根据结点平衡条件可直接判定零杆。图 3-29 为常用的三种判定零杆的规则。

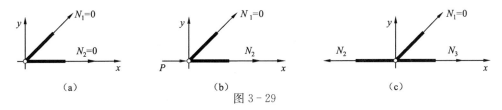

图 3-29

① 不共线二杆结点无外力（包括支座反力）作用，如图 3-29a 所示，此二杆为零杆。

$$\sum Y = 0; \; N_1 = 0, \; \sum X = 0; \; N_2 = 0$$

② 二杆结点有外力（包括支座反力）作用，且外力与其中一杆共线，如图 3-29b 所示，则另一杆为零杆。

$$\sum Y = 0; \; N_1 = 0$$

③ 三杆结点无外力作用，且其中二杆共线，如图 3-29c 所示，则第三杆为零杆。

$$\sum Y = 0; \; N_1 = 0$$

【例 3-7】试判断图 3-30 所示桁架中的零杆。

解

① 二杆结点 G 无外力作用，7、8 杆为零杆；三杆结点 D 无外力作用，1、5 杆共线，4 杆为零杆；去掉 4、7 零杆，三杆结点 E 无外力作用，3、6 杆共线，2 杆为零杆。

② 二杆结点 E 无外力作用，6、9 杆为零杆；三杆结点 D 无外力作用，4、8 杆共线，5 杆为零杆；二杆结点 A 的反力与 2 杆共线，1 杆为零杆。

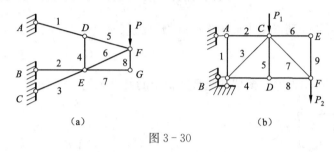

图 3-30

结点法求解桁架轴力的步骤一般如下：

① 直接判断零杆，并将零杆去掉。

去掉零杆仅仅是为了简化计算，并非桁架可以把零杆去掉，因静定桁架去掉零杆将变成可变体系。当荷载改变时，原来的零杆可能不再是零杆。

②（一般）先取整体，求支座反力。

对于悬臂桁架，如图 3-30 所示，可先从不带支座的二杆结点算起，则可不必求支座反力。

③ 从二杆结点开始，由少到多依次取结点为隔离体，求各杆轴力。

因结点受力为平面汇交力系，只能列两个平衡方程，若每次取结点所截轴力未知的杆件不超过两个，则可避免解更多的联立方程。

【例 3-8】用结点法求图 3-31a 所示桁架各杆轴力。

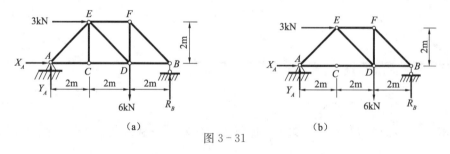

图 3-31

解

① CE 为零杆，去掉 CE 杆，如图 3-31b 所示。

$$N_{CE}=0,\ N_{AC}=N_{CD}$$

9 根杆中只剩下 7 根杆的轴力需要计算。

② 取整体为隔离体，受力如图 3-31a 所示，列平衡方程

$$\sum m_A=0;\ R_B \cdot 6-3\times 2-6\times 4=0,\ R_B=5\text{kN}$$

③ 取结点 B 为隔离体，受力如图 3-32a 所示，列平衡方程

$$\sum Y=0;\ N_{BF}\sin 45°+R_B=0,\ N_{BF}=-5\sqrt{2}\,\text{kN}$$
$$\sum X=0;\ N_{BF}\cos 45°+N_{BD}=0,\ N_{BD}=5\text{kN}$$

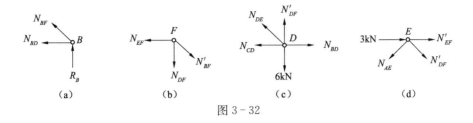

图 3 - 32

取结点 F 为隔离体，受力如图 3 - 32b 所示，列平衡方程

$$\sum Y = 0; \quad N_{BF} \sin 45° + N_{DF} = 0, \quad N_{DF} = 5 \text{kN}$$

$$\sum X = 0; \quad N_{BF} \cos 45° - N_{EF} = 0, \quad N_{EF} = -5 \text{kN}$$

取结点 D 为隔离体，受力如图 3 - 32c 所示，列平衡方程

$$\sum Y = 0; \quad N_{DE} \sin 45° + N_{DF} - 6 = 0, \quad N_{DE} = \sqrt{2} \text{kN}$$

$$\sum X = 0; \quad -N_{DE} \cos 45° - N_{CD} + N_{BD} = 0, \quad N_{CD} = N_{AC} = 4 \text{kN}$$

取结点 E 为隔离体，受力如图 3 - 32d 所示，列平衡方程

$$\sum Y = 0; \quad N_{DE} \sin 45° + N_{AE} \sin 45° = 0, \quad N_{AE} = -\sqrt{2} \text{kN}$$

3. 截面法

将桁架从某一部位用假想截面截开，选一侧（多个结点）作为隔离体，求解杆件轴力的方法称为截面法。受力为平面任意力系，可列三个平衡方程。若只求某些指定杆件的内力时，采用截面法更为方便。截面位置的选择：①能将要求轴力的杆件截开；②每次所截未知轴力的杆件尽量不要超过三个。

【例 3 - 9】用截面法求例 3 - 8（图 3 - 33a）桁架中 EF、DE、CD 杆轴力。

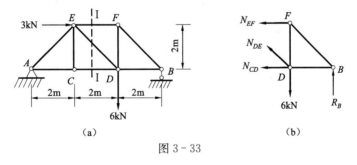

图 3 - 33

解　将桁架从 Ⅰ - Ⅰ 部位截开，取右侧为隔离体，受力如图 3 - 33b 所示。支座反力利用例 3 - 8 的计算结果，$R_B = 5 \text{kN}$，列平衡方程

$$\sum m_D = 0; \quad N_{EF} \cdot 2 + R_B \cdot 2 = 0, \quad N_{EF} = -5 \text{kN}$$

$$\sum Y = 0; \quad N_{DE} \sin 45° + R_B - 6 = 0, \quad N_{DE} = \sqrt{2} \text{kN}$$

$$\sum X = 0; \quad N_{DE} \cos 45° + N_{CD} + N_{EF} = 0, \quad N_{CD} = 4 \text{kN}$$

计算结果，与结点法完全相同。

计算时，结点法和截面法可混合使用，以便选择最简捷的计算路径，使所用的隔离体和所列的平衡方程为最少。

【例 3 - 10】 求图 3 - 34a 所示桁架 1、2、3 杆的轴力，$\alpha = 60°$。

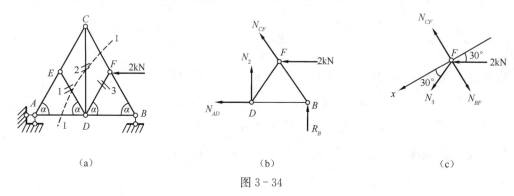

| (a) | (b) | (c) |

图 3 - 34

解 1 杆为零杆，$N_1 = 0$；将桁架从 I - I 部位截开，取右侧为隔离体，受力如图 3 - 34b 所示，列平衡方程

$$\sum m_B = 0; \quad N_2 \cdot l_{BD} - 2 \cdot l_{BD} \cdot \frac{\sqrt{3}}{2} = 0, \quad N_2 = \sqrt{3} \, \text{kN}$$

取结点 F 为隔离体，受力如图 3 - 34c 所示，列平衡方程

$$\sum Y = 0; \quad N_3 \cos 30° + 2\cos 30° = 0, \quad N_3 = -2\text{kN}$$

【例 3 - 11】 求图 3 - 35 所示桁架 1、2、3、4 杆的轴力。

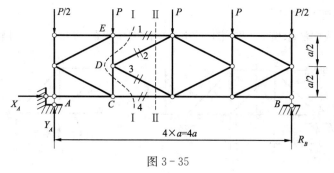

图 3 - 35

解 先求支座反力。取整体作隔离体，由平衡方程解得

$$Y_A = R_B = 2P, \quad X_A = 0$$

将桁架从 I - I 部位截开，取左侧为隔离体，受力如图 3 - 36a 所示，列平衡方程

$$\sum m_C = 0; \quad N_1 \times a - \frac{P}{2} \times a + 2Pa = 0, \quad N_1 = -\frac{3}{2}P$$

$$\sum X = 0; \quad N_1 + N_4 = 0, \quad N_4 = \frac{3}{2}P$$

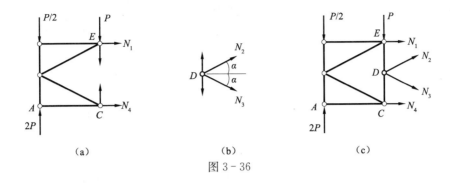

图 3 - 36

取结点 D 为隔离体，受力如图 3 - 36b 所示，列平衡方程

$$\sum X=0; \quad N_2\cos\alpha+N_3\cos\alpha=0, \quad N_2=-N_3$$

将桁架从 Ⅱ-Ⅱ 部位截开，取左侧为隔离体，受力如图 3 - 36c 所示，列平衡方程

$$\sum Y=0; \quad 2P-\frac{P}{2}-P+N_2\sin\alpha-N_3\sin\alpha=0$$

$$2N_3\sin\alpha=\frac{P}{2}, \quad N_2=-N_3=-\frac{\sqrt{5}}{4}P$$

§3-4 三 铰 拱

1. 拱式结构的特征

杆轴线通常为曲线，在竖向荷载作用下，支座有水平推力的结构称为拱。拱式结构是一种重要的结构形式，在房屋建筑、桥梁建筑和水利工程中都常采用。

拱式结构与梁式结构比较，不仅在于外形不同，最重要的还在于水平推力是否存在。例如图 3 - 37a 所示结构，杆轴虽为曲线，但在竖向荷载作用下支座并不产生水平推力，截面弯矩与相应梁的弯矩并无区别，只能称其为曲梁。但图 3 - 37b 所示结构，因两端都是固定铰支座，在竖向荷载作用下支座会产生水平推力，故属于拱式结构。推力是否存在是区分拱式结构与梁式结构的重要标志，因此通常把拱式结构称为推力结构。

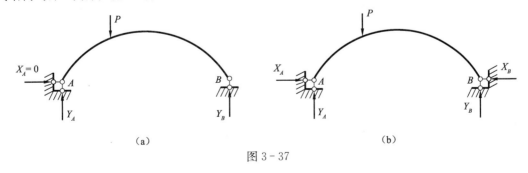

图 3 - 37

在拱式结构中，由于水平推力的存在，使拱的弯矩比相应的简支梁弯矩小。与梁相比可节省材料、减轻自重、跨越更大空间。但拱结构比较复杂，施工难度较大。同时，由于推力存在，需要较为牢固的支承结构。

工程中常见拱如图 3-38 所示，其中图 3-38a 和图 3-38b 所示的无铰拱和二铰拱是超静定拱，图 3-38c 所示的三铰拱是静定拱。由于拱有水平推力，为了消除推力对支承结构的影响，有时在支座间加一拉杆，并将其中一个固定铰支座改为可动铰支座，如图 3-38d 所示，用拉杆的拉力代替支座的推力，称为拉杆拱。此拉杆拱也是静定的，本章只讨论静定拱的计算。

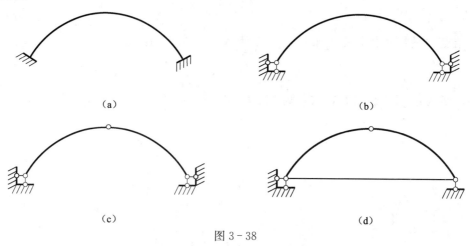

图 3-38

2. 三铰拱的计算

图 3-39a 所示三铰拱，拱的两端支座处称为拱趾。两拱趾连线是水平的称为平拱，倾斜的称为斜拱。两拱趾的水平间距 l 称为拱的跨度。拱轴的最高点称为拱顶，一般三铰拱的中间铰放置在拱顶。拱顶到两拱趾连线的竖向距离 f 称为拱高（或矢高）。

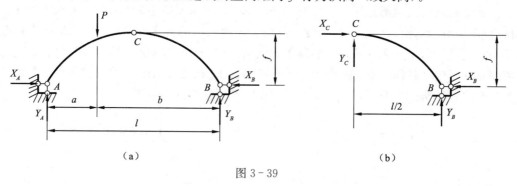

图 3-39

（1）三铰拱支座反力的计算

先取整体作隔离体，受力如图 3-39a 所示，列平衡方程求竖向反力。

$$\sum m_B = 0; \quad Y_A l - Pb = 0, \quad Y_A = \frac{b}{l}P$$

$$\sum m_A = 0;\ Y_B l - Pa = 0,\ Y_B = \frac{a}{l} P$$

再取半拱作隔离体，受力如图 3 - 39b 所示，列平衡方程求水平推力。

$$\sum m_C = 0,\ X_B f - Y_B \frac{l}{2} = 0$$

$$X_B = X_A = \frac{Y_B / 2}{f / l}$$

式中 f/l 为拱的高度与跨度之比，称为高跨比，拱的主要性能与高跨比有关，在工程结构中，高跨比的取值范围为 $0.1 \sim 1$。当荷载与拱的跨度不变时，拱的推力与拱高 f 成反比，f 越小，推力越大，当 $f \to 0$ 时，推力趋于无穷大，此时三个铰位于同一直线，三铰拱已变成瞬变体系。

（2）三铰拱内力的计算

图 3 - 40a 所示三铰拱任一截面 k 的内力，将拱由截面 k 处截开，取 Ak 作隔离体，受力如图 3 - 40b 所示。拱的内力正负规定：弯矩以使拱内侧纤维受拉为正，反之为负；剪力正负规定与前述相同；轴力以压力为正，拉力为负。将各力向截面法线投影，根据平衡条件得

$$N_k = X_A \cos\alpha + Y_A \sin\alpha$$

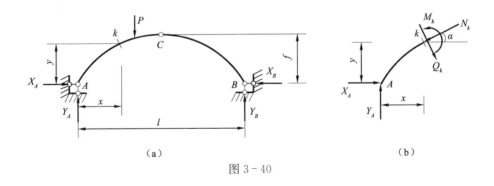

图 3 - 40

将各力向截面切线投影，根据平衡条件得

$$Q_k = -X_A \sin\alpha + Y_A \cos\alpha$$

$$\sum m_k = 0;\ M_k + X_A y - Y_A x = 0$$

$$M_k = Y_A x - X_A y$$

（3）三铰拱与简支梁受力比较

图 3 - 41 所示为同跨度、受相同荷载作用的三铰拱与简支梁，竖向支座反力相同，即

$$\left. \begin{array}{l} Y_A = Y_A^0 \\ Y_B = Y_B^0 \end{array} \right\} \tag{3 - 1}$$

51

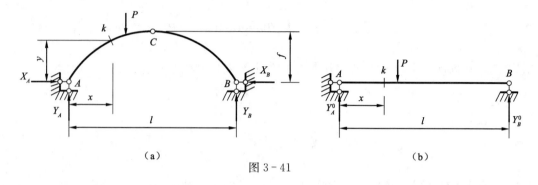

图 3-41

设简支梁 k 截面的内力为 N_k^0、Q_k^0、M_k^0，三铰拱 k 截面的内力为 N_k、Q_k、M_k，二者的内力关系为

$$N_k^0 = 0$$
$$N_k = Q_k^0 \sin\alpha + X_A \cos\alpha \tag{3-2}$$
$$Q_k^0 = Y_A^0$$
$$Q_k = Q_k^0 \cos\alpha - X_A \sin\alpha \tag{3-3}$$
$$M_k^0 = Y_A^0 x$$
$$M_k = M_k^0 - X_A y \tag{3-4}$$

由式（3-4）可以看出，由于推力的存在，同跨度、同荷载的三铰拱截面的弯矩比简支梁对应截面的弯矩小。杆横截面的正应力主要是弯矩引起的，而杆的强度主要取决于正应力，因此三铰拱的承载能力要大于简支梁，一般大跨度的结构多采用拱式结构。

（4）三铰拱的内力图

三铰拱的内力图规定画在水平基线上，弯矩图画在受拉一侧，即正的画在基线下侧，负的画在上侧；剪力、轴力正的画在基线上侧，负的画在下侧；并在内力图上标出正负和数值。画三铰拱的内力图时，可根据精度需要将三铰拱按跨度分为若干等份，有集中荷载时，集中荷载的作用点应取作分段点。计算各分段点截面的内力，集中荷载作用点应左右截面分别计算。将各截面内力的计算结果按大小比例和正负画在基线两侧，并用圆滑曲线连起来即得内力图。

【例 3-12】计算图 3-42a 所示三铰拱，并作内力图。三铰拱的拱轴为抛物线 $y = \dfrac{4f}{l^2}(l-x)x$。

解 先求支座反力，取整体作隔离体，受力如图 3-42a 所示，列平衡方程

$$\sum m_B = 0; \quad Y_A \cdot 12 - 100 \times 9 - 20 \times 6 \times 3 = 0, \quad Y_A = 105\text{kN}$$
$$\sum m_A = 0; \quad Y_B \cdot 12 - 100 \times 3 - 20 \times 6 \times 9 = 0, \quad Y_B = 115\text{kN}$$

取左半拱作隔离体，列平衡方程

$$\sum m_C = 0; \quad X_A \cdot 4 - Y_A \cdot 6 + 100 \times 3 = 0, \quad X_A = X_B = 82.5\text{kN}$$

拱轴线方程

$$y = \frac{4f}{l^2}(l-x)x = \frac{4 \times 4}{12^2}(12-x)x = \frac{1}{9}(12-x)x$$

$$\tan\alpha = \frac{\mathrm{d}y}{\mathrm{d}x} = \frac{2}{9}(6-x)$$

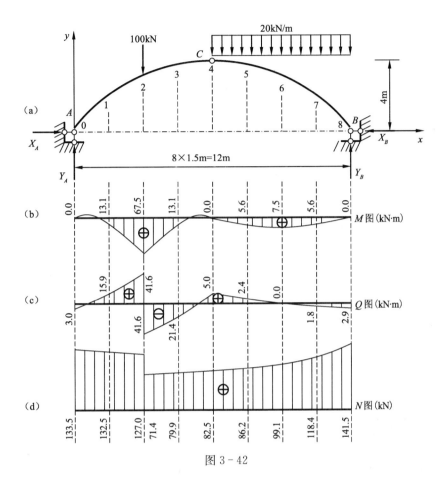

图 3－42

0 截面内力：

$$x_0＝0，y_0＝0，\tan\alpha_0＝\frac{4}{3}，\sin\alpha_0＝0.800，\cos\alpha_0＝0.600$$

$$Q_0^0＝105\text{kN}，M_0^0＝0$$

由式（3－2）～（3－4），得

$$N_0＝133.5\text{kN}，Q_0＝-3\text{kN}，M_0＝0$$

1 截面内力：

$$x_1＝1.5\text{m}，y_1＝1.75\text{m}，\tan\alpha_1＝1，\sin\alpha_1＝0.707，\cos\alpha_1＝0.707$$

$$Q_1^0＝105\text{kN}，M_1^0＝157.5\text{kN·m}$$

由式（3－2）～（3－4），得

$$N_1＝132.5\text{kN}，Q_1＝15.9\text{kN}，M_1＝13.1\text{kN·m}$$

2 截面内力：

$$x_2=3\text{m}, \quad y_2=3\text{m}, \quad \tan\alpha_2=\frac{2}{3}, \quad \sin\alpha_2=0.555, \quad \cos\alpha_2=0.832$$

$$Q_{2左}^0=105\text{kN}, \quad Q_{2右}^0=5\text{kN}, \quad M_2^0=315\text{kN·m}$$

由式（3-2）～（3-4），得

$$N_{2左}=127.0\text{kN}, \quad N_{2右}=71.4\text{kN}, \quad Q_{2左}=41.6\text{kN}, \quad Q_{2右}=-41.6\text{kN}, \quad M_2=67.5\text{kN·m}$$

3 截面内力：

$$x_3=4.5\text{m}, \quad y_3=3.75\text{m}, \quad \tan\alpha_3=\frac{1}{3}, \quad \sin\alpha_3=0.316, \quad \cos\alpha_3=0.948$$

$$Q_3^0=5\text{kN}, \quad M_3^0=322.5\text{kN·m}$$

由式（3-2）～（3-4），得

$$N_3=79.8\text{kN}, \quad Q_3=-21.3\text{kN}, \quad M_3=13.1\text{kN·m}$$

4 截面内力：

$$x_4=6\text{m}, \quad y_3=4\text{m}, \quad \tan\alpha_4=0, \quad \sin\alpha_4=0, \quad \cos\alpha_4=1$$

$$Q_4^0=5\text{kN}, \quad M_4^0=330\text{kN·m}$$

由式（3-2）～（3-4），得

$$N_4=82.5\text{kN}, \quad Q_4=5\text{kN}, \quad M_4=0$$

利用三铰拱的几何对称性：$\alpha_8=-\alpha_0$、$\alpha_7=-\alpha_1$、$\alpha_6=-\alpha_2$、$\alpha_5=-\alpha_3$，计算右半拱各截面内力。根据计算结果画三铰拱的内力图，如图 3-42b、c、d 所示。

3. 合理拱轴线

拱各截面的弯矩不仅与荷载有关，还与拱轴线的形状有关。若拱在给定荷载作用下，各截面不产生弯矩和剪力，而只有轴力，则拱处于均匀受压状态，材料得以充分利用，此时拱的截面积是最小的。只产生轴力，而不产生弯矩和剪力的拱轴线称为合理拱轴线。

对于竖向荷载作用下的三铰拱，可由式（3-4）来确定合理拱轴线方程。

图 3-43a 所示三铰拱沿全跨长受均布荷载作用，相应简支梁（图 3-43b）的弯矩方程为

$$M_k^0=\frac{1}{2}q\ (l-x)\ x$$

三铰拱的推力为

$$X_A=\frac{M_C^0}{f}=\frac{ql^2}{8f}$$

由式（3-4）得

$$M_k=M_k^0-X_A y=0$$

$$y=\frac{M_k^0}{X_A}=\frac{\dfrac{1}{2}q(l-x)x}{\dfrac{ql^2}{8f}}=\frac{4f}{l^2}\ (l-x)x$$

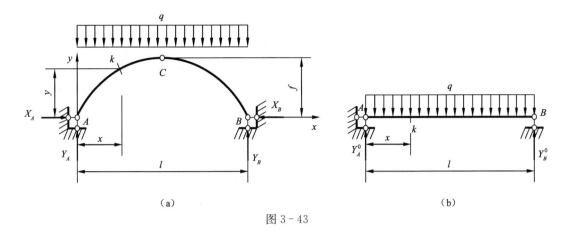

（a） （b）

图 3 - 43

由此可见，满跨均布荷载作用下，三铰拱的合理轴线是一条二次抛物线。

§3-5 静定组合结构

组合结构是由轴力杆件（桁杆）和受弯杆件（梁杆）组合而成。桁杆为两端铰接的链杆，内力只有轴力；梁杆为受弯构件，内力一般有弯矩、剪力和轴力。组合结构常用于房屋建筑、吊车梁及桥梁主体结构等。图 3 - 44a 所示为一组合屋架，图 3 - 44b 所示为组合屋架的计算简图，14、47 为梁杆，12、23、25、56、57 为桁杆。

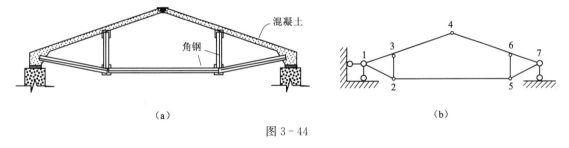

（a） （b）

图 3 - 44

计算组合结构时，一般还是先求支座反力，再求桁杆轴力，最后计算梁杆的内力，并画内力图。需要指出的是，计算时要特别注意区分桁杆与梁杆。

【例 3 - 13】计算图 3 - 45a 所示组合结构的内力，并作梁杆的内力图。

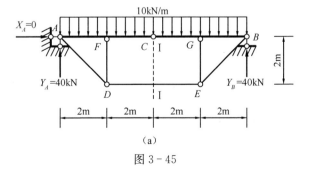

（a）

图 3 - 45

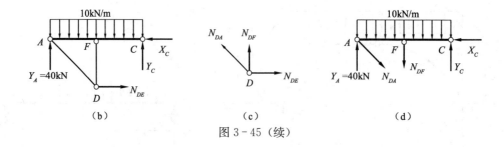

图 3-45（续）

解

（1）求支座反力

取整体为隔离体，受力如图3-45a所示，由平衡方程求得支座反力为

$$X_A = 0, \quad Y_A = Y_B = 40\text{kN}$$

（2）求桁杆轴力

将结构从Ⅰ-Ⅰ部位截开，取左半部分为隔离体，受力如图3-45b所示。列平衡方程

$$\sum m_C = 0; \quad N_{DE} \times 2 - Y_A \times 4 + 10 \times 4 \times 2 = 0, \quad N_{DE} = 40\text{kN}$$
$$\sum X = 0; \quad N_{DE} - X_C = 0, \quad X_C = N_{DE} = 40\text{kN}$$
$$\sum Y = 0; \quad Y_A + Y_C - 10 \times 4 = 0, \quad Y_C = 0$$

取结点 D 为隔离体，受力如图3-45c所示。列平衡方程

$$\sum X = 0; \quad N_{DE} - N_{DA}\cos45° = 0, \quad N_{DA} = 40\sqrt{2}\,\text{kN}$$
$$\sum Y = 0; \quad N_{DF} + N_{DA}\sin45° = 0, \quad N_{DF} = -40\text{kN}$$

（3）求梁杆内力，并画内力图

取梁杆 AC 为隔离体，受力如图3-45d所示。按静定梁的内力计算和内力图的作法画梁杆 AC 的内力图，再利用对称性画梁杆 CB 的内力图，如图3-46所示。

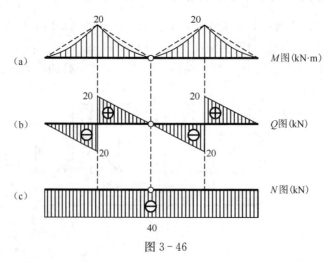

图 3-46

§3-6　小　　结

静定结构是无多余约束的几何不变体系，它的受力分析要求熟练运用前面学过的理论力学和材料力学的基本概念、基本理论和基本方法。掌握静定结构的基本特征和受力分析方法，有助于分析超静定结构及后续专业课程（如混凝土结构、钢结构、木结构、基础工程和桥梁工程等）的学习，也为日后的工程结构设计、施工组织管理和科学研究打下理论基础。本章重点掌握静定平面结构内力图的求解和绘制。

1. 基本概念

隔离体；结点法；截面法；叠加法；合理拱轴线

（1）隔离体

隔离体是指用截面切断结构中的部分杆件或支杆，将结构中的一部分与其余部分（或基础）分开，单独取出作为研究对象的物体。根据隔离体的平衡条件，建立平衡方程并求解未知反力和内力。

（2）结点法

结点法是将铰结点所连桁杆切开，单独取出作为隔离体，受力包括结点荷载、桁杆轴力和支座反力，形成一个平面汇交力系，建立两个独立的平衡方程，求解未知力的方法。

（3）截面法

截面法是用假想截面将结构从某一部位截开，取一侧作为隔离体，隔离体受力一般为平面任意力系，建立 3 个独立的平衡方程，求解未知力的方法。

（4）叠加法

叠加法是以叠加原理为基础进行结构计算和分析的基本方法，能够将复杂受力情况分解为多个简单受力情况，分别单独计算，再将计算结果叠加。

（5）合理拱轴线

合理拱轴线是指在给定荷载作用下，拱内各截面只产生轴力，弯矩和剪力都等于零的拱轴线。

2. 知识要点

（1）静定结构内力图绘制的一般步骤

① （一般）先求支座反力。

② 将杆件分段，凡集中力（包括支座反力）、力偶作用点、分布力两端皆作为分段点，计算各段杆两端截面的内力。

③ 分段画内力图。

根据各段杆的内力图形状，将其控制截面的竖标以相应的直线或者曲线连起来。当分段画弯矩图时，若控制截面之间无荷载作用，两控制截面的竖标连实线；若两控制截面之间有荷载作用，先用虚线将两控制截面的竖标连起来，再以虚线为基线，叠加该段杆荷载作用下产生的弯矩，即得最终弯矩图。

（2）静定结构内力计算的一般方法

① 静定梁、刚架和三铰拱的内力计算一般采用控制截面法；多跨静定结构的内力计算应先计算附属部分，后计算基本部分。

② 静定平面桁架一般采用结点法、截面法，或二者联合使用。

③ 组合结构的内力计算一般是先求桁杆后算梁杆。

习　题

3-1　试作图示各单跨梁的弯矩图。

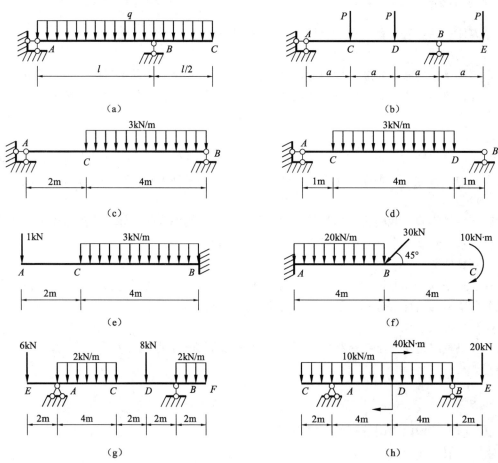

题 3-1 图

3-2　试作图示各多跨梁的弯矩图。

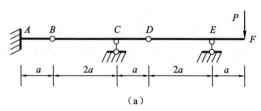

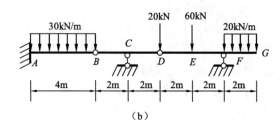

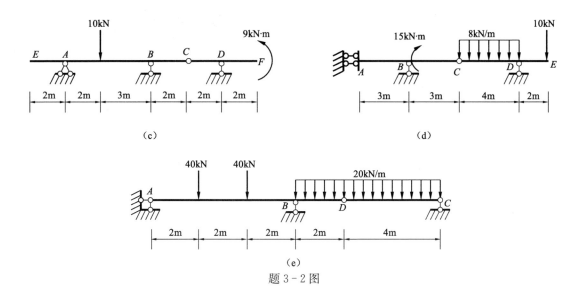

（c）

（d）

（e）

题 3-2 图

3-3 试作图示各刚架的内力图。

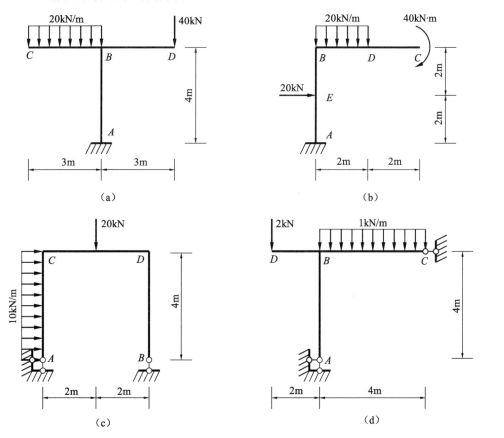

（a）

（b）

（c）

（d）

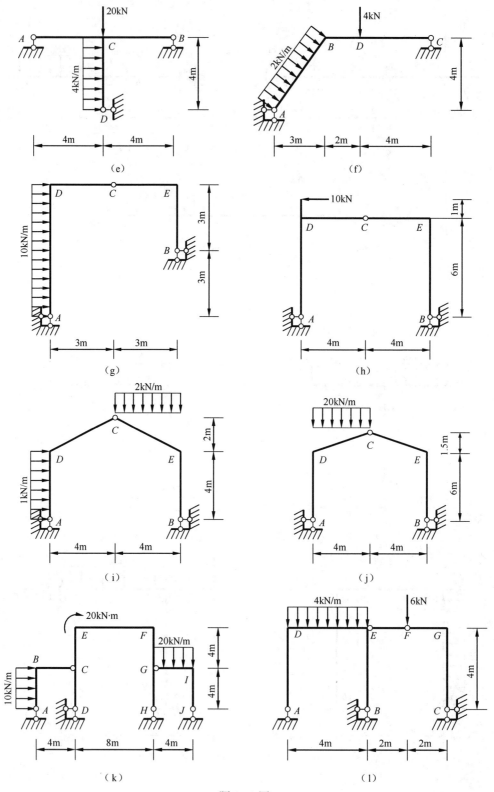

题 3 - 3 图

3-4　指出图示各桁架中的零杆。

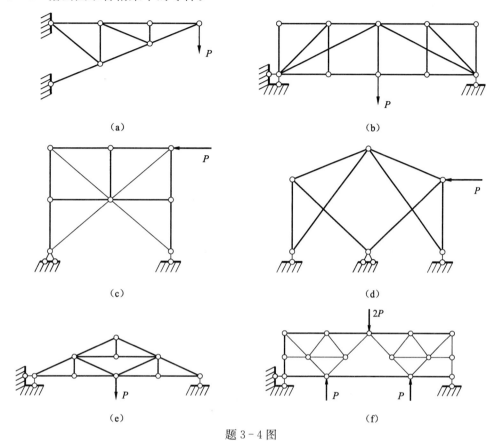

（a）　　　　　　　　　　　　　（b）

（c）　　　　　　　　　　　　　（d）

（e）　　　　　　　　　　　　　（f）

题 3-4 图

3-5　求图示各桁架指定杆件的内力。

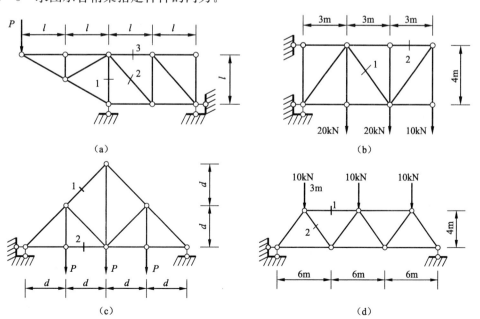

（a）　　　　　　　　　　　　　（b）

（c）　　　　　　　　　　　　　（d）

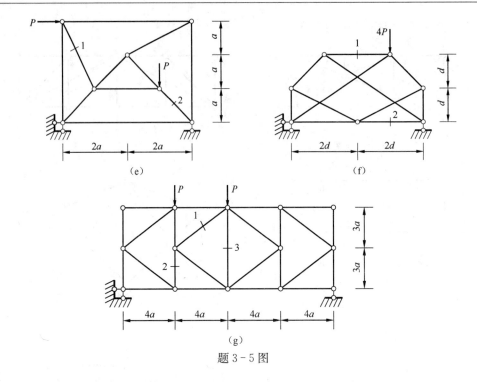

（e）　　　　　　　　　　　　　　（f）

（g）

题 3-5 图

3-6　求图示半圆弧形三铰拱 K 截面的弯矩。

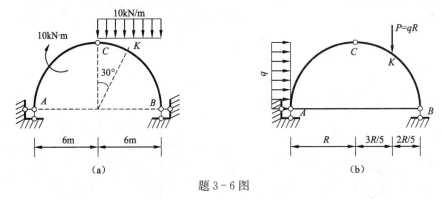

（a）　　　　　　　　　　　　　　（b）

题 3-6 图

3-7　求图示半圆弧形拉杆拱中拉杆的轴力。

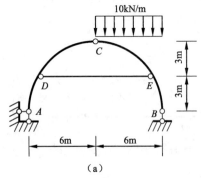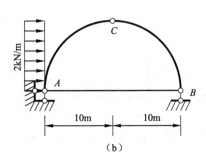

（a）　　　　　　　　　　　　　　（b）

题 3-7 图

3-8 图示三铰拱的拱轴方程为 $y = \dfrac{4f}{l}x\ (l-x)$，求荷载 P 作用下的支座反力及截面 D、E 的内力。

3-9 求图示斜三铰拱的支座反力。

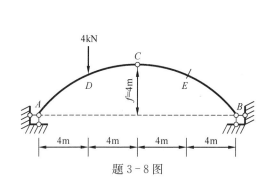

题 3-8 图

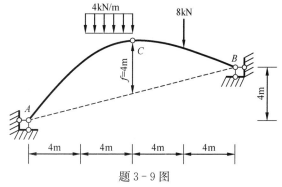

题 3-9 图

3-10 求图示各组合结构桁杆的轴力，并作梁杆的内力图。

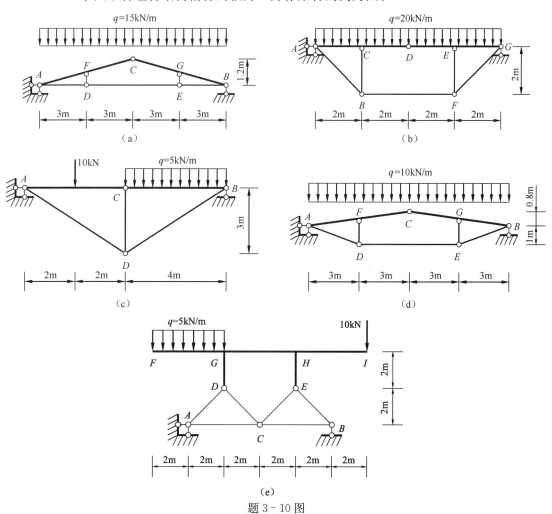

（a）

（b）

（c）

（d）

（e）

题 3-10 图

第4章 静定结构的影响线

§4-1 影响线的概念

前面几章的讨论中，静定结构所受的荷载不仅大小、方向不变，而且作用位置也是固定不变的，称为固定荷载。结构在固定荷载作用下，支座反力、截面内力是固定不变的。实际工程中，还会遇到作用位置不断改变的荷载，称为移动荷载。例如，桥上行驶的汽车对桥梁的轮压，工业厂房内吊车梁上移动的吊车对吊车梁的轮压（图4-1）等都是移动荷载。还有建筑物内的人群、货物、设备等的位置也是可变的，也属移动荷载范畴。

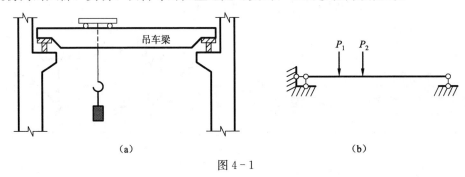

图4-1

移动荷载，其大小、方向是不变的，只有作用位置发生变化，结构在移动荷载作用下仍处于平衡状态，移动荷载还是属于静荷载。由于移动荷载作用位置的不断改变，结构的支座反力、截面内力，以及位移也随之改变。这就需要解决如下一些新问题：

① 结构的某一量值，如反力、内力或位移等，随着荷载移动的变化规律。

② 某量达到最大值时，荷载的作用位置及该量的最大取值。

③ 结构各截面内力的变化范围，即变化的上限和下限。

解决上述这些问题，就可为结构设计提供依据，其中最重要的是第一条。移动荷载的分布形式多种多样，我们可利用分解和叠加的方法，先分析单个荷载，然后将各单独荷载的分析结果叠加。

单独移动荷载作用下，某量值的变化规律与荷载的大小无关，为了分析方便，可取其为单位值，即 $P=1$，称为单位移动荷载。

图4-2a所示为简支梁 AB，受单位移动荷载 $P=1$ 作用，分析支座 B 的反力 R_B 的变化规律。单位移动荷载在梁上移动时，梁始终处于平衡状态，由平衡方程解得

$$\sum m_A=0, \quad 1 \cdot x - R_B \cdot l = 0$$

$$R_B = \frac{x}{l} \quad (0 \leqslant x \leqslant l) \tag{a}$$

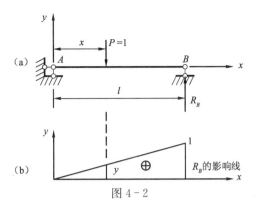

图 4 - 2

式（a）中 x 为单位移动荷载的作用位置。若取横轴为 x 轴，纵轴 y 为反力 R_B 的量值，作式（a）的图像，如图 4 - 2b 所示。该图像表示支座 B 的反力 R_B 随单位移动荷载在梁上移动时的变化规律，称为反力 R_B 的影响线，式（a）称为反力 R_B 的影响线方程。

一般情况下，单位移动荷载在结构上移动，结构的某量值随之变化规律的图像称为该量值的影响线。作影响线图像时，正值画在基线上面，负值画在基线下面，并在图像上标出正负和数值。

§4 - 2　静定梁的影响线

作静定梁的影响线可采用下述两种方法。

1. 静力法

静力法就是利用静力平衡条件建立单位移动荷载作用下，静定结构某量值随之变化的影响线方程，然后根据影响线方程画影响线图像。

上面已经用静力法作出图 4 - 2 简支梁支座 B 的反力 R_B 的影响线，同理可作支座 A 的反力 R_A 的影响线。

根据静力平衡条件列方程

$$\sum m_B = 0;\quad R_A \cdot l - 1 \cdot (l - x) = 0$$

$$R_A = 1 - \frac{x}{l} \quad (0 \leqslant x \leqslant l)$$

此方程称为支座 A 反力 R_A 的影响线方程。

根据该方程所画的图像即为 R_A 的影响线，如图 4 - 3 所示。

若作 K 截面剪力、弯矩影响线时，单位移动荷载 $P = 1$ 在 K 截面的左侧或者右侧，K 截面的剪力、弯矩不是一个函数，需分段建立影响线方程。

单位移动荷载 $P = 1$ 在 AK 段上时，可取 KB 段为隔离体，如图 4 - 4c 所示。

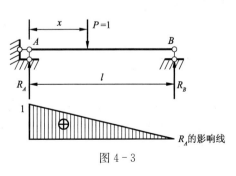

图 4 - 3

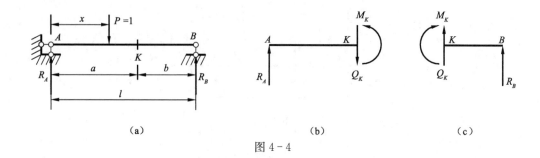

图 4-4

$$\sum Y = 0; \quad Q_K + R_B = 0, \quad Q_K = -\frac{x}{l} \quad (0 \leqslant x \leqslant a)$$

$$\sum m_K = 0; \quad M_K - R_B \cdot b = 0, \quad M_K = \frac{b}{l} x \quad (0 \leqslant x \leqslant a)$$

单位移动荷载 $P=1$ 在 KB 段上时，取 AK 段为隔离体，如图 4-4b 所示。

$$\sum Y = 0; \quad Q_K - R_A = 0, \quad Q_K = 1 - \frac{x}{l}, \quad (a \leqslant x \leqslant l)$$

$$\sum m_K = 0; \quad M_K - R_A \cdot a = 0, \quad M_K = a \left(1 - \frac{x}{l}\right), \quad (a \leqslant x \leqslant l)$$

K 截面剪力 Q_K 的影响线方程为

$$Q_K = \begin{cases} -\dfrac{x}{l} & (0 \leqslant x \leqslant a) \\[2mm] 1 - \dfrac{x}{l} & (a \leqslant x \leqslant l) \end{cases}$$

根据 Q_K 的影响线方程画 Q_K 的影响线，如图 4-5a 所示。

K 截面弯矩 M_K 的影响线方程为

$$M_K = \begin{cases} \dfrac{b}{l} x & (0 \leqslant x \leqslant a) \\[2mm] a \left(1 - \dfrac{x}{l}\right) & (a \leqslant x \leqslant l) \end{cases}$$

根据 M_K 的影响线方程画 M_K 的影响线，如图 4-5b 所示。

支座反力 R_A、R_B，剪力 Q_K 的影响线的竖标无单位，弯矩 M_K 的影响线的竖标为长度单位。

影响线和内力图是完全不同的两个概念，应严格加以区别。图 4-6a 所示为简支梁在单位移动荷载 $P=1$ 作用下，K 截面弯矩 M_K 的影响线。横坐标表示单位荷载 $P=1$ 的作用位置，纵坐标表示指定截面 K 的弯矩。

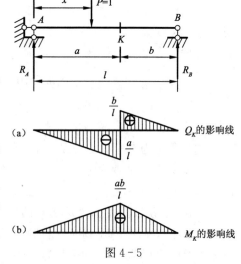

图 4-5

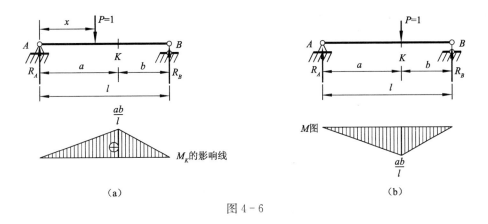

图 4 - 6

图 4 - 6b 所示为简支梁 K 点受单位荷载 $P=1$ 作用下的弯矩 M 图。M 图的横坐标表示梁的截面位置，纵坐标表示单位荷载 $P=1$ 作用在 K 点时，各对应截面的弯矩。

【例 4 - 1】 作图 4 - 7a 所示梁支座 A、B 的反力 R_A、R_B 和 K 截面剪力 Q_K、弯矩 M_K 的影响线。

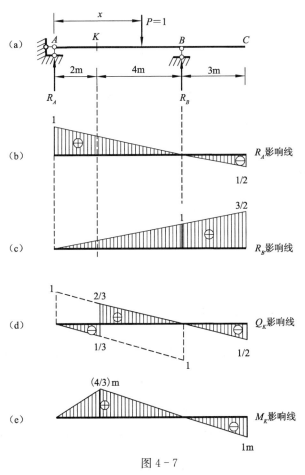

图 4 - 7

解 （1）支座 A 反力 R_A 的影响线

$$\sum m_B=0;\quad R_A\cdot 6-P\cdot(6-x)=0,\quad R_A=1-\frac{x}{6}\qquad(0\leqslant x\leqslant 9)$$

根据 R_A 的影响线方程作 R_A 的影响线，如图 4-7b 所示。

（2）支座 B 反力 R_B 的影响线

$$\sum m_A=0;\quad R_B\cdot 6-P\cdot x=0,\quad R_B=\frac{x}{6}\qquad(0\leqslant x\leqslant 9)$$

根据 R_B 的影响线方程作 R_B 的影响线，如图 4-7c 所示。

（3）K 截面剪力 Q_K、弯矩 M_K 的影响线

单位移动荷载 $P=1$ 在 AK 段，取 KC 段为隔离体，受力如图 4-8b 所示。

$$\sum Y=0;\quad Q_K+R_B=0,\quad Q_K=-R_B=-\frac{x}{6}\qquad(0\leqslant x\leqslant 2)$$

$$\sum m_K=0;\quad M_K-R_B\cdot 4=0,\quad M_K=4R_B=\frac{2}{3}x\qquad(0\leqslant x\leqslant 2)$$

单位移动荷载 $P=1$ 在 KC 段，取 AK 段为隔离体，受力如图 4-8a 所示。

$$\sum Y=0;\quad -Q_K+R_A=0,\quad Q_K=R_A=1-\frac{x}{6}\qquad(2\leqslant x\leqslant 9)$$

$$\sum m_K=0;\quad M_K-R_A\cdot 2=0,\quad M_K=2R_A=2-\frac{x}{3}\qquad(2\leqslant x\leqslant 9)$$

根据 Q_K、M_K 的影响线方程作 Q_K、M_K 的影响线，如图 4-7d、e 所示。

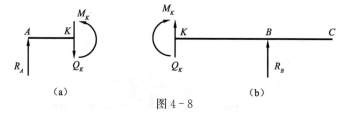

图 4-8

2. 机动法

机动法作静定梁影响线的依据是理论力学中刚体系的虚位移原理。该原理指出刚体系在给定位置平衡的必要与充分条件是：在任何虚位移下，作用于体系的主动力所作虚功之和为零。根据这一原理就可把作影响线的静力学问题转化为作虚位移图的几何问题，使得作影响线更加方便快捷。

下面以图 4-7a 所示梁为例，说明这一方法。先作支座 A 竖向反力 R_A 的影响线，将支座 A 的竖向约束去掉，代之以约束反力 R_A，并将 R_A 视为主动力。静定梁去掉一个约束则变成可变体系，使该体系发生任一微小虚位移，如图 4-9a 所示。建立虚功方程

$$R_A\delta r_A-P\delta r_P=0$$

$$R_A=P\frac{\delta r_P}{\delta r_A}=\frac{\delta r_P}{\delta r_A}=\frac{l-x}{l}=1-\frac{x}{6}$$

与例 4-1 的 R_A 影响线方程完全相同。若令 $\delta r_A = 1$，则虚位移图 4-9a 与 R_A 的影响线图 4-9b 也完全相同，这样就把作影响线问题转化为作虚位移图的几何问题。

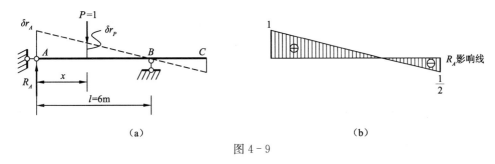

图 4-9

综上所述，用机动法作某量的影响线：将该量的对应约束解除，用该量代替约束，原静定梁变为几何可变体系。让可变体系沿该量方向有单位 1 的虚位移（或相对位移、相对转角），画单位移动荷载 $P=1$ 的作用点（作用杆件）的虚位移图，即为该量的影响线。

【**例 4-2**】用机动法作例 4-1 中梁支座 B 的反力 R_B 和 K 截面剪力 Q_K、弯矩 M_K 的影响线。

解　（1）R_B 的影响线

将支座 B 去掉，用反力 R_B 代替约束，让 B 点沿 R_B 方向有单位 1 的虚位移，画 AC 杆的虚位移图，如图 4-10a 所示。按虚位移图作 R_B 的影响线，如图 4-10b 所示。

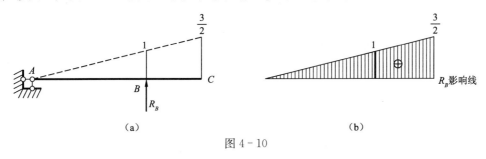

图 4-10

（2）Q_K 的影响线

将 K 截面的竖向约束去掉，代之以剪力 Q_K，让左右截面沿 Q_K 方向有单位 1 的相对虚位移，画两侧杆件 AK、KC 的虚位移图，如图 4-11a 所示。按虚位移图作 Q_K 的影响线，如图 4-11b 所示。

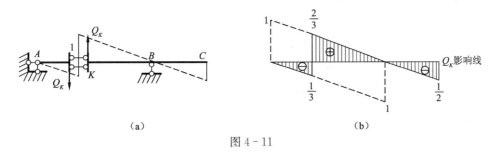

图 4-11

（3）M_K 的影响线

将 K 截面的转动约束去掉，代之以弯矩 M_K，让左右截面沿 M_K 转向有单位 1 的相对转角，画两侧杆件 AK、KC 的虚位移图，如图 4 - 12a 所示。按虚位移图作 M_K 的影响线，如图 4 - 12b 所示。

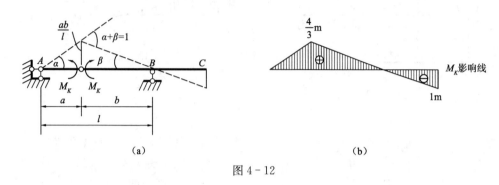

图 4 - 12

【例 4 - 3】用机动法作图 4 - 13a 所示组合梁 R_A、R_C、Q_E、M_E、Q_F、M_F 的影响线。

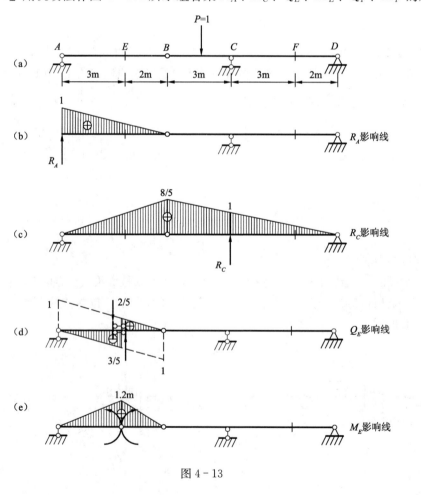

图 4 - 13

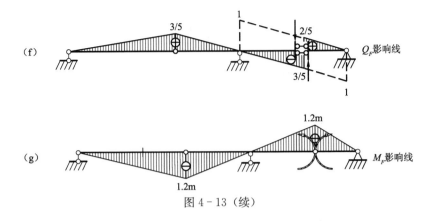

图 4 - 13（续）

解　（1）R_A 的影响线

去掉支座 A，代之以反力 R_A，让 AB 杆 A 端沿 R_A 方向有单位 1 的虚位移，画 AB 与 BD 杆的虚位移图和 R_A 的影响线，如图 4 - 13b 所示。

（2）R_C 的影响线

去掉支座 C，代之以反力 R_C，让 BD 杆的 C 点沿 R_C 方向有单位 1 的虚位移，画 AB 与 BD 杆的虚位移图和 R_C 的影响线，B 点的竖标为 $1 \times \dfrac{8}{5}$，如图 4 - 13c 所示。

（3）Q_E 的影响线

将 E 截面的竖向约束去掉，代之以剪力 Q_E，让左右截面沿 Q_E 方向有单位 1 的相对虚位移，画两侧杆件 AE、EB、BD 的虚位移图和 Q_E 的影响线，E 点左侧竖标为 $-\dfrac{3}{5}$，右侧竖标为 $\dfrac{2}{5}$，如图 4 - 13d 所示。

（4）M_E 的影响线

将 E 截面的转动约束去掉，代之以弯矩 M_E，让左右截面沿 M_E 转向有单位 1 的相对转角，画两侧杆件 AE、EB、BD 的虚位移图和 M_E 的影响线，E 点竖标为 $\dfrac{3 \times 2}{5} = 1.2\text{m}$，如图 4 - 13e 所示。

（5）Q_F 的影响线

将 F 截面的竖向约束去掉，代之以剪力 Q_F，让左右截面沿 Q_F 方向有单位 1 的相对虚位移，画两侧杆件 AB、BF、FD 的虚位移图和 Q_F 的影响线，F 点左侧竖标为 $-\dfrac{3}{5}$，右侧竖标为 $\dfrac{2}{5}$，B 点的竖标为 $\dfrac{3}{5}$，如图 4 - 13f 所示。

（6）M_F 的影响线

将 F 截面的转动约束去掉，代之以弯矩 M_F，让左右截面沿 M_F 转向有单位 1 的相对转角，画两侧杆件 AB、BF、FD 的虚位移图和 M_F 影响线，F 点竖标为 $\dfrac{3 \times 2}{5} = 1.2\text{m}$，$B$ 点的竖标为 -1.2m，如图 4 - 13g 所示。

§4-3 结点荷载作用下梁的影响线

前面讨论的影响线为荷载直接作用于梁上的情况,称为直接荷载。但在实际工程中,有些主梁上设置有次梁,荷载直接作用于次梁,通过结点传递到主梁,主梁承受的是间接荷载(或称结点荷载)作用。图 4-14a 所示为一桥梁结构的计算简图,AB 为一简支主梁,其上有 A、C、D、E、B 五个横梁架在主梁上,横梁上有四个简支纵梁。单位移动荷载 $P=1$ 在纵梁上移动,无论移动到何处,主梁只可能在 A、C、D、E、B 五个结点处受力。

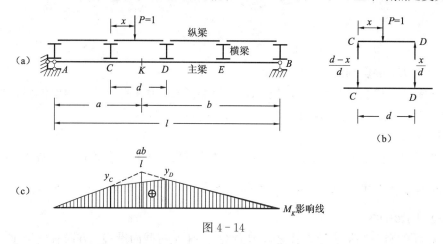

图 4-14

现以主梁 K 截面的弯矩 M_K 影响线为例,当单位荷载 $P=1$ 移动到结点处时,影响线的竖标与直接荷载影响线的竖标完全相同,当单位荷载 $P=1$ 作用在两结点 C、D 之间的纵梁上时,主梁在 C、D 两点所承受的结点荷载分别为 $\dfrac{d-x}{d}$ 和 $\dfrac{x}{d}$,如图 4-14b 所示。设直接荷载作用下主梁 M_K 影响线 C、D 两点的竖标为 y_C 和 y_D,根据叠加原理结点荷载作用下 CD 段影响线的竖标为

$$M_K = \frac{d-x}{d}y_C + \frac{x}{d}y_D$$

该式为 x 的一次式。因此,两结点 C、D 之间 M_K 影响线为一直线,只需将竖标 y_C 和 y_D 连起来即可,如图 4-14c 所示。

以上讨论同样也适用于主梁其他量值的影响线,结点荷载作用下某量值的影响线的具体作法归纳如下:

① 先按直接荷载作主梁的影响线;

② 由结点引垂线与主梁的影响线相交;

③ 将相邻交点用直线连起来,即得结点荷载作用下主梁的影响线。

按着上述作法,可得主梁截面 K 的剪力 Q_K 的影响线,如图 4-15 所示。显见结点荷载作用下主梁两结点间任何截面剪力影响线都一样。此外,不难看出,主梁支座反力影响线,结点荷载与直接荷载也是一样的。

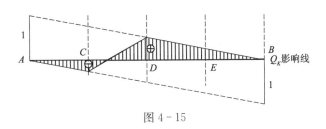

图 4 - 15

【例 4 - 4】 作图 4 - 16 所示主梁支座 A 反力 R_A，C 截面弯矩 M_C、剪力 Q_C，结点 D 左右两侧截面剪力 $Q_{D左}$、$Q_{D右}$ 的影响线。

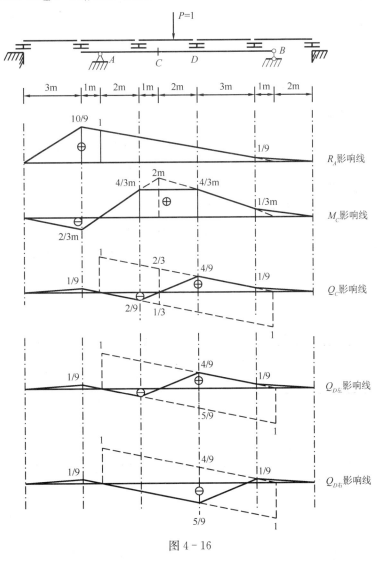

图 4 - 16

　　解　先按直接荷载画主梁各量的影响线，如图 4 - 16 中虚线所示。再由结点引垂线与直接荷载影响线相交，将相邻交点用实线连起来，即得各量结点荷载作用下的影响线，如图 4 - 16 中实线所示。

值得注意的是，作结点 D 左侧截面剪力 $Q_{D左}$ 的影响线时，结点 D 在截面的右边，引垂线应与直接荷载右侧影响线相交。作结点 D 右侧截面剪力 $Q_{D右}$ 的影响线时，结点 D 在截面的左边，引垂线应与直接荷载左侧影响线相交。另外，两端纵梁只有一个结点作用在主梁上，外端结点作用在其他支承上，该结点影响线的竖标应为零。

§4-4　影响线的应用

前已述及，影响线是研究移动荷载的基本、有效工具，可以用影响线来确定实际移动荷载作用下某量值对结构的最不利影响。这里最不利的影响主要是指：当荷载移动到结构的某一位置时，结构的某量值达到最大，此位置对于结构来说是最不利的。要研究此问题需要解决两个方面的问题：一是当实际移动荷载移动到某一位置时，如何利用影响线求出该量值的数值；二是移动荷载移动到什么位置时，该量值的数值达到最大值，即最不利荷载位置的确定问题。下面将分别讨论这两方面的问题。

1. 应用影响线求影响量

前面在用机动法作影响线时已经提到，某量的影响线与解除该量约束后的虚位移图是等价的，只不过将该量所对应的虚位移设为单位 1 而已。所以用影响线求某量的影响量与用虚位移原理求该量原理相同。

（1）集中荷载影响量的计算

图 4-17a 所示简支梁受集中荷载作用，K 截面剪力影响线如图 4-17c 所示。当 $P_1=1$ 时，Q_K 等于影响线的竖标 y_1，在 P_1 作用下，Q_K 则等于 $P_1 y_1$。根据叠加原理，该梁 K 截面的剪力为

$$Q_K = P_1 y_1 + P_2 y_2 + P_3 y_3$$

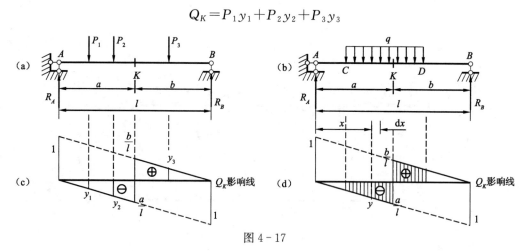

图 4-17

一般情况下，设某梁承受一组集中荷载 P_1、P_2、$\cdots$、P_n，某量 S 的影响线在各集中荷载作用点处的竖标分别为 y_1、y_2、$\cdots$、y_n，则该量值 S 为

$$S = P_1 y_1 + P_2 y_2 + \cdots + P_n y_n = \sum P_i y_i \tag{4-1}$$

利用式（4-1）计算影响量时，集中荷载以方向向下为正。

（2）均布荷载影响量的计算

图 4-17b 所示简支梁受均布荷载作用，K 截面剪力影响线如图 4-17d 所示。

$$Q_K = \int_C^D qy\,\mathrm{d}x = q\int_C^D y\,\mathrm{d}x = qA_q$$

式中 A_q 为均布荷载 q 所对应的那部分影响线的面积，均布荷载 q 以方向向下为正。该式可推广到在多个均布荷载 q_i 作用下任一影响量 S 的计算，即

$$S = \sum q_i A_i \tag{4-2}$$

利用影响线求某量值影响量的解题步骤为：

① 画所求量 S 的影响线；

② 将集中荷载乘以所对影响线的竖标（式 4-1），均布荷载乘以所对影响线的面积（式 4-2），并取和即得所求影响量。

【**例 4-5**】应用影响线求图 4-18a 所示梁的 Y_B、M_E 和 $Q_{B左}$。

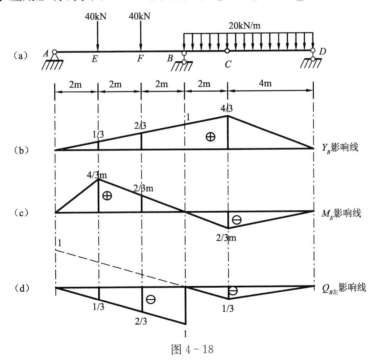

图 4-18

解

① 分别作 Y_B、M_E 和 $Q_{B左}$ 的影响线，如图 4-18b、c、d 所示。

② 利用式（4-1）和（4-2）计算影响量，得

$$Y_B = 40 \times \frac{1}{3} + 40 \times \frac{2}{3} + 20 \times \left[\frac{1}{2} \times \left(1 + \frac{4}{3}\right) \times 2 + \frac{1}{2} \times 4 \times \frac{4}{3}\right] = 140\text{kN}$$

$$M_E = 40 \times \frac{4}{3} + 40 \times \frac{2}{3} - 20 \times \frac{1}{2} \times 6 \times \frac{2}{3} = 40\text{kN·m}$$

$$Q_{B左} = -40 \times \frac{1}{3} - 40 \times \frac{2}{3} - 20 \times \frac{1}{2} \times 6 \times \frac{1}{3} = -60\text{kN}$$

2. 移动荷载的最不利位置

在结构设计中，往往需要求出某量 S 的最大正值 S_{max} 和最大负值（又称最小值）S_{min} 作为设计的依据，要解决这个问题必须首先确定使某量达到最大值时最不利荷载位置。只要最不利荷载位置一经确定，则其最大值就不难求得。影响线的重要功能之一就是用来判定最不利荷载位置。

（1）任意均布活载作用

对于移动均布荷载（如人群、货物等荷载）是可以任意连续布置的，故荷载的最不利位置很容易确定。由式（4-2）可知，当均布活载布满影响线的正号面积部分时，量值 S 将产生最大值 S_{max}；反之当均布活载布满影响线的负号面积部分时，量值 S 将产生最小值 S_{min}。例如，图4-19a所示外伸梁，欲求 K 截面的最大正弯矩 $M_{K\max}$ 和最大负弯矩 $M_{K\min}$，则相应的最不利荷载位置如图4-19c、d所示。

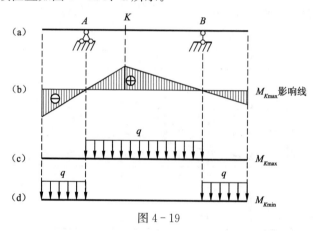

图 4-19

（2）移动集中荷载

单个移动集中荷载 P 的最不利位置也好确定，即 P 位于 S 影响线的最大纵坐标 y_{max} 所对位置，S 取最大值 S_{max}；P 位于 S 影响线的最小纵坐标 y_{min} 所对位置，S 取最小值 S_{min}。

对于移动荷载组，最不利荷载位置的确定要困难些。所谓移动荷载组，是指一组互相平行且间距不变的集中荷载（包括均布荷载），例如行驶的列车、汽车车队、吊车组等。

最不利荷载位置是当所求量值 S 达到最大（或最小）时荷载组的位置，荷载从该位置无论向左移或是向右移该量值都不再增加（或减小），即量值的增值 $\Delta S \leqslant 0$（或 $\Delta S \geqslant 0$）。因此，确定荷载的最不利位置可以从讨论量值 S 的增量 ΔS 的情况入手。当情况复杂时，判断荷载最不利位置可分两步进行。

第1步，求出使量值 S 达到极值的荷载位置，此位置称为荷载的临界位置，同一荷载组中可能有几个临界位置，对于每个临界位置计算量值 S。

第2步，从各个 S 值中选出最大值或最小值，最大值或最小值所对应的位置即为移动荷载组的最不利位置。

下面以多边形影响线为例，说明临界荷载位置的特点及其判定原则。

如图4-20a所示某量值 S 的影响线，各段影响线的倾角为 α_1、α_2、$\alpha_3 \cdots \alpha_n$，α_i 以逆

时针为正。图 4-20b 所示为一组平行且间距不变的移动荷载，设每个直线区段内荷载的合力为 R_1、R_2 和 R_3，对应影响线上的纵坐标分别用 $\overline{y}_1$、$\overline{y}_2$ 和 $\overline{y}_3$ 表示，则量值 S 的相应值 S_1 为

$$S_1 = R_1 \overline{y}_1 + R_2 \overline{y}_2 + R_3 \overline{y}_3 = \sum_{i=1}^{3} R_i \overline{y}_i$$

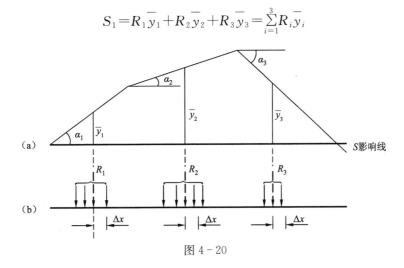

图 4-20

当荷载向右移动微小距离 Δx，各集中荷载都没有跨越影响线的顶点，则各合力 R_i 大小不变，竖标 $\overline{y}_i$ 增量为 $\Delta \overline{y}_1$、$\Delta \overline{y}_2$ 和 $\Delta \overline{y}_3$。则相应的 S 变为

$$S_2 = R_1 \left(\overline{y}_1 + \Delta \overline{y}_1 \right) + R_2 \left(\overline{y}_2 + \Delta \overline{y}_2 \right) + R_3 \left(\overline{y}_3 + \Delta \overline{y}_3 \right) = \sum_{i=1}^{3} R_i \left(\overline{y}_i + \Delta \overline{y}_i \right)$$

因此，S 的增量为

$$\Delta S = S_2 - S_1 = \sum_{i=1}^{3} R_i \Delta \overline{y}_i \tag{a}$$

因各段影响线均为直线，故有

$$\Delta \overline{y}_i = \Delta x \tan\alpha_i \tag{b}$$

将式（b）代入式（a），得

$$\Delta S = \Delta x \sum_{i=1}^{3} R_i \tan\alpha_i \tag{c}$$

要使 S 成为极大值，S 的增量 ΔS 应满足 $\Delta S \leqslant 0$，即

$$\Delta x \sum_{i=1}^{3} R_i \tan\alpha_i \leqslant 0 \tag{d}$$

满足上式可以分为两种情况：

当荷载组向右移动时

$$\Delta x > 0, \quad \sum R_i \tan\alpha_i \leqslant 0$$

当荷载组向左移动时

$$\Delta x < 0, \quad \sum R_i \tan\alpha_i \geqslant 0$$

同理，要使 S 成为极小值，S 的增量 ΔS 应满足 $\Delta S \geqslant 0$，即

$$\Delta x \sum_{i=1}^{3} R_i \tan\alpha_i \geqslant 0$$

当荷载组向右移动时

$$\Delta x > 0, \quad \sum R_i \tan\alpha_i \geqslant 0$$

当荷载组向左移动时

$$\Delta x < 0, \quad \sum R_i \tan\alpha_i \leqslant 0$$

以上分析表明，如果 S 为极值，则当荷载向左、右发生微小的移动时，$\sum R_i \tan\alpha_i$ 必须变号。如何才能使 $\sum R_i \tan\alpha_i$ 发生变号呢？由于影响线的形状已经给定，影响线各段的斜率 $\tan\alpha_i$ 就是一个常数。因此，要使 $\sum R_i \tan\alpha_i$ 发生变号，必须使各段影响线对应的合力 R_i 的数值发生变化，而这只有当某一个集中荷载正好作用在影响线的顶点，该荷载向左侧或向右侧移动时，将分别属于不同直线段的 R_i 中，变号才有可能发生。但并不是每一个集中荷载位于顶点时，都能使 $\sum R_i \tan\alpha_i$ 变号。位于影响线的顶点，且能使 $\sum R_i \tan\alpha_i$ 变号的集中荷载称为临界荷载（用 P_{cr} 表示）。临界荷载位于影响线的顶点时，荷载组的位置称为临界位置。

当影响线为三角形时，如图 4-21 所示，临界位置的判别可进一步简化。图中左直线的倾角为 $\alpha_1 = \alpha$，$\tan\alpha = \dfrac{h}{a}$；右直线的倾角为 $\alpha_2 = \beta$，$\tan\beta = \dfrac{h}{b}$。临界荷载 P_{cr} 位于三角形的顶点，P_{cr} 以左的荷载的合力为 $\sum P_左$，P_{cr} 以右的荷载的合力为 $\sum P_右$。

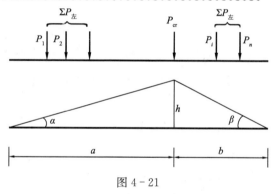

图 4-21

根据荷载稍向左右移动时，$\sum R_i \tan\alpha_i$ 必须变号，可写出

$$\left. \begin{array}{l} (\sum P_左 + P_{cr}) \tan\alpha - \sum P_右 \tan\beta \geqslant 0 \\ \sum P_左 \tan\alpha - (\sum P_右 + P_{cr}) \tan\beta \leqslant 0 \end{array} \right\} \qquad (e)$$

将 $\tan\alpha = \dfrac{h}{a}$、$\tan\beta = \dfrac{h}{b}$ 代入式 (e)，得

$$\left. \begin{array}{l} \dfrac{\sum P_左 + P_{cr}}{a} \geqslant \dfrac{\sum P_右}{b} \\[2mm] \dfrac{\sum P_左}{a} \leqslant \dfrac{\sum P_右 + P_{cr}}{b} \end{array} \right\} \qquad (4-3)$$

式 (4-3) 就是三角形影响线临界荷载和临界位置的判别公式。不等式左、右两侧的表达式可视为 a、b 两段梁上的平均荷载。由上述分析可知，三角形影响线临界位置的特点是：必须有一个集中荷载位于三角形影响线的顶点处，把这个荷载移到哪一侧，哪一侧的平均荷载就大于另一侧的平均荷载。具有这种特性的荷载称为临界荷载 P_{cr}。

在移动荷载组中，哪一个集中荷载是临界荷载需逐一按式 (4-3) 判别才能确定。一组

荷载中可能有多个临界荷载，须对每个临界荷载计算影响量 S，取其中最大者 S_{max}（或最小者 S_{min}）即为所求结果。

【例 4 - 6】 求图 4 - 22a 简支梁在图示移动荷载组下，K 截面的最大弯矩 M_{Kmax} 和最大剪力 Q_{Kmax}。

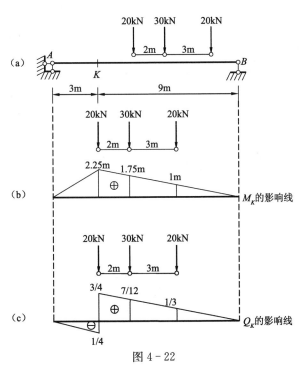

图 4 - 22

解

① 画 K 截面的弯矩 M_K 和剪力 Q_K 的影响线，如图 4 - 22b、c 所示。

② 判别临界荷载 P_{cr}。

将左端 20kN 置于 M_K 影响线顶点，按判别式（4 - 3）有

$$左移：\frac{20}{3} > \frac{30+20}{9}，\quad 右移：\frac{0}{3} < \frac{20+30+20}{9}$$

左端 20kN 是临界荷载。

将 30kN 置于 M_K 影响线顶点，按判别式（4 - 3）有

$$左移：\frac{20+30}{3} > \frac{20}{9}，\quad 右移：\frac{20}{3} > \frac{30+20}{9}$$

30kN 不是临界荷载。

将右端 20kN 置于 M_K 影响线顶点，按判别式（4 - 3）有

$$左移：\frac{20}{3} > \frac{0}{9}，\quad 右移：\frac{30}{3} > \frac{20}{9}$$

右端 20kN 不是临界荷载。

③ 将临界荷载，左端 20kN 置于 M_K 影响线顶点，如图 4-22b 所示。求得

$$M_{K\max}=20\times2.25+30\times1.75+20\times1=117.5\text{kN·m}$$

将荷载组移至 Q_K 影响线正的一侧，如图 4-22c 所示。求得

$$Q_{K\max}=20\times\frac{3}{4}+30\times\frac{7}{12}+20\times\frac{1}{3}=39.2\text{kN}$$

【例 4-7】 求图 4-23a 所示梁在图示移动荷载组下，K 截面的最大弯矩 $M_{K\max}$ 和最大负剪力 $Q_{K\min}$。

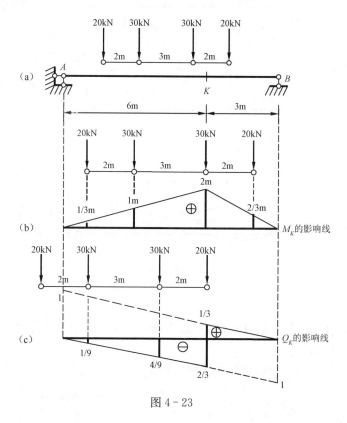

图 4-23

解

① 画 K 截面的弯矩 M_K 和剪力 Q_K 的影响线，如图 4-23b、c 所示。

② 经判断右侧 30kN 是临界荷载。

③ 将临界荷载移至弯矩 M_K 影响线三角形的顶点，如图 4-23b 所示。求得

$$M_{K\max}=20\times\frac{1}{3}+30\times1+30\times2+20\times\frac{2}{3}=110\text{kN·m}$$

将荷载组移至 Q_K 影响线负的一侧，如图 4-23c 所示。求得

$$Q_{K\min}=-30\times\frac{1}{9}-30\times\frac{4}{9}-20\times\frac{2}{3}=-30\text{kN}$$

根据上述分析和计算，可将移动荷载组作用下，某量值 S 的最大（或最小）影响量的

计算步骤归纳如下：

①　画所求量值 S 的影响线；

②　若影响线为三角形，则由式（4-3）判别临界荷载；

③　将临界荷载移至三角形影响线的顶点，计算最大（或最小）影响量。若有多个临界荷载，则分别计算，取其最大（或最小）者。

值得注意的是，在利用式（4-3）判别临界荷载时，从梁上移出的荷载不包含在 $\sum P_左$ 或 $\sum P_右$ 中。此外，若影响线不是三角形，则不能用式（4-3）判别临界荷载。

§4-5　简支梁的内力包络图和绝对最大弯矩

在梁式结构设计中，有些梁可能同时承受恒载和活载（移动荷载）作用，设计时必须考虑二者的共同作用，求出各截面可能产生的最大和最小内力作为设计的依据。

在设计承受移动荷载的结构时，常常需要求出每一截面内力的最大值（或最小值）。将各个截面内力的最大值（或最小值）按同一比例画在图上，并用曲线连起来，该曲线图形称为内力包络图。梁的内力包络图又分为弯矩包络图和剪力包络图。

内力包络图由两条曲线组成，一条曲线表示各截面可能出现的内力最大值，另一条曲线表示各截面可能出现的内力最小值（负的内力最大值），即表示梁在移动荷载作用下各截面的弯矩或剪力的极限值。从内力包络图上可以清楚地看出各截面内力的最大（最小）值，还可以看出整个结构内力的最大（最小）值及其所在截面的位置。因此，内力包络图是混凝土梁截面设计和布置钢筋的重要依据。

绘制梁的内力包络图时，一般是将梁长分成若干等分，对每一分点所在的截面分别按上节所述的方法，利用影响线求出其内力的最大值（或最小值），然后连成曲线。下面以简支梁在单个移动荷载作用下弯矩包络图的绘制为例加以说明。

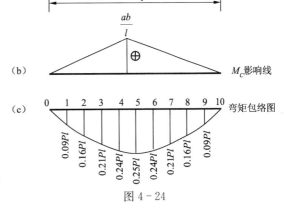

图 4-24

将图 4-24a 所示简支梁 AB 划分成 10 等分，共有 11 个分点，设其中一个分点对应的截面为 C 截面。

①　画 C 截面弯矩 M_C 的影响线，如图 4-24b 所示。

②　计算 M_{Cmax}。

将荷载 P 置于 M_C 影响线的顶点，求得

$$M_{Cmax}=\frac{ab}{l}P$$

当 $a=0.3l$，$b=0.7l$ 时

$$M_{Cmax}=0.21Pl$$

81

用同样的方法，可以求得其他各分点所对应截面弯矩的最大值。

③ 将各截面最大弯矩值纵标的顶点用曲线连起来，得该简支梁的弯矩包络图，如图 4 - 24c 所示。

弯矩包络图表示出各截面弯矩可能变化的范围，整个简支梁的最大弯矩值及其出现的位置。

图 4 - 25a 所示为一吊车梁，跨度为 12m，吊车梁承受移动荷载。两台吊车并行的最小间距为 1.5m，每台吊车的轮轴距为 3.5m，最大轮压为 82kN。

将吊车梁分为 10 等分，按前面所述方法计算各等分处截面在吊车荷载作用下的最大弯矩值，并绘制弯矩包络图，如图 4 - 25b 所示。

下面以第 3 等分点 C 截面为例，介绍绘制剪力包络图的具体做法。

① 画 C 截面剪力 Q_C 的影响线，如图 4 - 26b 所示。

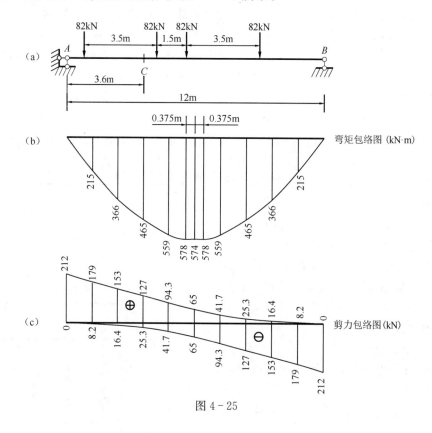

图 4 - 25

② 求 C 截面的最大剪力 Q_{3max} 和最小剪力 Q_{3min}。

将吊车荷载移至梁上图 4 - 26b 所示位置，计算 C 截面的最大剪力 Q_{3max}，得

$$Q_{3max} = 82 \times (0.7 + 0.575 + 0.283 - 0.0083) = 127.07kN$$

再将吊车荷载移至梁上图 4 - 26c 所示位置，计算 C 截面的最小剪力 Q_{3min}，得

$$Q_{3min} = -82 \times (0.3 + 0.0083) = -25.28kN$$

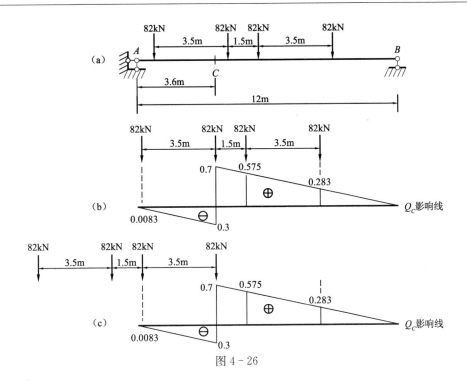

图 4 - 26

同理，可求得其他各等分点所对应截面剪力的最大值和最小值。根据计算结果，将各截面最大剪力值竖标的顶点和各截面最小剪力值竖标的顶点用圆滑曲线连起来，即得吊车梁的剪力包络图，如图 4 - 25c 所示。

简支梁弯矩包络图的最大竖标称为简支梁的**绝对最大弯矩**，也就是简支梁在移动荷载组作用下，可能发生的最大弯矩。在绘制弯矩包络图时，只是计算几个等分点处截面的最大弯矩，其中并不一定包含发生绝对最大弯矩的截面。但也不可能将所有截面的最大弯矩一一求出来加以比较。

根据前面分析可知，当截面指定后，就可确定临界荷载，将临界荷载置于指定截面处即可求得该截面的最大弯矩。绝对最大弯矩所在截面的位置虽然未知，但发生绝对最大弯矩时，临界荷载一定也在该截面上。问题是截面位置未定，临界荷载也无法确定。为此，可采用试算法，即先假定某一荷载为临界荷载，然后看它在哪一位置可使所在截面弯矩取最大值。将各个荷载分别作为临界荷载，求出相应的最大弯矩，取其最大者即为绝对最大弯矩。

图 4 - 27 所示简支梁受移动荷载 P_1，…，P_n 作用，求该梁内可能发生的最大弯矩，即绝对最大弯矩。取某一集中荷载 P_k 作为临界荷载，以 x 表示 P_k 与支座 A 点的距离，a 表示荷载组的合力 R 与 P_k 作用线之间的距离。由 $\sum m_B = 0$，得

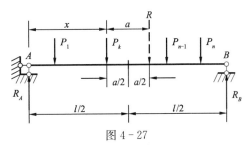

图 4 - 27

$$R_A = R \frac{l - x - a}{l}$$

则 P_k 作用点处截面的弯矩为

$$M(x) = R_A \cdot x - M_{k左} = R\frac{l-x-a}{l}x - M_{k左} \qquad (a)$$

式中 $M_{k左}$ 表示 P_k 左侧荷载对 P_k 作用点的力矩之和，是与 x 无关的常数。若 $M(x)$ 取极值，则有

$$\frac{\mathrm{d}M(x)}{\mathrm{d}x} = \frac{R}{l}(l-2x-a) = 0$$

得

$$x = \frac{l}{2} - \frac{a}{2} \qquad (b)$$

上式表明，P_k 作用点的弯矩为最大时，梁的中线正好平分 P_k 与合力 R 之间的距离。于是 P_k 作为临界荷载时，梁的最大弯矩所在截面的位置就可确定。将式（b）代入式（a），得最大弯矩为

$$M_{max} = \frac{R}{l}\left(\frac{l-a}{2}\right)^2 - M_{k左} \qquad (4-4)$$

分别将各个荷载作为临界荷载，求得对应截面的最大弯矩，选择其中最大者即为绝对最大弯矩。必须注意的是，式中 R 应为梁上实有荷载的合力。安排 P_k 与 R 的位置时，有些荷载可能移到梁外，需重新计算合力 R 及其所在位置。应用式（4-4）计算 M_{max} 时，当 P_k 在 R 左侧时，a 取正值；当 P_k 在 R 右侧时，a 取负值。

实际计算中，可将上述计算过程简化。根据经验简支梁的绝对最大弯矩通常发生在跨中附近，可先确定跨中截面产生最大弯矩时的临界荷载 P_k，然后将 P_k 与合力 R 安置在跨中两侧对称位置上，即可计算绝对最大弯矩。

【例 4-8】 求图 4-28a 所示吊车梁的绝对最大弯矩，已知 $P_1 = P_2 = P_3 = P_4 = 280\text{kN}$。

解 （1）确定跨中截面 C 产生最大弯矩的临界荷载

画截面 C 弯矩 M_C 的影响线，如图 4-28b 所示。由判别式（4-3）可知 P_1、P_2、P_3、P_4 皆为临界荷载。显然，P_1、P_4 位于 C 点时，C 截面的弯矩远小于 P_2、P_3 位于 C 点时，C 截面的弯矩。因此 P_1、P_4 不可能是 C 截面产生最大弯矩的临界荷载。由对称性可知 P_2、P_3 位于 C 点时，C 截面的弯矩相同，可只取 P_2 作为临界荷载。截面 C 的最大弯矩为

$$M_{Cmax} = 280 \times (0.6 \times 3 + 2.28) = 1646.4\text{kN} \cdot \text{m}$$

（2）计算绝对最大弯矩

当 P_2 在合力 R 左侧时，4 个荷载皆在梁上，合力 R 位于 P_2 与 P_3 中间，如图 4-28c 所示。合力的大小、与 P_2 的间距分别为

$$R = 280 \times 4 = 1120\text{kN}, \quad a = 0.72\text{m}$$

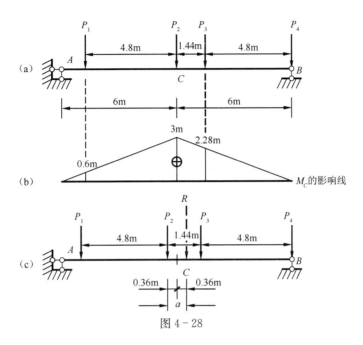

图 4 - 28

由式（4-4）计算 P_2 作用点处截面的最大弯矩

$$M_{max}=\frac{R}{l}\left(\frac{l-a}{2}\right)^2-M_{k左}=\frac{1120}{4\times12}(12-0.72)^2-280\times4.8=1624kN\cdot m$$

因 $M_{max}<M_{Cmax}$，此时 P_2 作用点处截面不是产生绝对最大弯矩的截面。

当 P_2 在合力 R 右侧 D 点处时，只有 P_1、P_2、P_3 在梁上，如图 4 - 29a 所示。合力的大小为

$$R=280\times3=840kN$$

合力 R 与 P_2 的间距为

$$a=-\frac{280\times4.8-280\times1.44}{840}=-1.12m$$

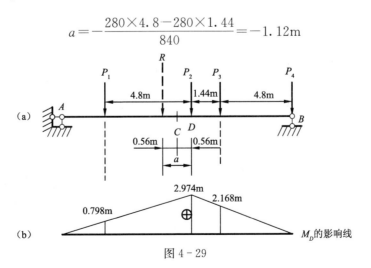

图 4 - 29

由式（4-4）计算 D 截面的最大弯矩为

$$M_{D\max}=\frac{R}{l}(\frac{l-a}{2})^2-M_{D左}=\frac{840}{4\times12}(12+1.12)^2-280\times4.8=1668.5\text{kN·m}$$

于是得吊车梁的绝对最大弯矩为 1668.5kN·m。

也可用 D 截面弯矩 M_D 的影响线（图 4-29b）计算绝对最大弯矩，即

$$M_{D\max}=280\times（0.798+2.974+2.168）=1668.5\text{ kN·m}$$

§4-6 小 结

本章重点掌握静力法和机动法作影响线及影响线应用，了解简支梁的内力包络图和绝对最大弯矩。影响线在专业课混凝土结构设计中分析楼面活荷载的最不利位置、吊车梁的设计和施工吊装，桥梁工程中行车道板的计算及静动载试验等都有重要应用。在连续梁和刚架中，根据内力包络图可以合理地选择构件尺寸和布置钢筋。

1. 基本概念

移动荷载；影响线；荷载的最不利位置；内力包络图；绝对最大弯矩

（1）移动荷载

移动荷载一般是指荷载的大小和方向不变，而作用位置在结构上是移动的。结构在移动荷载的作用下，其支座反力、内力和位移等量值都会随着荷载的移动而变化。

（2）影响线

影响线是描述单位移动荷载在结构上移动时，结构某一量值（内力或反力）变化的规律，即影响系数与荷载位置的关系曲线。影响线的横坐标表示单位移动荷载作用的位置，纵坐标表示单位移动荷载作用于此点时某量值的大小。

（3）荷载的最不利位置

当移动荷载作用于结构的某个位置时，使结构某量值达到最大值（包括最大正值和最大负值，最大负值又称最小值），则此荷载位置称为荷载的最不利位置。

（4）内力包络图

将结构各截面内力的最大值（正的和负的最大）按同一比例画在图上，并用曲线连起来，该曲线图形称为内力包络图。

（5）绝对最大弯矩

弯矩包络图中最大的竖标称为绝对最大弯矩，它表示在一定移动荷载作用下梁内可能出现的弯矩最大值。

2. 知识要点

（1）静力法作影响线

静力法作影响线是利用结构的平衡条件求出单位移动荷载作用下，所求量值的影响线方程，然后作出该量值的影响线。具体步骤如下：

① 选定坐标系，将单位移动荷载放在结构的任意位置，用变量 x 表示荷载作用点的位置；

② 选取隔离体，建立平衡方程，求出所求量值与荷载位置 x 之间的函数关系式；

③ 根据影响线方程绘制函数图像，即影响线。

（2）机动法作影响线

机动法作影响线是以虚位移原理为基础，把作内力（反力）影响线的静力问题转化为作虚位移图的几何问题。机动法作静定梁某量值 S 影响线的步骤如下：

① 在原结构上撤去与所求量值 S 相对应的约束，代之以该量值 S，使原结构转化为可变体系；

② 使体系沿量值 S 的正方向发生单位虚位移，并作体系的虚位移图；

③ 根据体系的虚位移图画量值 S 的影响线。

（3）结点荷载作用下梁的影响线

在实际工程中，有些主梁上设置有次梁，荷载直接作用于次梁，通过结点传递到主梁，主梁承受的是间接荷载（或称结点荷载）作用。结点荷载作用下某量值的影响线的具体作法如下：

① 先按直接荷载作主梁的影响线；

② 由结点引垂线与主梁的影响线相交；

③ 将相邻交点用直线连起来，即得结点荷载作用下主梁的影响线。

（4）影响线的应用

① 应用影响线求影响量。

当结构上有多个集中荷载和分布荷载共同作用时，根据影响线的定义和叠加原理，计算量值 S 的一般公式为

$$S = \sum P_i y_i + \sum \int qy \, \mathrm{d}x$$

② 移动荷载的最不利位置。

在结构设计中，往往需要求出某量 S 的最大正值 S_{max} 和最大负值（又称最小值）S_{min} 作为设计的依据，要解决这个问题必须首先确定使某量达到最大值时最不利荷载位置。判断荷载最不利位置可分两步进行：

第 1 步，求出使量值 S 达到极值的荷载位置，此位置称为荷载的临界位置，同一荷载组中可能有几个临界位置，对于每个临界位置计算量值 S。

第 2 步，从各个 S 值中选出最大值或最小值，最大值或最小值所对应的位置即为移动荷载组的最不利位置。

习　　题

4-1　试用静力法绘制图示结构中指定量值的影响线。

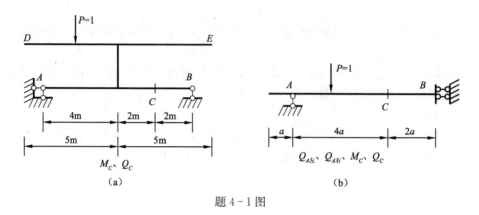

题 4-1 图

4-2　试用机动法绘制图示结构中指定量值的影响线。

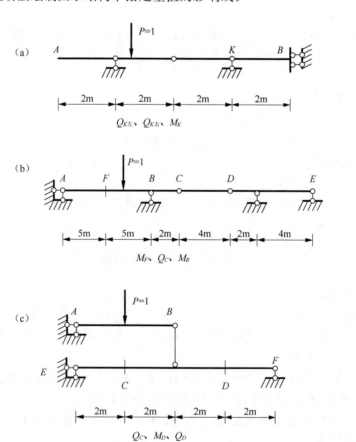

题 4-2 图

4-3　试绘制图示结构主梁指定量值的影响线。

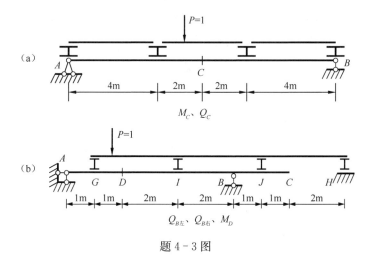

题 4-3 图

4-4　利用影响线计算图示梁在图示固定荷载作用下指定量值的大小。

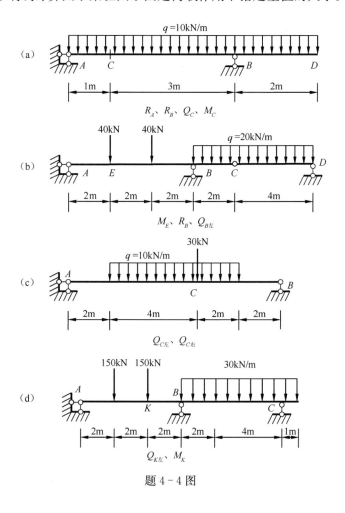

题 4-4 图

4-5 利用影响线求图示吊车梁在吊车荷载作用下支座 B 的最大反力。

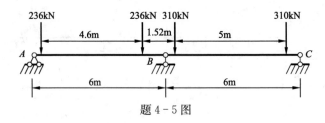

题 4-5 图

4-6 求图示各梁在移动荷载组作用下 K 截面的最大弯矩 $M_{K\max}$、最大剪力 $Q_{K\max}$ 和最小剪力 $Q_{K\min}$。

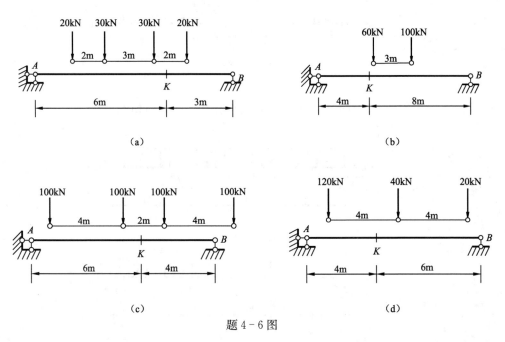

题 4-6 图

4-7 求图示简支梁的绝对最大弯矩。

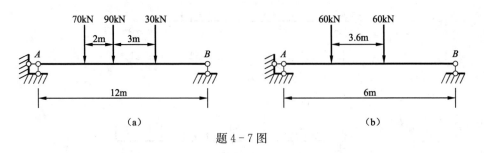

题 4-7 图

第5章 虚功原理和结构的位移计算

§5-1 概　述

工程结构在荷载的作用下会发生变形，从而引起结构各处位置的变化，这种位置的改变称为结构的位移。结构的位移可分为线位移和角位移。图5-1所示刚架在荷载作用下发生弯曲变形，如图中虚线所示。BB'、CC'分别为B点和C点的线位移，C点的线位移还可分解为水平线位移Δ_{Cx}和竖向线位移Δ_{Cy}两个分量；C端面的转角θ_C为C端面的角位移。

除了荷载的作用会使结构产生位移之外，温度变化、支座移动、装配时因制造误差等非荷载因素也会使结构产生位移。

结构位移计算的首要目的是为了校核结构的刚度。工程结构除了要满足设计规范规定的承载力条件要求外，还要满足刚度条件的要求。例如，受弯构件和梁式结构，最大挠度与其跨度之比应小于规定限值。高层建筑，层间位移与层高之比、顶部位移与总高之比均要小于规定限值。

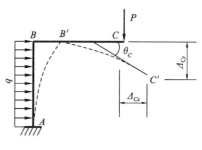

图5-1

结构位移计算的另一重要目的是为了计算超静定结构，并且为结构动力和稳定性计算打下基础。超静定结构单用静力平衡条件无法求解，可同时考虑变形条件，增加补充方程，这就需要计算结构的位移。

本章只讨论线弹性材料静定结构的位移计算，也是超静定结构位移计算的基础，所用的基础理论是虚功原理。

§5-2 实功与虚功

对于刚性体系，有关实功与虚功的概念，理论力学中已有详尽的介绍。对于变形体，结构的位移是由杆件的变形引起的。

图5-2所示为简支梁在静力荷载作用下的变形和位移。图中位移Δ_{ij}的两个脚标，前一个脚标表示位移的序号，后一个脚标表示引起位移因素的序号。该例中Δ_{ij}表示简支梁i点沿P_i方向，由P_j作用引起的位移。

力在自身作用下产生的位移上做功称为实功。如P_1在Δ_{11}上做功、P_2在Δ_{22}上做功即为实功。力在其他荷载（或非荷载因素）作用下产生的位移上做功称为虚功。如P_1在Δ_{12}上做功、P_2在Δ_{21}上做功即为虚功。

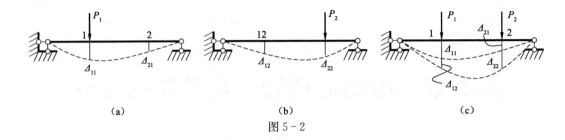

（a）　　　　　　　（b）　　　　　　　（c）

图 5 - 2

在静力荷载作用下，结构始终处于平衡状态，因此，静力荷载是由零逐渐增加到最终值，作用点处的位移也是由零逐渐增加到最终值。在线弹性范围内，加载过程荷载与位移间的关系如图 5 - 3a 所示。

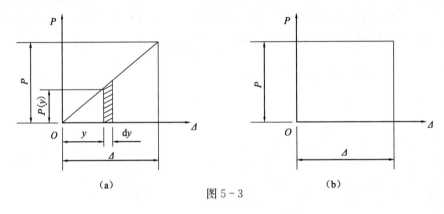

（a）　　　　　　　　　　　（b）

图 5 - 3

荷载所做的实功为

$$W = \int_0^\Delta P(y)\mathrm{d}y = \int_0^\Delta \frac{P}{\Delta}y\mathrm{d}y = \frac{1}{2}P\Delta \tag{5-1}$$

图 5 - 2 所示简支梁上荷载的实功为

$$W_1 = \frac{1}{2}P_1\Delta_{11}, \quad W_2 = \frac{1}{2}P_2\Delta_{22}$$

静力荷载达到最终值后，将保持不变，若再施加其他荷载，或因温度变化、支座移动等非荷载因素作用，在荷载作用点处又将产生新的位移，荷载与新位移间关系如图 5 - 3b 所示。荷载在新位移上作的虚功为

$$\delta W = P\Delta \tag{5-2}$$

图 5 - 2c 中，荷载的虚功为

$$\delta W_1 = P_1\Delta_{12}, \quad \delta W_2 = P_2\Delta_{21}$$

实功中，荷载与位移为因果关系；虚功中，荷载与位移无因果关系。

§5 - 3　变形体的虚功原理

理论力学中给出了理想约束质点系平衡条件的虚位移原理，适用于刚体的平衡问题。

如图 5‑4a 所示刚体，发生虚线所示的虚位移，设 i、j 为刚体内任意两个质点，相互作用力（即刚体的内力）为 F_i、F_j，二者大小相等、方向相反、作用线相同。设 i 点的虚位移为 δr_i，j 点的虚位移为 δr_j，内力虚功为

$$\delta W_{ij} = F_i \cdot \delta r_i \cos\alpha - F_j \delta r_j \cos\beta \tag{a}$$

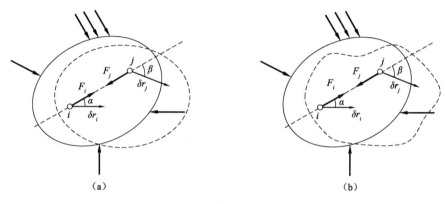

图 5‑4

因刚体不变形，刚体内任意两点的间距保持不变，即

$$r_i \cos\alpha = r_j \cos\beta \tag{b}$$

将式（b）代入式（a），得

$$\delta W_{ij} = 0$$

对于其他各质点皆如此，因此刚体的内力虚功等于零。即

$$\delta W_{内} = \sum \delta W_{ij} = 0$$

对于变形体，虚位移如图 5‑4b 虚线所示。因变形，质点的间距发生变化，因此

$$r_i \cos\alpha \neq r_j \cos\beta$$

变形体的内力虚功不等于零。即

$$\delta W_{内} = \sum \delta W_{ij} \neq 0$$

变形体平衡时，体内所有质点皆处于平衡状态，动能无改变，因此根据质点系动能定理可知，作用于变形体的外力虚功 $\delta W_{外}$ 与变形体的内力虚功 $\delta W_{内}$ 之和必定等于零。即

$$\delta W_{外} + \delta W_{内} = 0 \tag{5-3}$$

变形体所受外力，包括荷载和约束反力，而虚位移是约束允许的条件下任何可能发生的微小位移，因此约束反力的虚功为零，外力虚功只有荷载的虚功，记为 δW。于是有

$$\delta W_{外} = \delta W \tag{c}$$

变形体的虚位移可分解为刚体虚位移和变形虚位移，因内力在刚体虚位移上所做虚功为零，因此只有内力在变形虚位移上所做的虚功。即内力由初始平衡位置（图 5‑4b 中实

线所示）到末平衡位置（图 5-4b 中虚线所示），内力在变形虚位移上所做的虚功。若取初始平衡位置为弹性变形体的势能零点，则末位置变形体的虚应变能 δU 等于变形体由末位置（图 5-4b 中虚线所示）回到初始平衡位置（图 5-4b 中实线所示），有势力（变形体的弹性内力）所做的虚功。于是有

$$\delta W_内 = -\delta U \qquad\qquad (d)$$

将式（c）、（d）代入式（5-3），得

$$\delta W = \delta U \qquad\qquad (5-4)$$

这就是变形体的虚功原理，也是变形体平衡的必要与充分条件：在任何虚位移下，作用于变形体的外力虚功等于变形体的虚应变能。

该式虽然能表示变形体的外力虚功与内力虚功的数值关系，但并不等于外力虚功与内力虚功物理意义上的相等。对此，特别容易混淆，有些书籍常将外力虚功或内力虚功视为总虚功的两种表达形式，这就不能满足变形体的平衡条件式（5-3）。

虚功原理具有普遍的适用性，不仅适用于线弹性变形体，也适用于非线性变形体（不在本章讨论范围之内）；不仅适用于变形体，也适用于刚体。因刚体不变形，虚应变能（数值上等于内力虚功）$\delta U \equiv 0$，则式（5-4）变为

$$\delta W = 0 \qquad\qquad (5-5)$$

这就是理论力学所述的虚位移原理，即刚体系平衡的必要与充分条件。通过虚拟位移，用虚位移原理可求得作用于刚体上的真实力。这在上一章里已经用到，在以后几章里也将用到。

用虚功原理求结构的位移，要虚拟荷载，即在所求位移处、沿所求位移方向虚设荷载，求得结构的真实位移。此时虚功原理中，位移是真实的，而荷载是虚拟的，这种情况，虚功原理又称虚力原理。

从能量角度考虑，可将变形体的虚功原理理解为作用于变形体的外力虚功转化为变形体的虚应变能。

§5-4 单位荷载法

应用虚功原理求结构的位移时，荷载是虚拟的，而所求的位移与虚拟的荷载大小无关，为了计算方便，虚拟的荷载取作单位 1，称为单位荷载，用单位荷载计算结构位移的方法称为单位荷载法。单位荷载作用下，外力虚功就等于所求位移，即

$$\delta W = 1 \cdot \Delta = \Delta$$

将上式代入式（5-4），得

$$\Delta = \delta U \qquad\qquad (5-6)$$

即结构的位移等于单位荷载作用下，结构的虚应变能（数值上的内力虚功）。

任取一微段，虚拟单位荷载引起的内力如图 5-5a 所示，实际荷载作用下，微段的内力

和变形如图 5 - 5b 所示。虚应变能（内力虚功）为

$$\delta U = \sum \int \overline{N} \, \mathrm{d}u + \sum \int \overline{Q} \, \mathrm{d}\eta + \sum \int \overline{M} \, \mathrm{d}\theta \tag{a}$$

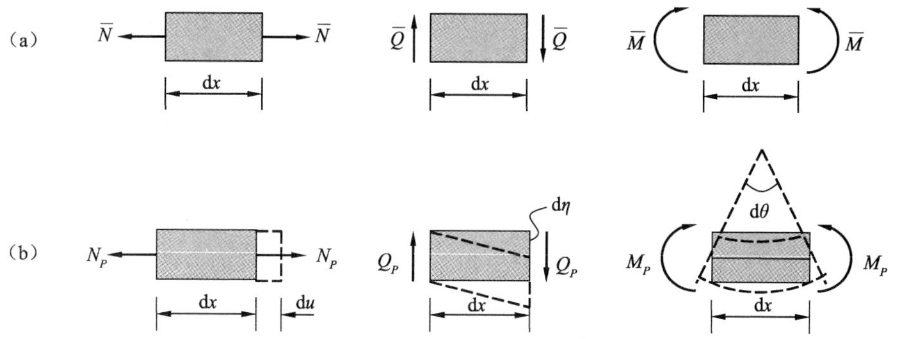

图 5 - 5

根据变形与内力关系，由图 5 - 5b 得

$$\mathrm{d}u = \frac{N_P}{EA} \mathrm{d}x, \qquad \mathrm{d}\eta = k \frac{Q_P}{GA} \mathrm{d}x, \qquad \mathrm{d}\theta = \frac{M_P}{EI} \mathrm{d}x \tag{b}$$

将式（b）代入式（a），得

$$\delta U = \sum \int \overline{N} \cdot \frac{N_P \mathrm{d}x}{EA} + \sum \int \overline{Q} \cdot \frac{k Q_P \mathrm{d}x}{GA} + \sum \int \overline{M} \cdot \frac{M_P \mathrm{d}x}{EI} \tag{c}$$

将式（c）代入式（5 - 4），得

$$\Delta = \sum \int \frac{\overline{N} N_P}{EA} \mathrm{d}x + \sum \int \frac{k \overline{Q} Q_P}{GA} \mathrm{d}x + \sum \int \frac{\overline{M} M_P}{EI} \mathrm{d}x \tag{5 - 7}$$

式（5 - 7）为单位荷载法计算结构位移的一般公式。式中 $\overline{N}$、$\overline{Q}$、$\overline{M}$ 为单位荷载作用下横截面的轴力、剪力和弯矩；N_P、Q_P、M_P 为实际荷载作用下横截面的轴力、剪力和弯矩。

（1）梁和刚架

对于梁和刚架类结构，杆件以弯曲变形为主，轴力和剪力对变形影响很小，可忽略不计，于是，式（5 - 7）简化为

$$\Delta = \sum \int \frac{\overline{M} M_P}{EI} \mathrm{d}x \tag{5 - 8}$$

（2）桁架

对于桁架，杆件只有轴力，等截面杆，杆的轴力 $\overline{N}$、N_P，抗拉刚度 EA 沿杆长不变，于是，式（5 - 7）简化为

$$\Delta = \sum \frac{\overline{N} N_P l}{EA} \tag{5 - 9}$$

（3）组合结构

对于组合结构，梁式杆只计弯矩，桁杆只计轴力，于是，式（5 - 7）简化为

$$\Delta = \sum \int \frac{\overline{N} N_P}{EA} \mathrm{d}x + \sum \int \frac{\overline{M} M_P}{EI} \mathrm{d}x \qquad (5-10)$$

（4）拱

对于拱，一般情况下，可忽略曲率对位移的影响，只计弯矩，仍可用式（5-8）计算位移。但当拱的压力线与拱的轴线接近，或计算扁平拱的水平位移时，仍需考虑轴力的影响，即

$$\Delta = \sum \int \frac{\overline{N} N_P}{EA} \mathrm{d}x + \sum \int \frac{\overline{M} M_P}{EI} \mathrm{d}x \qquad (5-11)$$

用单位荷载法求结构位移时，首先要虚拟单位荷载，即在所求位移处、沿所求位移方向加单位荷载。求线位移加单位力 $P=1$；求角位移加矩 $M=1$ 的单位力偶；求两点相对线位移，在两点处加一对方向相反的单位力；求两截面相对转角，在两截面处加一对转向相反的单位力偶。如图 5-6a 所示刚架，求各种位移时所加的单位荷载（图 5-6）。

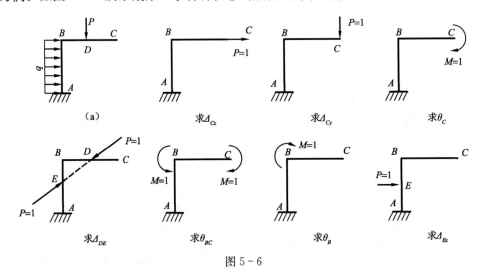

图 5-6

【例 5-1】 求图 5-7a 所示刚架 C 端的竖向位移 Δ_{Cy}。

解 在刚架 C 端的竖向加单位力，如图 5-7b 所示。按图示坐标，分别计算刚架在荷载和单位荷载作用下，x_1、x_2 截面的弯矩方程为

$$M(x_1) = \frac{q}{2} x_1^2, \qquad \overline{M}(x_1) = x_1$$

$$M(x_2) = \frac{q}{2} l^2, \qquad \overline{M}(x_2) = l$$

将弯矩方程代入式（5-8），积分得

$$\Delta_{Cy} = \frac{1}{EI} \left(\int_0^l \frac{q}{2} x_1^3 \mathrm{d}x_1 + \int_0^l \frac{q}{2} l^3 \mathrm{d}x_2 \right) = \frac{1}{EI} \left(\frac{ql^4}{8} + \frac{ql^4}{2} \right) = \frac{5ql^4}{8EI}$$

积分法解题应注意的是：所设 M_P、$\overline{M}$ 转向必须相同，若结果为正，位移与单位荷载同向，结果为负，位移与单位荷载反向。

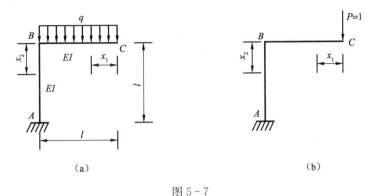

图 5-7

【例 5-2】试用虚功原理求图 5-8a 所示 1/4 圆弧形曲杆 A 端的竖向位移和水平位移。

解　分别在曲杆 A 端的竖向和水平方向加单位力，如图 5-8c、d 所示。按图示坐标，计算刚架在荷载和单位荷载作用下，α 截面的弯矩方程为

$$M_P = PR\sin\alpha, \qquad \overline{M} = R\sin\alpha, \qquad \overline{M} = R(1-\cos\alpha)$$

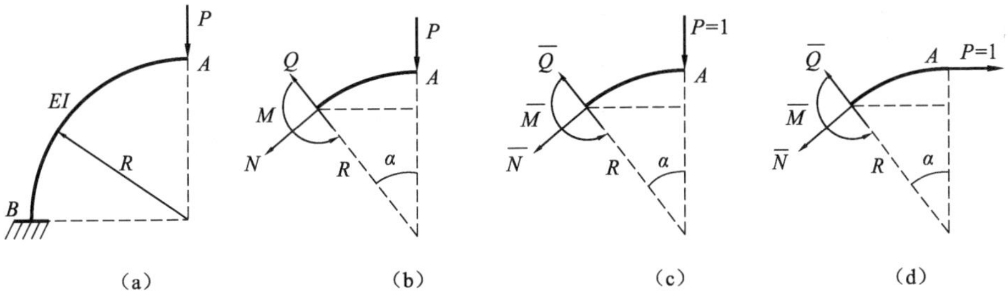

图 5-8

将弯矩方程代入式 (5-8)，积分得

$$\Delta_{Ay} = \frac{1}{EI}\int M_P\overline{M}\,ds = \frac{1}{EI}\int_0^{\frac{\pi}{2}} PR^3\sin^2\alpha\,d\alpha = \frac{PR^3}{2EI}\int_0^{\frac{\pi}{2}}(1-\cos2\alpha)\,d\alpha$$

$$= \frac{PR^3}{2EI}\left(\alpha - \frac{1}{2}\sin2\alpha\right)\Big|_0^{\frac{\pi}{2}} = \frac{\pi PR^3}{4EI}$$

$$\Delta_{Ax} = \frac{1}{EI}\int M_P\overline{M}\,ds = \frac{1}{EI}\int_0^{\frac{\pi}{2}} PR^3\sin\alpha(1-\cos\alpha)\,d\alpha$$

$$= \frac{PR^3}{EI}\left(-\cos\alpha + \frac{1}{2}\cos^2\alpha\right)\Big|_0^{\frac{\pi}{2}} = \frac{PR^3}{2EI}$$

应用虚功原理计算静定桁架位移的一般公式为式 (5-9)。桁架中各杆都是两端受力，外力都是作用在结点上。若求桁架中某杆的转角时，应将单位力偶的两个平行力加在杆的两端，使力偶矩 $M = 1$。图 5-9a 所示桁架虚拟力状态如图所示。

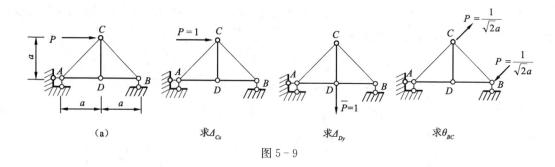

图 5－9

【例 5－3】 试用虚功原理求图 5－10a 所示桁架 BF 杆的转角 θ_{BF}，各杆 EA 为常数。

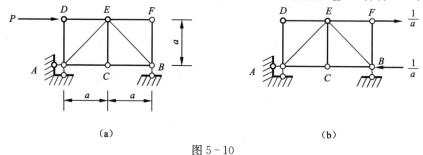

（a） （b）

图 5－10

杆件	DE	EF	AD	AE	CE	BE	BF	AC	CB
N_P	$-P$	0	0	$\dfrac{\sqrt{2}}{2}P$	0	$-\dfrac{\sqrt{2}}{2}P$	0	$\dfrac{1}{2}P$	$\dfrac{1}{2}P$
$\overline{N}$	0	$\dfrac{1}{a}$	0	$\dfrac{\sqrt{2}}{2a}$	0	$-\dfrac{\sqrt{2}}{2a}$	0	$-\dfrac{1}{2a}$	$-\dfrac{1}{2a}$
杆长	a	a	a	$\sqrt{2}a$	a	$\sqrt{2}a$	a	a	a

解 虚拟单位荷载如图 5－10b 所示。计算桁架在实际荷载和单位荷载作用下各杆轴力，列于上表中。

将各杆轴力 $\overline{N}$、N_P 代入式（5-9），解得杆 BF 的转角为

$$\theta_{BF}=\frac{2}{EA}\left(\frac{\sqrt{2}}{2}P\cdot\frac{\sqrt{2}}{2a}\cdot\sqrt{2}a-\frac{1}{2}P\cdot\frac{1}{2a}\cdot a\right)=\left(\sqrt{2}-\frac{1}{2}\right)\frac{P}{EA}=0.914\frac{P}{EA}$$

§5－5 图 乘 法

应用式（5-8）计算梁和刚架位移时，若结构杆件较多，荷载比较复杂，则计算弯矩方程和积分还是很烦琐的。实际上，工程中大多数梁和刚架都是由等截面直杆组成。如此，式（5-8）的积分就可用弯矩图图乘的几何方法来计算，称为图乘法。这样，可使计算工作大为简化。

对于材料相同的等截面直杆，$EI＝$ 常数，式（5-8）可改写为

$$\Delta=\sum\frac{1}{EI}\int\overline{M}M_P\,\mathrm{d}x \tag{a}$$

式中两个弯矩图，$\overline{M}$ 图与 M_P 图，至少有一个为直线，因 $\overline{M}$ 图为单位荷载的弯矩图，无曲线部分。取某段杆 AB，弯矩图如图 5-11a 所示。

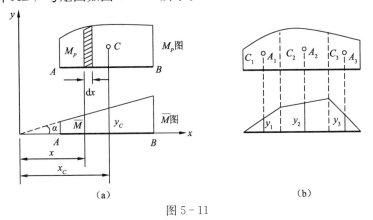

图 5-11

式（a）中的积分为

$$\int \overline{M} M_P \, \mathrm{d}x = \int x \tan\alpha M_P \, \mathrm{d}x = \tan\alpha \int x M_P \, \mathrm{d}x \tag{b}$$

式（b）中的积分 $\int x M_P \, \mathrm{d}x$ 为 M_P 图对 y 轴的静矩，即

$$\int x M_P \, \mathrm{d}x = A \cdot x_C \tag{c}$$

式中 A 为 M_P 图的面积。将式（c）代入式（b），得

$$\int \overline{M} M_P \, \mathrm{d}x = A \cdot x_C \tan\alpha = A y_C \tag{d}$$

式中 y_C 为 M_P 图的形心所对的 $\overline{M}$ 图的竖标。

若两个弯矩图都为直线，则哪个图取面积 A，哪个图取竖标 y_C 都可以，但取竖标 y_C 的弯矩图必须是一条直线。若弯矩图为折线，如图 5-11b 所示，可分段图乘，即

$$\sum \int \overline{M} M_P \, \mathrm{d}x = A_1 y_1 + A_2 y_2 + A_3 y_3 + \cdots = \sum A_i y_i \tag{e}$$

当两个弯矩图（取竖标 y_C 部分）在杆的同侧，图乘为正；在杆的两侧，图乘为负。

将式（e）代入式（a），得

$$\Delta = \sum \frac{1}{EI} A_i y_i \tag{5-12}$$

该式即为图乘法计算梁和刚架位移的一般公式。计算步骤如下：

① 画荷载作用下的弯矩 M_P 图；

② 虚拟单位荷载，画单位荷载作用下的弯矩 $\overline{M}$ 图；

③ 由图乘法公式（5-12）计算结构位移。

为了计算方便，图 5-12 给出三种常用几何图形的面积和形心位置。

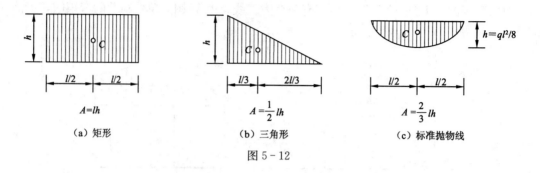

图 5-12

　　一般情况下，弯矩图都可以分解为这三种简单几何图形的叠加。特殊情况，可参照图 5-13 所示的图形计算。

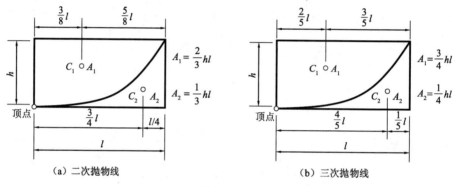

图 5-13

　　例如，图 5-14a 所示梁的弯矩图如图 5-14b 所示。其中 AB 段的弯矩图可以分解为三种简单几何图形的叠加，如图 5-14c、d、e、f 所示。

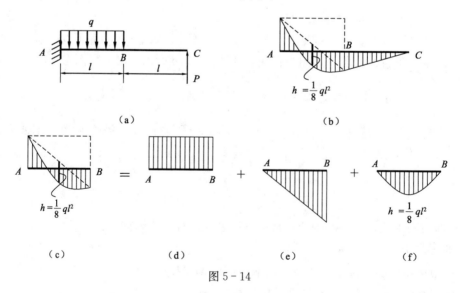

图 5-14

【例 5-4】用图乘法计算例 5-1 所示刚架 C 端的竖向位移 Δ_{Cy}。

解　① 画荷载作用下的弯矩 M_P 图，如图 5-15b 所示。

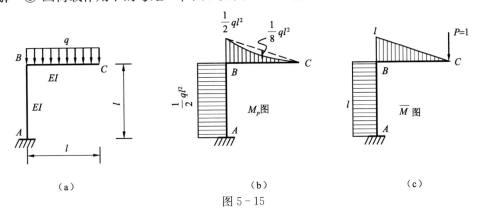

图 5-15

② 在刚架 C 端沿竖向加单位力，并画单位力作用下的弯矩 $\overline{M}$ 图，如图 5-15c 所示。

③ 由图乘法公式（5-12），将 M_P 图与 $\overline{M}$ 图图乘，得刚架 C 端的竖向位移 Δ_{Cy}。

$$\Delta_{Cy} = \frac{1}{EI}\left(l \cdot \frac{ql^2}{2} \cdot l + \frac{1}{2} \cdot l \cdot \frac{ql^2}{2} \cdot \frac{2l}{3} - \frac{2}{3} \cdot l \cdot \frac{ql^2}{8} \cdot \frac{l}{2}\right) = \frac{5ql^4}{8EI}$$

图乘结果为正，说明 C 端的竖向位移 Δ_{Cy} 与所加单位力方向一致，向下。图乘时，是将 M_P 图 BC 段图形分解为三角形面积减去标准抛物线形面积，也可直接用图 5-13a 所示图形计算，因 C 点是弯矩图抛物线的顶点。

【例 5-5】用图乘法计算图 5-16a 所示悬臂梁中点 C 的竖向位移 Δ_{Cy}。

解

① 画荷载作用下的弯矩 M_P 图，如图 5-16b 所示。

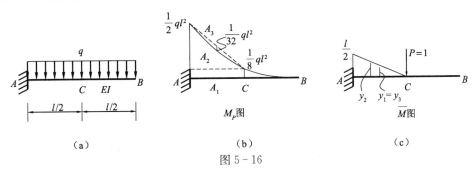

图 5-16

② 在梁中点 C 沿竖向加单位力，并画单位力作用下的弯矩 $\overline{M}$ 图，如图 5-16c 所示。将 M_P 图 AC 段分解为矩形面积 A_1，加上三角形面积 A_2，减去标准抛物线面积 A_3。三块图形的面积及形心所对 $\overline{M}$ 图的竖标分别为

$$A_1 = \frac{l}{2} \cdot \frac{ql^2}{8} = \frac{ql^3}{16}, \quad A_2 = \frac{1}{2} \cdot \frac{l}{2}\left(\frac{ql^2}{2} - \frac{ql^2}{8}\right) = \frac{3ql^3}{32}, \quad A_3 = \frac{2}{3} \cdot \frac{l}{2} \cdot \frac{ql^2}{32} = \frac{ql^3}{96}$$

$$y_1 = y_3 = \frac{l}{4}, \quad y_2 = \frac{l}{2} \cdot \frac{2}{3} = \frac{l}{3}$$

③ 将面积与竖标代入式（5-12），得

$$\Delta_{Cy} = \frac{1}{EI}\left(\frac{ql^3}{16} \cdot \frac{l}{4} + \frac{3ql^3}{32} \cdot \frac{l}{3} - \frac{ql^3}{96} \cdot \frac{l}{4}\right) = \frac{17ql^4}{384EI}$$

图乘结果为正，说明 C 点的竖向位移 Δ_{Cy} 与所加单位力方向一致，向下。应注意的是，M_P 图 AC 段弯矩虽为抛物线，但不能用图 5-13a 所示图形计算，因该段弯矩图无抛物线顶点。

【例 5-6】 试求图 5-17a 所示三铰刚架 D、E 两点相对水平位移和铰 C 两侧截面的相对转角。各杆 EI 为常数。

解

① 画荷载作用下刚架的弯矩 M_P 图，如图 5-17b 所示。

② 在刚架 D、E 两点沿水平方向加一对方向相反的单位力，并画单位力作用下的弯矩 $\overline{M}$ 图，如图 5-17c 所示。再在刚架铰 C 两侧加一对转向相反的单位力偶，并画单位力偶作用下的弯矩 $\overline{M}$ 图，如图 5-17d 所示。

③ 将 M_P 图与图 5-17c 的 $\overline{M}$ 图图乘，得

$$\Delta_{DE} = -\frac{1}{EI}\left(\frac{l}{2} \cdot \frac{l}{4} \cdot \frac{ql^2}{16} \cdot 2\right) = -\frac{ql^4}{64EI}$$

图乘结果为负，说明 D、E 两点相对水平位移与所加一对单位力的方向相反。

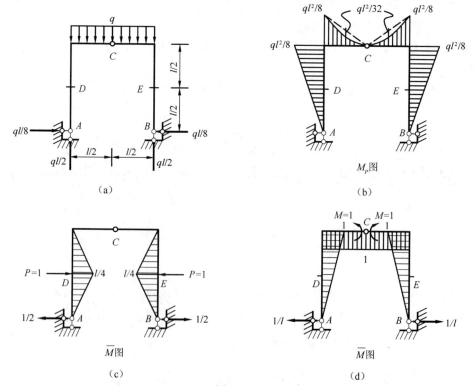

图 5-17

将 M_P 图与图 5-17d 的 $\overline{M}$ 图图乘，得

$$\theta_{C左右} = -\frac{1}{EI}\left[\frac{l}{2}\cdot\frac{ql^2}{8}\cdot\frac{2}{3}+\left(\frac{1}{2}\cdot\frac{l}{2}\cdot\frac{ql^2}{8}-\frac{2}{3}\cdot\frac{l}{2}\cdot\frac{ql^2}{32}\right)\cdot 1\right]\cdot 2 = -\frac{ql^3}{8EI}$$

图乘结果为负，说明铰 C 两侧截面的相对转角与所加一对单位力偶的转向相反。

§5-6　静定结构在非荷载因素作用下的位移计算

静定结构，在温度改变、支座移动等非荷载因素作用下，不会引起内力，但会引起变形和位移。这种位移仍可用虚功原理（单位荷载法）求之。

1. 温度改变引起的位移计算

静定结构，当温度改变时，杆件可自由变形，因此不会产生内力，但会引起位移。如图 5-18a 所示梁，上表面温度升高 t_1，下表面温度升高 t_2，假设温度沿截面高度线性变化，变形后截面仍保持平面。梁的变形可分解为轴向伸缩和截面绕中性轴转动两部分，不产生剪切变形。

若求某点 k 位移 Δ，仍虚拟单位荷载如图 5-18b 所示。任取一微段，单位荷载作用下微段的内力如图 5-18d、f 所示，温度改变作用下，微段的变形如图 5-18c、e 所示。应用虚功原理，则有

$$\Delta = \sum\int \overline{N}\mathrm{d}u + \sum\int \overline{M}\mathrm{d}\theta \tag{a}$$

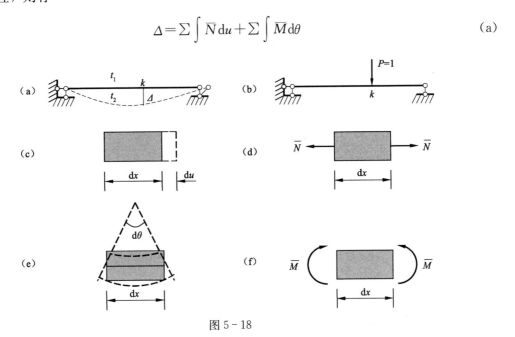

图 5-18

设材料的线膨胀系数为 α，微段在温度改变作用下的变形如图 5-19 所示。轴线处的温度改变为

$$t_0 = \frac{t_1 h_2 + t_2 h_1}{h} \tag{b}$$

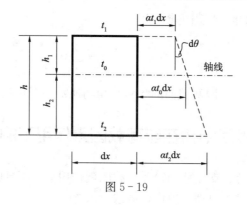

图 5-19

若杆件截面对称于形心轴，即 $h_1 = h_2$，则式（b）改为

$$t_0 = \frac{t_1 + t_2}{2} \tag{c}$$

上、下表面温差为

$$\Delta t = t_2 - t_1 \tag{d}$$

微段轴线的线变形为

$$\mathrm{d}u = \alpha t_0 \mathrm{d}x \tag{e}$$

两端截面的相对转角为

$$\mathrm{d}\theta = \frac{\alpha t_2 \mathrm{d}x - \alpha t_1 \mathrm{d}x}{h} = \frac{\alpha \Delta t}{h} \mathrm{d}x \tag{f}$$

将式（e）、（f）代入式（a），得

$$\Delta = \sum \int \overline{N} \alpha t_0 \mathrm{d}x + \sum \int \overline{M} \frac{\alpha \Delta t}{h} \mathrm{d}x \tag{5-13}$$

若 t_0、Δt 沿杆长为常数，则上式改写为

$$\Delta = \sum \alpha t_0 \int \overline{N} \mathrm{d}x + \sum \frac{\alpha \Delta t}{h} \int \overline{M} \mathrm{d}x \tag{5-14}$$

积分 $\int \overline{N} \mathrm{d}x$ 为 $\overline{N}$ 图的面积 $A_{\overline{N}}$，$\int \overline{M} \mathrm{d}x$ 为 $\overline{M}$ 图的面积 $A_{\overline{M}}$，于是上式又可改写为

$$\Delta = \sum \alpha t_0 A_{\overline{N}} + \sum \frac{\alpha \Delta t}{h} A_{\overline{M}} \tag{5-15}$$

【例 5-7】图 5-20a 所示刚架，内侧温度升高 10℃，外侧温度下降 20℃。截面为矩形，截面高 $h = \dfrac{l}{20}$，材料的线膨胀系数为 α，试求自由端 k 点的竖向位移。

解

① 计算各杆件的轴线温度改变和内外侧温差：各杆件的轴线温度改变和内外侧温差相同，即

$$t_1 = -20℃ , t_2 = +10℃$$

$$t_0 = \frac{-20+10}{2} = -5℃ , \Delta t = 10 - (-20) = 30℃$$

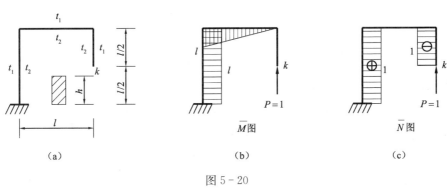

图 5-20

② 在刚架 k 点，沿竖向加单位力，并画 $\overline{M}$ 图与 $\overline{N}$ 图，如图 5-20b、c 所示。因各杆 α、h、t_0、Δt 皆相同，只需计算 $\overline{M}$ 图与 $\overline{N}$ 图的总面积即可，即

$$\sum A_{\overline{M}} = \frac{l^2}{2} + l^2 = \frac{3l^2}{2} , \quad \sum A_{\overline{N}} = l \cdot 1 + \frac{l}{2} \cdot (-1) = \frac{l}{2}$$

③ 将以上计算结果代入式（5-15），得 k 点的竖向位移为

$$\Delta_{ky} = \alpha \cdot (-5) \cdot \frac{l}{2} + \frac{\alpha \cdot 30}{l/20} \cdot \frac{3l^2}{2} = -2.5\alpha l + 900\alpha l = 897.5\alpha l$$

结果为正，说明 k 点的竖向位移与单位力方向相同。

用虚功原理计算静定桁架因温度改变产生的位移时，因桁杆只发生轴向变形，故式（5-15）简化为

$$\Delta = \sum \alpha t_0 \overline{N}_i l_i \tag{5-16}$$

【例 5-8】图 5-21a 所示桁架，温度升高 $t℃$，材料的线膨胀系数为 α，试求 k 点的竖向位移。

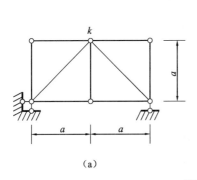

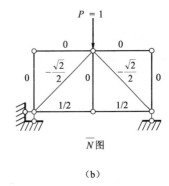

图 5-21

解 在桁架 k 点，沿竖向加单位力，并计算各杆轴力，如图 5-21b 所示。各杆 $t_0 = t$，由式（5-16）计算 k 点的竖向位移，得

$$\Delta_{ky} = \alpha t \left(\frac{1}{2} \cdot a - \frac{\sqrt{2}}{2} \cdot \sqrt{2} a \right) \cdot 2 = -\alpha t a$$

结果为负，说明 k 点的竖向位移与单位力方向相反。

2. 支座移动引起的位移计算

静定结构是无多余约束几何不变体系，当支座移动时，结构的移动不受限制，因此只能发生刚体位移，杆件不会变形，也不会产生内力。

如图 5-22a 所示刚架，支座 A 发生移动，刚架只有刚体位移，如图中虚线所示。用虚功原理计算结构位移时，因刚体的内力虚功之和为零，则虚功原理式（5-4）就变成

$$\delta W = 0 \tag{g}$$

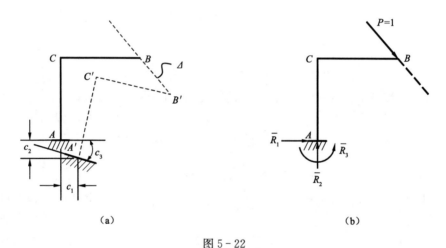

图 5-22

与刚体系虚位移原理式（5-5）完全相同。若将结构的刚体位移视为虚位移，则结构的平衡条件是：在任何刚体位移下，作用于结构的外力虚功等于零。虚位移原理本是通过虚拟位移求实际力，而这里是通过虚拟单位荷载求实际位移。

作用于结构的外力，除了虚拟单位荷载外，还有单位荷载引起的支座约束反力 $\overline{R}_i$，如图 5-22b 所示。设支座移动的位移为 c_i，则式（g）为

$$\delta W = 1 \cdot \Delta + \sum \overline{R}_i c_i = 0 \tag{h}$$

将上式改写为

$$\Delta = -\sum \overline{R}_i c_i \tag{5-17}$$

这就是计算由于支座移动引起的位移的一般公式。

【例 5 - 9】 图 5 - 23a 所示刚架支座 A 的移动位移。求刚架自由端 B 的水平位移 Δ_{Bx}、竖向位移 Δ_{By} 和转角 θ_B。

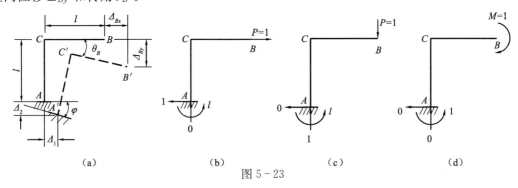

图 5 - 23

解　分别在刚架 B 端水平方向、竖直方向加单位力和单位力偶，并求支座 A 的相应反力，如图 5 - 23b、c、d 所示。

由式（5 - 17）解得

$$\Delta_{Bx} = -(-1 \cdot \Delta_1 - l \cdot \varphi) = \Delta_1 + l\varphi$$
$$\Delta_{By} = -(-1 \cdot \Delta_2 - l \cdot \varphi) = \Delta_2 + l\varphi$$
$$\theta_B = -(-1 \cdot \varphi) = \varphi$$

像该例这样的简单结构，支座移动引起的位移，可根据几何关系直接计算，毋须用虚功原理。

【例 5 - 10】 图 5 - 24a 所示刚架支座 B 的移动位移。求铰 C 左、右截面的相对转角 θ_{CC}。

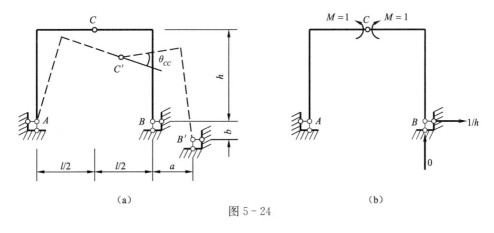

图 5 - 24

解　在铰 C 左、右两侧加一对转向相反的单位力偶，并求支座 B 的相应反力，如图 5 - 24b 所示。其他支座反力不必求，因其他支座无移动，反力不做功。

由式（5 - 17）解得

$$\theta_{CC} = -\left(\frac{1}{h} \cdot a\right) = -\frac{a}{h}$$

结果为负，说明铰 C 左、右截面的相对转角 θ_{CC} 与所加的一对单位力偶的转向相反。

§5-7 线弹性体系的互等定理

本节介绍线弹性体系的三个互等定理，这些定理在以后几章的计算中将要用到。

1. 功的互等定理

功的互等定理是三个互等定理中最基本的，其余两个互等定理可由功的互等定理得出。

图 5-25 所示为同一弹性体系的两种受力状态。设状态 I 杆件的内力为 N_1、Q_1、M_1，变形为 $\mathrm{d}u_1$、$\mathrm{d}\eta_1$、$\mathrm{d}\theta_1$；状态 II 杆件的内力为 N_2、Q_2、M_2，变形为 $\mathrm{d}u_2$、$\mathrm{d}\eta_2$、$\mathrm{d}\theta_2$。

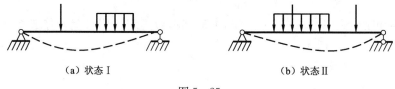

（a）状态 I　　　　　　　　　　（b）状态 II

图 5-25

根据变形体的虚功原理，状态 I 的外力在状态 II 的位移上作的虚功等于状态 I 的内力在在状态 II 的变形上做的虚功，即

$$\delta W_{12} = \delta U_{12} = \sum \int N_1 \mathrm{d}(\Delta l_2) + \sum \int Q_1 \mathrm{d}\eta_2 + \sum \int M_1 \mathrm{d}\theta_2$$
$$= \sum \int N_1 \cdot \frac{N_2 \mathrm{d}x}{EA} + \sum \int Q_1 \cdot \frac{kQ_2 \mathrm{d}x}{GA} + \sum \int M_1 \cdot \frac{M_2 \mathrm{d}x}{EI} \tag{a}$$

同理，状态 II 的外力在状态 I 的位移上做的虚功等于状态 II 的内力在在状态 I 的变形上作的虚功，即

$$\delta W_{21} = \delta U_{21} = \sum \int N_2 \mathrm{d}(\Delta l_1) + \sum \int Q_2 \mathrm{d}\eta_1 + \sum \int M_2 \mathrm{d}\theta_1$$
$$= \sum \int N_2 \cdot \frac{N_1 \mathrm{d}x}{EA} + \sum \int Q_2 \cdot \frac{kQ_1 \mathrm{d}x}{GA} + \sum \int M_2 \cdot \frac{M_1 \mathrm{d}x}{EI} \tag{b}$$

比较（a）、（b）二式得

$$\delta W_{12} = \delta W_{21} \tag{5-18}$$

这就是功的互等定理：状态 I 的外力在状态 II 的位移上所做的虚功等于状态 II 的外力在状态 I 的位移上所做的虚功。

2. 位移互等定理

若状态 I 中，只有一个单位荷载 $P_1 = 1$，作用在弹性体的 1 点，在 2 位置上引起的位移为 δ_{21}，如图 5-26a 所示；状态 II 中，也只有一个单位荷载 $P_2 = 1$，作用在弹性体的 2 点，在 1 位置上引起的位移为 δ_{12}，如图 5-26b 所示。

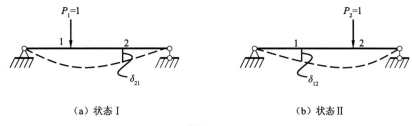

（a）状态 I　　　　　　　　　　　　　（b）状态 II

图 5 - 26

对图示两种状态，根据功的互等定理，得

$$P_1 \cdot \delta_{12} = P_2 \cdot \delta_{21} \tag{c}$$

因 $P_1 = P_2 = 1$，于是得

$$\delta_{12} = \delta_{21} \tag{5-19}$$

这就是位移互等定理：在任一线弹性体系中，作用于 1 位置的单位荷载引起 2 位置单位荷载方向的位移与作用于 2 位置的单位荷载引起 1 位置单位荷载方向的位移相等。

3. 反力互等定理

状态 I 中，支座 1 发生单位位移 $\Delta_1 = 1$，引起支座 2 的反力为 k_{21}，如图 5 - 27a 所示；状态 II 中，支座 2 发生单位位移 $\Delta_2 = 1$，引起支座 1 的反力为 k_{12}，如图 5 - 27b 所示。

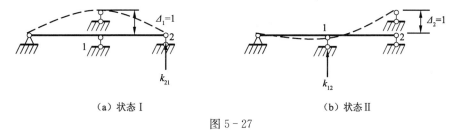

（a）状态 I　　　　　　　　　　　　　（b）状态 II

图 5 - 27

对于图示两种状态，根据功的互等定理，得

$$k_{12} \cdot \Delta_1 = k_{21} \cdot \Delta_2 \tag{d}$$

因 $\Delta_1 = \Delta_2 = 1$，于是得

$$k_{12} = k_{21} \tag{5-20}$$

这就是反力互等定理：在任一线弹性体系中，支座 1 有单位 1 的位移引起支座 2 的反力与支座 2 有单位 1 的位移引起支座 1 的反力相等。

应用上述互等定理时，应将力理解为广义力，即集中力、集中力偶或一组力；将位移理解为广义位移，即线位移、角位移或一组位移。关键是力与位移要相互对应，即集中力对应于沿力方向的线位移，集中力偶对应于沿力偶转向的角位移等。

§5-8 小 结

结构位移计算的目的之一是为了校核机构的刚度。例如，吊车梁的挠度计算、排架柱顶位移计算等。规定受弯构件的最大挠度与其跨度之比应小于规定的限值。因为刚度过小，变形过大，会影响结构的正常使用和舒适感；若刚度过大，不利于结构抗震。目的之二是为了分析超静定结构，并为结构的动力和稳定性计算打下基础。本章重点掌握静定结构在荷载及非荷载作用下的位移计算和图乘法。

1. 基本概念

虚功；虚功原理；单位荷载法；图乘法；线弹性体的互等定理（功的互等定理、位移互等定理、反力互等定理）

（1）虚功

体系的两种互无因果关系的状态，一个为力状态，另一个为位移状态。力状态在与其无关的另一位移状态上所做的功称为虚功。

（2）虚功原理

任何体系（刚体系或变形体系）平衡的必要与充分条件是：作用于体系所有外力和内力的虚功之和等于零，即 $\delta W_外 + \delta W_内 = 0$。

（3）单位荷载法

应用虚功原理求结构的位移时，荷载是虚拟的，与所求的位移无关，为计算方便，虚拟的荷载取为单位 1，用以求解变形体系位移的方法称为单位荷载法。

（4）图乘法

在计算梁、刚架等以弯曲变形为主的结构位移时，用弯矩图图乘的几何方法计算虚应变能（内力虚功）的方法称为图乘法。

（5）线弹性体系的互等定理

互等定理适用于线性弹性体系，在 3 个互等定理中功的互等定理是基本定理，其他 2 个定理是功的互等定理的特殊情况，可由功的互等定理导出。

① 功的互等定理：第一状态的外力在第二状态的位移上所做的虚功等于第二状态的外力在第一状态的位移上所做的虚功，即 $\delta W_{12} = \delta W_{21}$。

② 位移互等定理：由荷载 $P_1 = 1$ 引起的与荷载 $P_2 = 1$ 相对应的位移 δ_{21} 等于由荷载 $P_2 = 1$ 引起的与荷载 $P_1 = 1$ 相对应的位移 δ_{12}，即 $\delta_{12} = \delta_{21}$。

③ 反力互等定理：由位移 $\Delta_1 = 1$ 引起的与位移 $\Delta_2 = 1$ 相对应的反力 k_{21} 等于由位移 $\Delta_2 = 1$ 引起的与位移 $\Delta_1 = 1$ 相对应的反力 k_{12}，即 $k_{12} = k_{21}$。

2. 知识要点

（1）荷载作用下静定结构位移计算的一般公式

$$\Delta = \sum \int \frac{\overline{N} N_P}{EA} \mathrm{d}x + \sum \int \frac{k\overline{Q} Q_P}{GA} \mathrm{d}x + \sum \int \frac{\overline{M} M_P}{EI} \mathrm{d}x$$

式中 N_P、Q_P、M_P 为结构在实际荷载作用下产生的内力；$\overline{N}$、$\overline{Q}$、$\overline{M}$ 为结构在虚拟单位荷载作用下产生的内力。

对于梁和刚架，位移计算公式可简化为

$$\Delta = \sum \int \frac{\overline{M}M_P}{EI}\mathrm{d}x$$

对于桁架，位移计算公式可简化为

$$\Delta = \sum \frac{\overline{N}N_P l}{EA}$$

对于组合结构，梁式杆只考虑弯曲变形的影响，桁杆只考虑轴向变形的影响，位移计算公式为

$$\Delta = \sum \int \frac{\overline{N}N_P}{EA}\mathrm{d}x + \sum \int \frac{\overline{M}M_P}{EI}\mathrm{d}x$$

对于拱，一般可忽略曲率对位移的影响只计弯矩，仍可用式 $\Delta = \sum \int \dfrac{\overline{M}M_P}{EI}\mathrm{d}x$ 计算位移。但当拱的压力线与拱的轴线接近，或计算扁平拱的水平位移时，仍需考虑轴力的影响，即

$$\Delta = \sum \int \frac{\overline{N}N_P}{EA}\mathrm{d}x + \sum \int \frac{\overline{M}M_P}{EI}\mathrm{d}x$$

（2）图乘法

在计算以弯曲变形为主引起的位移时，可采用图乘法进行计算。图乘公式为

$$\Delta = \sum \frac{1}{EI}A_i y_i$$

需要注意的是：标距 y_i 应取自两个弯矩图中的直线图形；面积 A 与标距 y_i 在杆件的同一侧，乘积 Ay_i 取正；否则取负。

图乘法的适用条件为：杆轴为直线，EI 为常数，$\overline{M}$ 与 M_P 两个弯矩图中至少有一个为直线图形。

（3）温度变化时位移的计算公式

$$\Delta = \sum \alpha t_0 \int \overline{N}\mathrm{d}x + \sum \frac{\alpha\Delta t}{h}\int \overline{M}\mathrm{d}x = \sum \alpha t_0 A_{\overline{N}_i} + \sum \frac{\alpha\Delta t}{h}A_{\overline{M}_i}$$

当弯矩 $\overline{M}$ 和温差 Δt 引起的弯曲为同一方向时，其乘积取正值；否则取负。轴力 $\overline{N}$ 以拉伸为正，t_0 以升高为正。

（4）支座移动时位移的计算公式

$$\Delta = -\sum \overline{R}_i c_i$$

若求得的位移 Δ 为正值，说明位移的实际方向和虚设单位荷载的方向一致。

习 题

5-1 试用积分法求图示各梁中指定截面的位移。设 EI 为常数并略去剪力的影响。

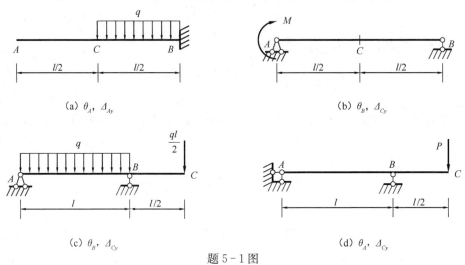

(a) θ_A, Δ_{Ay}

(b) θ_B, Δ_{Cy}

(c) θ_B, Δ_{Cy}

(d) θ_A, Δ_{Cy}

题5-1图

5-2 试求图5-2a所示桁架结点 C 的水平位移和图5-2b中 B 点的竖向位移。已知各杆的 EA 为常数。

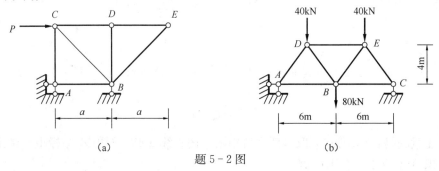

(a)

(b)

题5-2图

5-3 试求图示桁架角 ADC 的改变量。已知 $P=30\text{kN}$, $d=2\text{m}$, 各杆截面面积、弹性模量均为 $A=2\times10^{-3}\text{m}^2$, $E=2.1\times10^8\text{kN/m}^2$。

5-4 试求图示曲梁 A 点水平位移、竖向位移及 A 截面的转角。设 $EI=$ 常数。

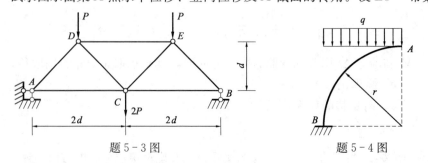

题5-3图

题5-4图

5－5　试求图示刚架 C 点的水平位移和 A 截面的转角。设 EI＝常数。

5－6　试求图示刚架 C 点的水平位移。

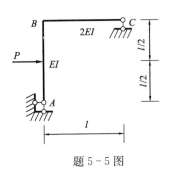

题 5－5 图

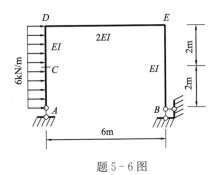

题 5－6 图

5－7　试用图乘法计算题 5－1。

5－8　试用图乘法求图示梁 D 点竖向位移 Δ_{Dy}，各杆 EI 为常数。

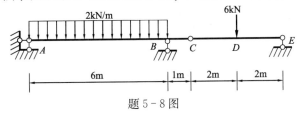

题 5－8 图

5－9　试用图乘法求图（a）中梁 C 点的竖向位移和图（b）中梁 B 截面的转角。

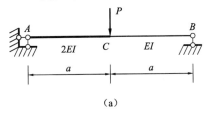

（a）

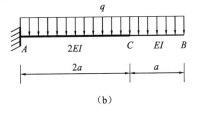

（b）

题 5－9 图

5－10　试用图乘法求图示各刚架的指定位移。

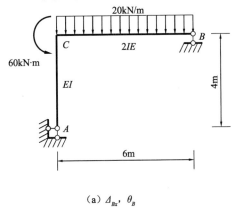

（a）Δ_{Bx}，θ_B

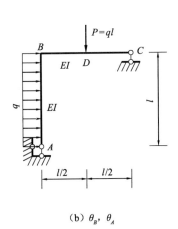

（b）θ_B，θ_A

题 5－10 图

113

5-11 试求图示刚架 A、B 两点之间的相对线位移。各杆 EI 为常数。

5-12 试求图示结构 A、B 两截面相对水平线位移。各杆 EI 为常数。

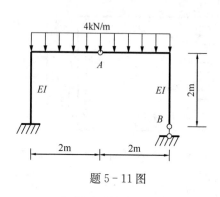

题 5-11 图

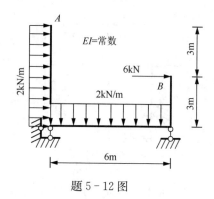

题 5-12 图

5-13 试求图示桁架 A、B 两截面相对线位移。各杆 EA 为常数。

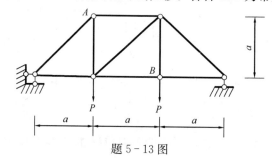

题 5-13 图

5-14 如图所示，已知材料的线膨胀系数为 α，各杆横截面均相同，截面形状为矩形，截面高度 $h=0.1l$，求 B 点水平线位移 Δ_{Bx}。

5-15 图示结构，支座 B 发生下沉量 b，求 C 点的水平位移。

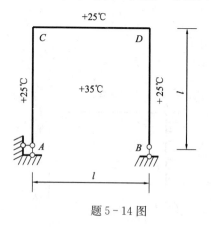

题 5-14 图

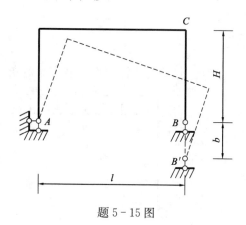

题 5-15 图

第6章 力 法

§6-1 超静定结构的概念和超静定次数的确定

1. 超静定结构的概念

第2章平面体系的几何组成分析中已经提到工程结构必须是几何不变体系，无多余约束的几何不变体系属静定结构，前面几章所分析的结构都属静定结构。图6-1a所示结构为一静定梁，所有的支座约束反力和截面内力都可以用静力平衡条件唯一确定。静定结构，当支座移动、温度变化和装配时，都不会引起杆件的内力。

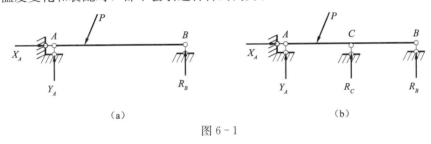

（a）   （b）

图 6-1

有多余约束的几何不变体系属超静定结构，多余约束的数目就是超静定的次数。图6-1b所示结构为一超静定梁，有一个多余约束，是一次超静定。超静定结构的支座约束反力个数比静力平衡方程个数多，用平衡方程不能求得全部约束反力，因而也求不了内力。因此分析超静定结构，可通过其他条件，如变形协调条件增加补充方程，由补充方程求得多余约束反力，余下的约束反力再由平衡方程求得。需要增加补充方程的个数与多余约束的个数相等，也就是与超静定的次数相等。超静定结构，当支座移动、温度变化、装配时因制造误差等原因都会引起杆件的内力。

2. 超静定次数的确定

超静定结构的约束中，有的约束是必要约束，有的约束是多余约束。若某一约束去掉后，原结构变为几何可变体系，几何可变体系不能作为工程结构承受荷载，因此该约束是必要约束，不能去掉。若某一约束去掉后，余下部分仍为几何不变体系，则该约束是多余约束。将超静定结构去掉多余约束变为静定结构，所去掉多余约束的数目就是超静定结构的超静定次数。

去掉一个可动铰支座等于去掉一个约束，图6-2a所示刚架为一次超静定；去掉一个固定铰支座等于去掉两个约束，图6-2b所示刚架为二次超静定；去掉一个固定端支座等于去掉三个约束，图6-2c所示刚架为三次超静定。

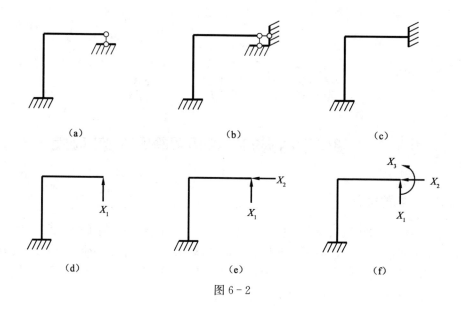

图 6 - 2

切开一个链杆，相当于去掉一个约束，图 6 - 3a 所示刚架为一次超静定；拆开一个铰链，相当于去掉两个约束，图 6 - 3b 所示刚架为二次超静定；切开一个梁杆，相当于去掉三个约束，图 6 - 3c 所示刚架为三次超静定。

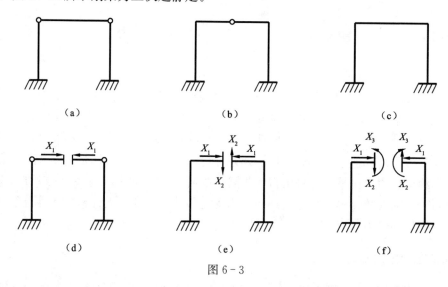

图 6 - 3

一个无铰的封闭框（封闭多边形）为三次超静定，如图 6 - 3c 所示。出现一个单铰，则减少一个约束，为二次超静定，如图 6 - 3b 所示。出现两个单铰，则减少两个约束，为一次超静定，如图 6 - 3a 所示。

连接两个杆件的铰称为单铰，如图 6 - 4a 所示。连接三个杆件的铰称为二重铰，相当于两个单铰，如图 6 - 4b 所示，出现一个二重铰，则减少两个约束。连接四个杆件的铰称为三重铰，相当于三个单铰，如图 6 - 4c 所示，出现一个三重铰，则减少三个约束。以此类推，连接 n 个杆件的铰称为 $n-1$ 重铰，相当于 $n-1$ 个单铰。

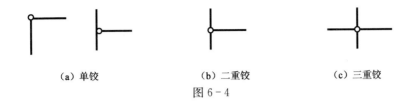

（a）单铰 　　　（b）二重铰 　　　（c）三重铰

图 6 - 4

【例 6 - 1】 试判断图 6 - 5 所示各结构的超静定次数。

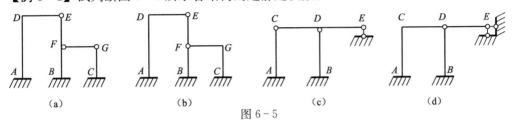

（a）　　　　　　（b）　　　　　　（c）　　　　　　（d）

图 6 - 5

解

（a）为两个封闭框出现三个单铰：$2 \times 3 - 3 = 3$，三次超静定。

（b）为两个封闭框出现一个单铰 E 和一个二重铰 F：$2 \times 3 - 1 - 2 = 3$，三次超静定。

（c）$ACDB$ 为一个封闭框出现两个单铰，还有一个多余可动铰支座 E：$3 - 2 + 1 = 2$，二次超静定。

（d）可视为两个封闭框出现一个二重铰 D 和一个单铰 E（固定铰支座等于单铰）：$2 \times 3 - 2 - 1 = 3$，三次超静定。

§6 - 2　力法的基本原理与基本方程

1. 力法的基本未知量和基本结构

力法是计算超静定结构的基本方法之一。图 6 - 6a 所示结构为一次超静定梁，假设将支座 B 去掉，代之以约束反力 X_1，如图 6 - 6b 所示，则原超静定结构转化为静定的悬臂梁。若图 6 - 6b 中的力 X_1 与原超静定梁支座 B 的反力相等，则图 6 - 6b 的静定悬臂梁就与图 6 - 6a 的超静定梁的反力、内力和变形完全相同。于是，就可以将超静定结构的计算问题转化为相应的静定结构的计算问题。

超静定结构的多余约束反力是力法计算的基本未知量，去掉多余约束的静定结构是力法计算的基本结构。余下的问题就是如何来求解多余约束反力。

2. 力法的基本方程

图 6 - 6a 所示超静定梁的受力状态，可视为图 6 - 6b 所示悬臂梁在已知荷载 P 和未知力 X_1 共同作用下效应的叠加。设在荷载 P 作用下 B 点的竖向位移为 Δ_{1P}，如图 6 - 6c 所示；在未知力 X_1 作用下 B 点的竖向位移为 Δ_{11}，如图 6 - 6d 所示；二者之和应与原结构 B 点的竖向位移相同，即

$$\Delta_{11} + \Delta_{1P} = 0 \qquad\qquad\text{(a)}$$

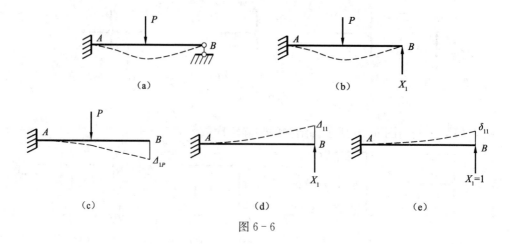

图 6 - 6

该方程反映的是变形协调条件，称为力法方程。

设 $X_1 = 1$ 时，悬臂梁 B 点的竖向位移为 δ_{11}，根据线弹性体的变形原理，有

$$\Delta_{11} = \delta_{11} X_1 \tag{b}$$

将式（b）代入式（a），得

$$\delta_{11} X_1 + \Delta_{1P} = 0 \tag{6-1}$$

所有一次超静定结构的力法方程都可写成上面形式，故称其为力法的基本方程。式中 δ_{11} 为基本结构在基本未知量 $X_1 = 1$ 作用下，沿 X_1 方向的位移，称为基本结构的柔度系数，Δ_{1P} 为基本结构在荷载作用下，沿 X_1 方向的位移，称为常数项。δ_{11} 和 Δ_{1P} 可用已学过的静定结构位移计算的方法来计算，也可用上一章虚功原理来计算，即

$$\left. \begin{array}{l} \delta_{11} = \sum \int \dfrac{\overline{M}_1 \overline{M}_1}{EI} \mathrm{d}x \\[4mm] \Delta_{1P} = \sum \int \dfrac{\overline{M}_1 M_P}{EI} \mathrm{d}x \end{array} \right\} \tag{6-2}$$

力法计算同一个超静定结构时，其基本未知量和基本结构的确定不是唯一的，可有多种选择。图 6 - 6a 所示超静定梁的支座约束反力共有 4 个，如图 6 - 7a 所示，平衡方程有 3 个，有一个多余约束。

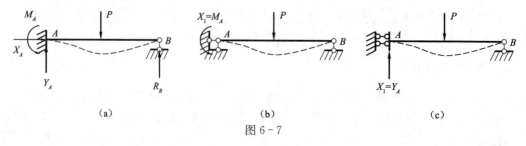

图 6 - 7

若取支座 B 的反力 R_B 作为基本未知量，其基本结构如图 6 - 6b 所示，为一悬臂梁。若取固定端 A 的转动约束力矩 M_A 作为基本未知量，其基本结构如图 6 - 7b 所示，为一简支

梁。若取固定端 A 的竖向约束反力 Y_A 作为基本未知量，其基本结构如图 6-7c 所示，为一端铰支、一端滑动的静定梁。但固定端 A 的水平约束反力 X_A 不能作为基本未知量，因固定端 A 的水平约束为必要约束，X_A 不是多余约束反力。

图 6-8a 所示为二次超静定刚架，有两个多余约束，若取固定铰支座 B 的两个约束反力作为基本未知量，其基本结构如图 6-8b 所示。

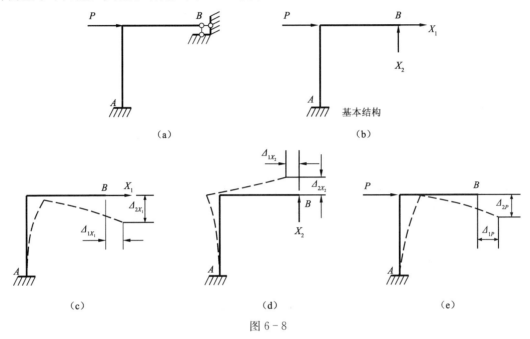

图 6-8

基本结构在 X_1 作用下 B 点的位移如图 6-8c 所示，在 X_2 作用下 B 点的位移如图 6-8d 所示，在荷载 P 作用下 B 点的位移如图 6-8e 所示。三者作用效果叠加应与原结构的变形相同，于是得变形协调方程为

$$\left.\begin{array}{l} \Delta_{Bx} = \Delta_{1X_1} + \Delta_{1X_2} + \Delta_{1P} = 0 \\ \Delta_{By} = \Delta_{2X_1} + \Delta_{2X_2} + \Delta_{2P} = 0 \end{array}\right\} \tag{c}$$

式（c）为二次超静定结构的力法方程。令 $X_1 = 1$，基本结构 B 点的位移如图 6-9a 所示；令 $X_2 = 1$，基本结构 B 点的位移如图 6-9b 所示；根据线弹性体的变形原理，有

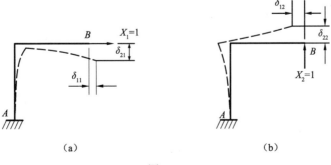

图 6-9

$$\Delta_{1X_1} = \delta_{11}X_1 \ , \ \Delta_{1X_2} = \delta_{12}X_2 \ , \ \Delta_{2X_1} = \delta_{21}X_1 \ , \ \Delta_{2X_2} = \delta_{22}X_2 \quad\quad\quad \text{(d)}$$

将式（d）代入式（c），得

$$\left.\begin{array}{l} \delta_{11}X_1 + \delta_{12}X_2 + \Delta_{1P} = 0 \\ \delta_{21}X_1 + \delta_{22}X_2 + \Delta_{2P} = 0 \end{array}\right\} \quad\quad (6-3)$$

该式为二次超静定结构的力法基本方程。同理可得 n 次超静定结构的力法基本方程为

$$\left.\begin{array}{l} \delta_{11}X_1 + \delta_{12}X_2 + \cdots + \delta_{1n}X_n + \Delta_{1P} = 0 \\ \delta_{21}X_1 + \delta_{22}X_2 + \cdots + \delta_{2n}X_n + \Delta_{2P} = 0 \\ \vdots \\ \delta_{n1}X_1 + \delta_{n2}X_2 + \cdots + \delta_{nn}X_n + \Delta_{nP} = 0 \end{array}\right\} \quad (6-4)$$

简写为

$$\delta_{ij}X_j + \Delta_{iP} = 0 \ (i,j = n) \quad\quad (6-5)$$

基本方程中的 δ_{ij} 为基本结构的柔度系数，前一个脚标表示多余约束的序号，后一个脚标表示多余约束反力的序号，即 δ_{ij} 表示第 j 号多余约束反力 $X_j = 1$ 作用下，基本结构第 i 号多余约束处沿 X_i 方向的位移。根据位移互等定理，可知

$$\delta_{ij} = \delta_{ji} \quad\quad (6-6)$$

基本方程中的常数项 Δ_{iP} 表示基本结构在荷载作用下第 i 号多余约束处沿 X_i 方向的位移。对于梁、刚架类结构，系数 δ_{ij}、常数项 Δ_{iP} 皆可用虚功原理（图乘法）求之。

$$\left.\begin{array}{l} \delta_{ii} = \sum \int \dfrac{\overline{M}_i^{\,2}}{EI}\mathrm{d}x \\[3mm] \delta_{ij} = \delta_{ji} = \int \dfrac{\overline{M}_i \overline{M}_j}{EI}\mathrm{d}x \\[3mm] \Delta_{iP} = \int \dfrac{\overline{M}_i M_P}{EI}\mathrm{d}x \end{array}\right\} \quad (6-7)$$

§6-3 力法解超静定结构

1. 力法解超静定梁和刚架

根据以上所述，现以一次超静定结构为例，将力法的计算步骤归纳如下：

① 确定基本未知量 X_1、基本结构、基本方程。

因力法计算同一个超静定结构的基本未知量和基本结构不是唯一的，因此应选择方便后续计算的基本未知量和基本结构。

② 令 $X_1 = 1$，画基本结构的弯矩 $\overline{M}_1$ 图，由 $\overline{M}_1$ 图自乘得系数 δ_{11}。

③ 画基本结构荷载作用下的弯矩 M_P 图，由 M_P 图与 $\overline{M}_1$ 图图乘得常数项 Δ_{1P}。

④ 将系数 δ_{11} 和常数项 Δ_{1P} 代入基本方程 $\delta_{11}X_1 + \Delta_{1P} = 0$，求解基本未知量 X_1。

⑤ 将基本未知量 X_1 视为外荷载，原超静定结构视为静定结构，按静定结构计算反力、内力、变形等其他量。

对于高次超静定结构，力法的计算步骤与此类同，只不过计算量要大得多。内力计算和内力图也可利用叠加原理，即

$$\left. \begin{array}{l} M = \sum \overline{M}_i X_i + M_P \\ Q = \sum \overline{Q}_i X_i + Q_P \\ N = \sum \overline{N}_i X_i + N_P \end{array} \right\} \tag{6-8}$$

式中 $\overline{M}_i$、$\overline{Q}_i$、$\overline{N}_i$ 为基本结构在 $X_i=1$ 单独作用下的弯矩、剪力和轴力；M_P、Q_P、N_P 为基本结构在荷载单独作用下的弯矩、剪力和轴力。

【例 6 - 2】 用力法解图 6 - 10a 所示超静定梁，并画弯矩图。

解

① 图 6 - 10a 所示梁为一次超静定，取固端 A 转动约束力矩为基本未知量 X_1，基本结构如图 6 - 10b 所示，基本方程为

$$\delta_{11} X_1 + \Delta_{1P} = 0$$

② 令 $X_1 = 1$，画基本结构的弯矩 $\overline{M}_1$ 图，如图 6 - 10c 所示。

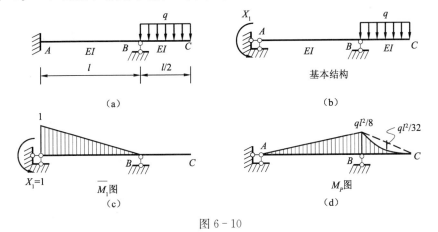

图 6 - 10

由 $\overline{M}_1$ 图自乘得

$$\delta_{11} = \frac{1}{EI} \left(\frac{l}{2} \cdot \frac{2}{3} \right) = \frac{l}{3EI}$$

③ 画基本结构荷载作用下的弯矩 M_P 图，如图 6 - 10d 所示。由 M_P 图与 $\overline{M}_1$ 图图乘得

$$\Delta_{1P} = \frac{1}{EI} \left(\frac{l}{2} \cdot \frac{ql^2}{8} \cdot \frac{1}{3} \right) = \frac{ql^3}{48EI}$$

④ 将系数 δ_{11} 和常数项 Δ_{1P} 代入基本方程，得

$$\frac{l}{3EI} X_1 + \frac{ql^3}{48EI} = 0$$

解方程，得基本未知量为

$$X_1 = -\frac{1}{16}ql^2$$

⑤ 利用叠加法 $M = \overline{M}_1 X_1 + M_P$，将 $\overline{M}_1$ 图与 M_P 图叠加，得梁的弯矩图，如图 6-11 所示。

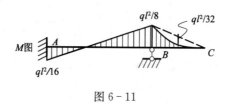

图 6-11

【例 6-3】 用力法解图 6-12a 所示刚架，并画弯矩图。

解

① 图 6-12a 所示刚架为一次超静定，取支座 C 的约束反力为基本未知量 X_1，基本结构如图 6-12b 所示，基本方程为

$$\delta_{11} X_1 + \Delta_{1P} = 0$$

② 令 $X_1 = 1$，画基本结构的弯矩 $\overline{M}_1$ 图，如图 6-12c 所示。由 $\overline{M}_1$ 图自乘得

$$\delta_{11} = \frac{1}{EI}\left(\frac{l^2}{2} \cdot \frac{2l}{3} + l^3\right) = \frac{4l^3}{3EI}$$

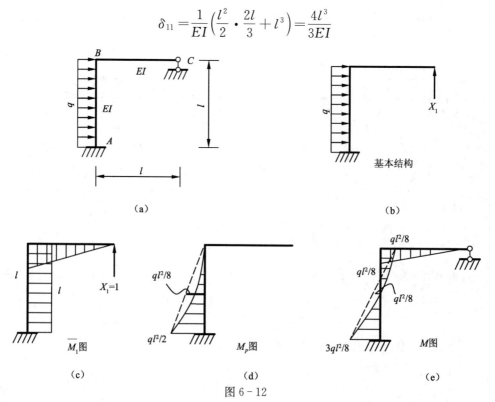

图 6-12

③ 画基本结构荷载作用下的弯矩 M_P 图，如图 6‒12d 所示。由 M_P 图与 $\overline{M}_1$ 图图乘得

$$\Delta_{1P} = -\frac{1}{EI}\left(\frac{l}{2}\cdot\frac{ql^2}{2} - \frac{2l}{3}\cdot\frac{ql^2}{8}\right)\cdot l = -\frac{ql^4}{6EI}$$

④ 将系数 δ_{11} 和常数项 Δ_{1P} 代入基本方程，得

$$\frac{4l^3}{3EI}X_1 - \frac{ql^4}{6EI} = 0$$

解方程，得基本未知量为

$$X_1 = \frac{1}{8}ql$$

⑤ 利用叠加法 $M = \overline{M}_1 X_1 + M_P$，将 $\overline{M}_1$ 图与 M_P 图叠加，得刚架的弯矩图，如图 6‒12e 所示。

【例 6‒4】用力法解图 6‒13a 所示刚架，并画弯矩图。

解

① 图 6‒13a 所示刚架为二次超静定，取固定铰支座 B 的约束反力为基本未知量 X_1、X_2，基本结构如图 6‒13b 所示，基本方程为

$$\left.\begin{array}{l}\delta_{11}X_1 + \delta_{12}X_2 + \Delta_{1P} = 0\\\delta_{21}X_1 + \delta_{22}X_2 + \Delta_{2P} = 0\end{array}\right\}$$

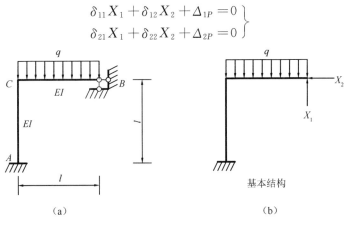

（a） （b）

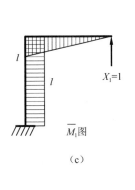
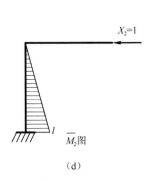
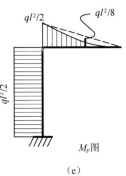

（c） （d） （e）

图 6‒13

② 令 $X_1=1$，画基本结构的弯矩 $\overline{M}_1$ 图，如图 6-13c 所示；令 $X_2=1$，画基本结构的弯矩 $\overline{M}_2$ 图，如图 6-13d 所示。

③ 画基本结构荷载作用下的弯矩 M_P 图，如图 6-13e 所示。

由式（6-7），应用图乘法计算各项系数和常数项，得

$$\delta_{11}=\frac{1}{EI}\left(\frac{1}{2}\cdot l\cdot l\cdot\frac{2l}{3}+l\cdot l\cdot l\right)=\frac{4l^3}{3EI}$$

$$\delta_{12}=\delta_{21}=\frac{1}{EI}\left(\frac{1}{2}\cdot l\cdot l\cdot l\right)=\frac{l^3}{2EI}$$

$$\delta_{22}=\frac{1}{EI}\left(\frac{1}{2}\cdot l\cdot l\cdot\frac{2l}{3}\right)=\frac{l^3}{3EI}$$

$$\Delta_{1P}=-\frac{1}{EI}\left[\left(\frac{1}{2}\cdot l\cdot\frac{ql^2}{2}\cdot\frac{2l}{3}-\frac{2}{3}\cdot l\cdot\frac{ql^2}{8}\cdot\frac{l}{2}\right)+l\cdot\frac{ql^2}{2}\cdot l\right]=-\frac{5ql^4}{8EI}$$

$$\Delta_{2P}=-\frac{1}{EI}\left(l\cdot\frac{ql^2}{2}\cdot\frac{l}{2}\right)=-\frac{ql^4}{4EI}$$

④ 将系数和常数项代入基本方程，得

$$\frac{4l^3}{3EI}X_1+\frac{l^3}{2EI}X_2-\frac{5ql^4}{8EI}=0$$

$$\frac{l^3}{2EI}X_1+\frac{l^3}{3EI}X_2-\frac{ql^4}{4EI}=0$$

解方程，得基本未知量为

$$X_1=\frac{3}{7}ql，\quad X_2=\frac{3}{28}ql$$

⑤ 利用叠加法 $M=\overline{M}_1X_1+\overline{M}_2X_1+M_P$，将 $\overline{M}_1$ 图、$\overline{M}_2$ 图与 M_P 图叠加，得刚架的弯矩图，如图 6-14 所示。

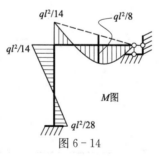

图 6-14

【例 6-5】 用力法解图 6-15a 所示超静定梁，并画内力图。

解

① 图 6-15a 所示梁为三次超静定，取固定端 B 的约束反力为基本未知量 X_1、X_2、X_3，基本结构如图 6-15b 所示，基本方程为

$$\left.\begin{array}{l}\delta_{11}X_1+\delta_{12}X_2+\delta_{13}X_3+\Delta_{1P}=0\\\delta_{21}X_1+\delta_{22}X_2+\delta_{23}X_3+\Delta_{2P}=0\\\delta_{31}X_1+\delta_{32}X_2+\delta_{33}X_3+\Delta_{3P}=0\end{array}\right\}$$

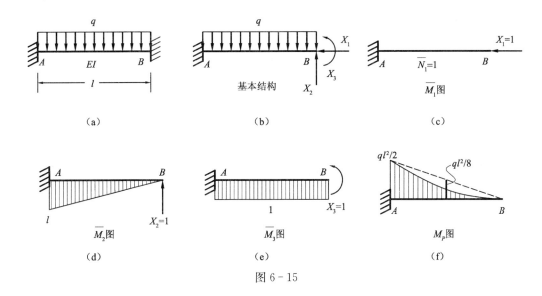

图 6 - 15

② 令 $X_1=1$，画基本结构的弯矩 $\overline{M}_1$ 图，如图 6 - 15c 所示；令 $X_2=1$，画基本结构的弯矩 $\overline{M}_2$ 图，如图 6 - 15d 所示；令 $X_3=1$，画基本结构的弯矩 $\overline{M}_3$ 图，如图 6 - 15e 所示。

③ 画基本结构荷载作用下的弯矩 M_P 图，如图 6 - 15f 所示。

由式（6 - 7），应用图乘法计算各项系数和常数项，得

$$\delta_{11}=\int \frac{\overline{N}_1^2}{EA}\mathrm{d}x=\frac{l}{EA}$$

$$\delta_{22}=\frac{1}{EI}\left(\frac{1}{2}\cdot l\cdot l\cdot \frac{2l}{3}\right)=\frac{l^3}{3EI}$$

$$\delta_{33}=\frac{1}{EI}(1\cdot l\cdot 1)=\frac{l}{EI}$$

$$\delta_{12}=\delta_{21}=\delta_{13}=\delta_{31}=0$$

$$\delta_{23}=\delta_{32}=\frac{1}{EI}\left(\frac{1}{2}\cdot l\cdot 1\right)=\frac{l^2}{2EI}$$

$$\Delta_{1P}=0$$

$$\Delta_{2P}=-\frac{1}{EI}\left(\frac{l}{2}\cdot \frac{ql^2}{2}\cdot \frac{2l}{3}-\frac{2l}{3}\cdot \frac{ql^2}{8}\cdot \frac{l}{2}\right)=-\frac{ql^4}{8EI}$$

$$\Delta_{3P}=-\frac{1}{EI}\left(\frac{l}{2}\cdot \frac{ql^2}{2}-\frac{2l}{3}\cdot \frac{ql^2}{8}\right)\cdot 1=-\frac{ql^3}{6EI}$$

④ 将系数和常数项代入基本方程，得

$$\left.\begin{array}{l}\dfrac{l}{EA}X_1=0\\[2mm]\dfrac{l^3}{3EI}X_2+\dfrac{l^2}{2EI}X_3-\dfrac{ql^4}{8EI}=0\\[2mm]\dfrac{l^2}{2EI}X_2+\dfrac{l}{EI}X_3-\dfrac{ql^3}{6EI}=0\end{array}\right\}$$

解方程，得基本未知量为

$$
\left.
\begin{array}{l}
X_1 = 0 \\[2mm]
X_2 = \dfrac{ql}{2} \\[2mm]
X_3 = -\dfrac{ql^2}{12}
\end{array}
\right\}
$$

⑤ 利用叠加法 $M = \overline{M}_1 X_1 + \overline{M}_2 X_2 + \overline{M}_3 X_3 + M_P$ ，将 $\overline{M}_1$ 图、$\overline{M}_2$ 图、$\overline{M}_3$ 图与 M_P 图叠加，得该梁的弯矩图，如图 6-16a 所示。根据静力平衡条件画梁的剪力图，如图 6-16b 所示。

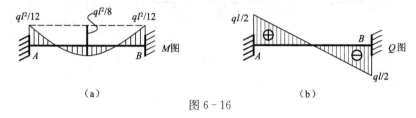

图 6-16

2. 力法解超静定桁架

力法解超静定桁架与力法解超静定梁和刚架的原理是相同的，基本方程都是变形协调方程式（6-4）。不同的是，梁和刚架中杆件以弯曲变形为主，轴向变形可忽略不计，而桁架中杆件只有轴向变形。因此，力法解超静定桁架时，基本方程式（6-4）中的系数和常数项的确定应改为

$$
\left.
\begin{array}{l}
\delta_{ii} = \sum \displaystyle\int \dfrac{\overline{N}_i^{\,2}}{EA}\,\mathrm{d}x \\[4mm]
\delta_{ij} = \delta_{ji} = \displaystyle\int \dfrac{\overline{N}_i \overline{N}_j}{EA}\,\mathrm{d}x \\[4mm]
\Delta_{iP} = \displaystyle\int \dfrac{\overline{N}_i N_P}{EA}\,\mathrm{d}x
\end{array}
\right\}
\tag{6-9}
$$

计算步骤与解超静定梁和刚架相同。

【例 6-6】用力法求图 6-17a 所示桁架各杆轴力，杆的 EA 为常数。

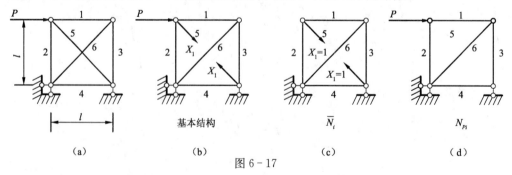

图 6-17

解

① 图 6-17a 所示桁架为一次超静定，取 5 杆为多余约束，5 杆的轴力为基本未知量

$X_1 = N_5$。去掉 5 杆得基本结构，如图 6‐17b 所示。基本方程为

$$\delta_{11}X_1 + \Delta_{1P} = 0$$

② 令 $X_1 = 1$，求各杆轴力 $\overline{N}_i$，列于下表，由式（6‐9）计算系数，得

$$\delta_{11} = \sum \frac{\overline{N}_i^2 l_i}{EA} = \frac{1/2 \cdot l}{EA} \cdot 4 + \frac{\sqrt{2}\,l}{EA} = \frac{2(1+\sqrt{2})l}{EA}$$

③ 计算基本结构荷载作用下的各杆轴力 N_{Pi}，列于下表，由式（6‐9）计算常数项，得

$$\Delta_{1P} = \sum \frac{\overline{N}_i N_{Pi} l_i}{EA} = \frac{(\sqrt{2}/2)Pl}{EA} \cdot 2 + \frac{2Pl}{EA} = \frac{(2+\sqrt{2})Pl}{EA}$$

	1	2	3	4	5	6
$\overline{N}_i$	$-\sqrt{2}/2$	$-\sqrt{2}/2$	$-\sqrt{2}/2$	$-\sqrt{2}/2$	1	1
N_{Pi}	$-P$	0	$-P$	0	0	$\sqrt{2}P$
l_i	l	l	l	l	$\sqrt{2}\,l$	$\sqrt{2}\,l$
N_i	$-P/2$	$P/2$	$-P/2$	$P/2$	$-\sqrt{2}P/2$	$\sqrt{2}P/2$

④ 将系数和常数项代入基本方程，得

$$\frac{2(1+\sqrt{2})l}{EA}X_1 + \frac{(2+\sqrt{2})Pl}{EA} = 0$$

解方程，得基本未知量

$$X_1 = -\frac{\sqrt{2}}{2}P$$

⑤ 利用叠加法 $N_i = \overline{N}_i \cdot X_1 + N_{Pi}$，求得各杆轴力，列于上表。

§6‐4　对称结构的计算

工程中许多结构具有对称性，所谓对称指的是结构的几何形状及刚度分布关于某轴为对称。对称结构所受荷载可能也是对称的，或是反对称的。对于一般荷载，也可将其分解为对称荷载和反对称荷载。

1. 对称结构的受力特性

图 6‐18a 所示为单跨对称刚架，将刚架沿对称轴部位截开，如图 6‐18b 所示。截面内力中，轴力 N、弯矩 M 是对称的，属对称内力；剪力 Q 是反对称的，属反对称内力。

对称结构在对称荷载作用下，支座反力、内力、变形都是对称的，在对称轴截面上只有对称内力（轴力 N、弯矩 M）。

对称结构在反对称荷载作用下，支座反力、内力、变形都是反对称的，在对称轴截面上只有反对称内力（剪力 Q）。

根据对称结构这一受力特性，可取其一半计算，这样可降低超静定次数，减少计算量。

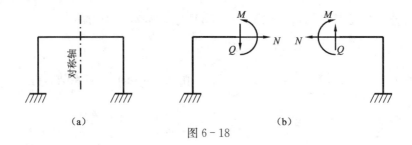

（a）   （b）

图 6 - 18

2. 等代结构

利用对称性，使所取的一半结构，其内力、变形等与原结构完全相同，于是就可等效的代替原结构进行计算，这样的一半结构称为等效代替结构，简称为等代结构（或半边结构）。

（1）对称轴处无立柱

奇数跨对称结构，对称轴处无立柱。在对称荷载作用下，变形是对称的，对称轴处截面无转角和侧向位移，如图 6 - 19a 所示；内力是对称的，对称轴处截面无剪力，如图 6 - 19b 所示。因此，所取等代结构，对称轴处截面应为滑动支座，如图 6 - 19c 所示。

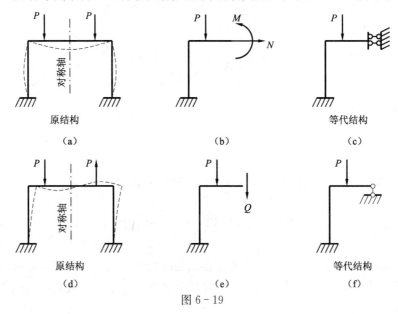

原结构   （b）   等代结构

（a）   （c）

原结构   （e）   等代结构

（d）   （f）

图 6 - 19

在反对称荷载作用下，变形是反对称的，对称轴处截面无竖向位移，但可以有转角和侧向位移，如图 6 - 19d 所示；内力是反对称的，对称轴处截面无轴力和弯矩，如图 6 - 19e 所示。因此，所取等代结构，对称轴处截面应为可动铰支座，如图 6 - 19 f 所示。

（2）对称轴处有立柱

偶数跨对称结构，对称轴处有立柱。在对称荷载作用下，变形是对称的，对称轴处截面既无转角、侧向位移，也无竖向位移，如图 6 - 20a 所示。半结构与中间结点的内力关系如图 6 - 20b、c 所示，结构内力仍然对称。因此，所取等代结构，对称轴处截面应为固定端约束，如图 6 - 20d 所示。

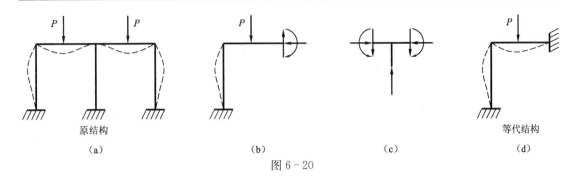

原结构　（a）　（b）　（c）　等代结构　（d）

图 6 - 20

在反对称荷载作用下，变形是反对称的，对称轴处截面无竖向位移，但可以有转角和侧向位移，立柱有弯曲变形，如图 6 - 21a 所示。将中柱沿对称轴剖开，分为左右两部分，如图 6 - 21b、c 所示。半中柱的抗弯刚度减半，轴力反向，之和为零，结构内力仍然反对称。所取等代结构，如图 6 - 21d 所示。

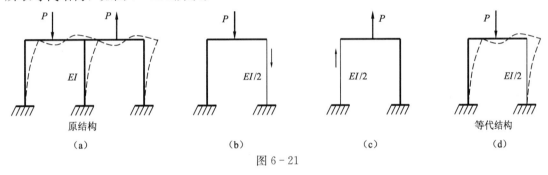

原结构　（a）　（b）　（c）　等代结构　（d）

图 6 - 21

上面就常见两种对称结构的等代结构确定做以介绍，对称结构的形式多种多样，等代结构还是要根据对称结构的变形和内力特性来确定。

【例 6 - 7】 用力法解图 6 - 22a 所示刚架，并画弯矩图。

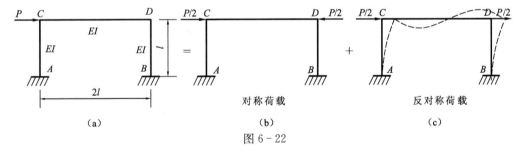

（a）　对称荷载　（b）　反对称荷载　（c）

图 6 - 22

解 图 6 - 22a 所示刚架为三次超静定对称结构，将荷载分解为对称荷载（图 6 - 22b）和反对称荷载（图 6 - 22c）。对称荷载沿 CD 杆轴线作用，刚架无弯曲变形，各杆无弯矩，只有 CD 杆有轴力。反对称荷载作用下，刚架的内力和变形为反对称，如图 6 - 22c 所示。

反对称荷载作用下，刚架的等代结构如图 6 - 23a 所示，为一次超静定结构。取基本结构如图 6 - 23b 所示，基本方程为

$$\delta_{11}X_1 + \Delta_{1P} = 0$$

基本结构的 $\overline{M}_1$ 图和 M_P 图如图 6-23c、d 所示。

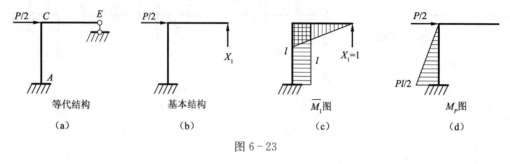

图 6-23

$$\delta_{11} = \frac{1}{EI}\left(\frac{1}{2}l^2 \cdot \frac{2}{3}l + l^2 \cdot l\right) = \frac{4l^3}{3EI}$$

$$\Delta_{1P} = -\frac{1}{EI}\left(\frac{l}{2} \cdot \frac{Pl}{2} \cdot l\right) = -\frac{Pl^3}{4EI}$$

将系数和常数项代入基本方程并求解，得

$$\frac{4l^3}{3EI}X_1 - \frac{Pl^3}{4EI} = 0, \quad X_1 = \frac{3P}{16}$$

利用叠加法和对称性画刚架的弯矩图，如图 6-24 所示。

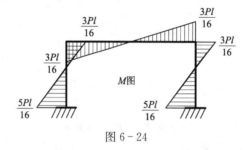

图 6-24

【例 6-8】用力法解图 6-25a 所示刚架，并画弯矩图。各杆 $EI=$ 常数。

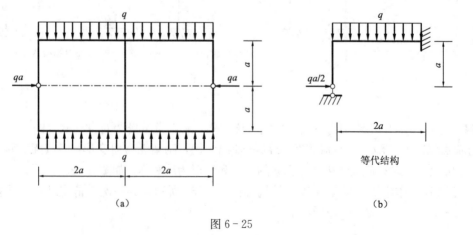

图 6-25

解 图 6-25a 所示刚架为四次超静定双向对称结构，受双向对称荷载作用，可取刚架的 1/4 计算。左右为双跨，对称轴处有立柱，应作为固定端约束；上下为单跨，对称轴处有铰链，允许所连杆端有转角和水平位移，要满足变形对称，不能有竖向位移，因此应作为可动铰支座。等代结构如图 6-25b 所示，取等代结构时，作用在对称轴处的集中荷载应取一半。

等代结构为一次超静定，取可动铰支座为多余约束，基本结构如图 6-26a 所示。基本方程为

$$\delta_{11}X_1 + \Delta_{1P} = 0$$

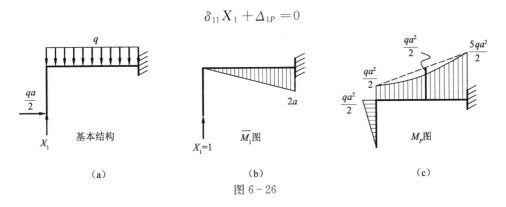

图 6-26

基本结构的 $\overline{M}_1$ 图和 M_P 图如图 6-26b、c 所示。

$$\delta_{11} = \frac{1}{EI}\left(\frac{1}{2} \cdot 4a^2 \cdot \frac{4}{3}a\right) = \frac{8a^3}{3EI}$$

$$\Delta_{1P} = -\frac{1}{EI}\left(\frac{qa^2}{2} \cdot 2a \cdot a + \frac{1}{2} \cdot 2a \cdot 2qa^2 \cdot \frac{4}{3}a - \frac{2}{3} \cdot 2a \cdot \frac{qa^2}{2} \cdot a\right) = -\frac{3qa^4}{EI}$$

将系数和常数项代入基本方程并求解，得

$$\frac{8a^3}{3EI}X_1 - \frac{3qa^4}{EI} = 0, \quad X_1 = \frac{9}{8}qa$$

利用叠加法和对称性画刚架的弯矩图，如图 6-27 所示。

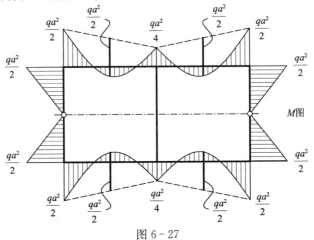

图 6-27

§6-5 温度改变和支座移动时超静定结构的内力计算

工程结构除受荷载作用外，还常受到温度改变、支座移动等非荷载因素的作用。非荷载因素作用下结构是否会产生内力，取决于结构的变形和位移是否受限制。静定结构无多余约束，当温度改变或支座移动时，其变形和位移并不受到限制，因此不会产生内力。而超静定结构，当受到温度改变、支座移动等非荷载因素作用时，因有多余约束，其变形和位移会受到多余约束的限制，因此会产生内力。

1. 温度改变时超静定结构的内力计算

用力法计算超静定结构因温度改变而引起的内力与荷载作用下的内力计算并无不同，只不过将基本方程中的常数项由荷载作用 Δ_{iP} 改为温度改变作用 Δ_{it}。基本方程式（6-5）改写为

$$\delta_{ij}X_j + \Delta_{it} = 0 \, (i,j=n) \tag{6-10}$$

Δ_{it} 为基本结构在温度改变作用下的位移，可用上一章虚功原理求之，即

$$\Delta_{it} = \sum \int \overline{M}_i \frac{\alpha \Delta t}{h} \mathrm{d}s + \sum \int \overline{N}_i \alpha t_0 \mathrm{d}s = \sum \frac{\alpha \Delta t}{h} A_{\overline{M}_i} + \sum \alpha t_0 A_{\overline{N}_i} \tag{6-11}$$

因基本结构是静定的，非荷载因素作用不会引起基本结构的内力，超静定结构的内力仅由多余约束反力产生，故应用叠加原理，需将式（6-8）改写为

$$\left. \begin{array}{l} M = \sum \overline{M}_i X_i \\ Q = \sum \overline{Q}_i X_i \\ N = \sum \overline{N}_i X_i \end{array} \right\} \tag{6-12}$$

【例6-9】用力法解图6-28a所示刚架因温度改变引起的弯矩，并画弯矩图。各杆截面为矩形，$h = l/10$，$EI =$ 常数，材料线膨胀系数为 α。

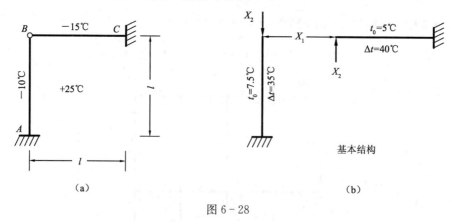

图 6-28

解 图6-28a所示刚架为二次超静定结构，将铰链 B 拆开，得基本结构如图6-28b所示。

基本方程为

$$\left.\begin{array}{l}\delta_{11}X_1+\delta_{12}X_2+\Delta_{1t}=0\\\delta_{21}X_1+\delta_{22}X_2+\Delta_{2t}=0\end{array}\right\}$$

令 $X_1=1$，画 $\overline{M}_1$、$\overline{N}_1$ 图，如图 6-29a 所示；令 $X_2=1$，画 $\overline{M}_2$、$\overline{N}_2$ 图，如图 6-29b 所示。

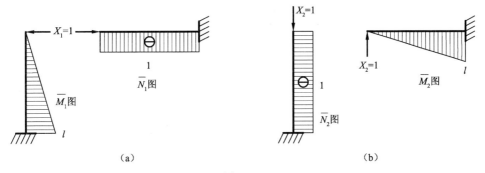

图 6-29

$$\delta_{11}=\delta_{22}=\frac{1}{EI}\left(\frac{1}{2}l^2\cdot\frac{2}{3}l\right)=\frac{l^3}{3EI}$$

$$\delta_{12}=\delta_{21}=0$$

由式（6-11）和图 6-29a，得

$$\Delta_{1t}=\sum\frac{\alpha\Delta t}{h}A_{\overline{M}_1}+\sum\alpha t_0A_{\overline{N}_1}=\frac{\alpha\cdot35}{h}\cdot\frac{l^2}{2}-\alpha\cdot5\cdot l=170\alpha l$$

由式（6-11）和图 6-29b，得

$$\Delta_{2t}=\sum\frac{\alpha\Delta t}{h}A_{\overline{M}_2}+\sum\alpha t_0A_{\overline{N}_2}=\frac{\alpha\cdot40}{h}\cdot\frac{l^2}{2}-\alpha\cdot7.5\cdot l=192.5\alpha l$$

将系数和常数项代入基本方程，得

$$\left.\begin{array}{l}\dfrac{l^3}{3EI}X_1+170\alpha l=0\\[3mm]\dfrac{l^3}{3EI}X_2+192.5\alpha l=0\end{array}\right\}$$

解方程，得

$$\left.\begin{array}{l}X_1=-\dfrac{510\alpha}{l^2}EI\\[3mm]X_2=-\dfrac{577.5\alpha}{l^2}EI\end{array}\right\}$$

由式（6-12）画刚架的弯矩图，如图 6-30 所示。

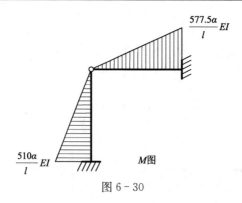

图 6 - 30

2. 支座移动时超静定结构的内力计算

支座移动时超静定结构的内力计算，原则上与前面所述情况并无不同，只是基本方程中常数项应改为基本结构因支座移动而引起的位移，即

$$\Delta_{ic} = -\sum \overline{R}_k c_k$$

基本方程的右边应为超静定结构支座移动时的实际位移。

图 6 - 31a 所示为二次超静定刚架，支座 B 发生移动。若取图 6 - 31b 所示的基本结构和基本未知量，变形的协调条件为：X_1 方向的线位移 $\Delta_1 = \Delta_{Bx} = c_1$；$X_2$ 方向的角位移 $\Delta_2 = \theta_A = 0$。基本方程为

$$\left.\begin{array}{l} \delta_{11}X_1 + \delta_{12}X_2 + \Delta_{1c} = c_1 \\ \delta_{21}X_1 + \delta_{22}X_2 + \Delta_{2c} = 0 \end{array}\right\}$$

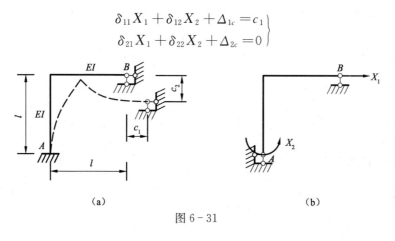

（a）　　　　　　　　　　　　　（b）

图 6 - 31

其中常数项 Δ_{1c}、Δ_{2c} 为基本结构由于支座移动引起的 1、2 方向的位移，代替了前面基本方程中由荷载引起的 1、2 方向的位移 Δ_{1P}、Δ_{2P}。

【例 6 - 10】 图 6 - 32a 所示梁固端 A 发生转角 θ，用力法求解，并画弯矩图。

解 1　图 6 - 32a 所示梁为一次超静定，取基本结构、基本未知量如图 6 - 32b 所示，基本方程为

$$\delta_{11}X_1 + \Delta_{1c} = 0$$

令 $X_1 = 1$，画 $\overline{M}_1$，如图 6 - 32c 所示；基本结构因支座移动引起的位移如图 6 - 32d 所示。

134

$$\delta_{11} = \frac{1}{EI}\left(\frac{l^2}{2} \cdot \frac{2l}{3}\right) = \frac{l^3}{3EI}$$

$$\Delta_{1c} = -(l \cdot \theta) = -l\theta$$

将系数和常数项代入基本方程并求解，得

$$\frac{l^3}{3EI}X_1 - l\theta = 0 , \quad X_1 = \frac{3EI}{l^2}\theta$$

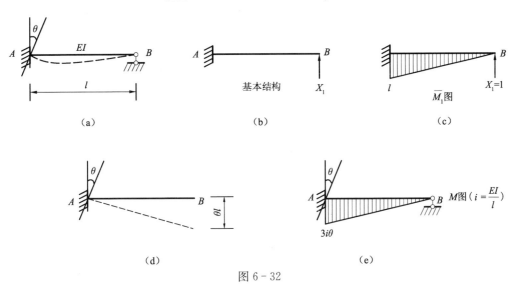

图 6 - 32

由式（6-12）画梁的弯矩图，如图 6-32e 所示。

解 2　取基本结构、基本未知量如图 6-33b 所示，基本方程为

$$\delta_{11}X_1 = \theta$$

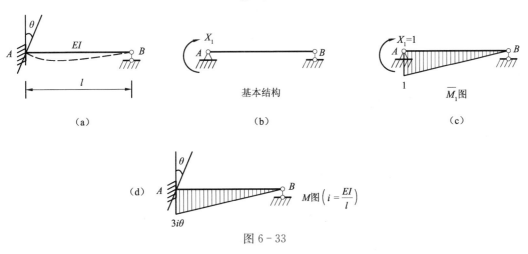

图 6 - 33

令 $X_1 = 1$，画 $\overline{M}_1$，如图 6-33c 所示。

$$\delta_{11} = \frac{1}{EI}\left(\frac{l}{2} \cdot \frac{2}{3}\right) = \frac{l}{3EI}$$

135

代入基本方程并求解，得

$$\frac{l}{3EI}X_1 = \theta, \quad X_1 = \frac{3EI}{l}\theta$$

由式（6-12）画梁的弯矩图，如图6-33d所示。

【例 6-11】力法解图6-34a所示组合梁因支座移动产生的弯矩，并画弯矩图。各杆 $EI =$ 常数。

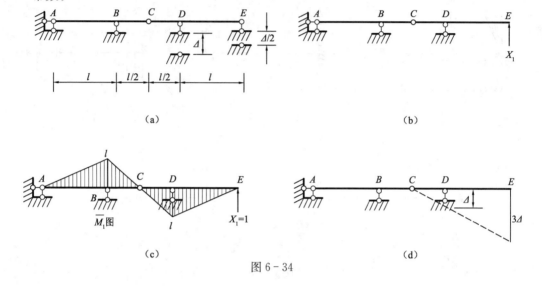

（a）

（b）

（c）

（d）

图 6-34

解 图6-34a所示组合梁为一次超静定，取支座 E 为多余约束，基本结构、基本未知量如图6-34b所示，基本方程为

$$\delta_{11}X_1 + \Delta_{1c} = -\frac{\Delta}{2}$$

令 $X_1 = 1$，画 $\overline{M}_1$，如图6-34c所示；基本结构因支座移动引起的位移如图6-34d所示。

$$\delta_{11} = \frac{1}{EI}\left(\frac{l^2}{2} \cdot \frac{2l}{3} + \frac{1}{2} \cdot \frac{l}{2} \cdot l \cdot \frac{2l}{3}\right) \cdot 2 = \frac{l^3}{EI}$$

$$\Delta_{1c} = -3\Delta$$

将系数和常数项代入基本方程并求解，得

$$\frac{l^3}{EI}X_1 - 3\Delta = -\frac{\Delta}{2}, \quad X_1 = \frac{5\Delta}{2l^3}EI$$

由式（6-12）画梁的弯矩图，如图6-35所示。

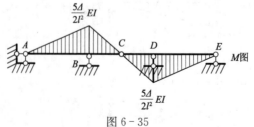

图 6-35

§6−6　超静定结构的位移计算

上一章介绍的变形体的虚功原理，不仅可用来计算静定结构的位移，同样也可用来计算超静定结构的位移。例如，图 6-36a 所示两端固定的超静定梁，受均布荷载作用，欲求跨中 C 点的挠度。需先用力法计算，画出该梁的弯矩 M 图，如图 6-36b 所示；然后在 C 点施加竖向单位荷载，如图 6-36c 所示，再用力法计算，画出该梁的弯矩 $\overline{M}$ 图，如图 6-36d 所示。余下就可用图乘法计算 C 点的挠度。

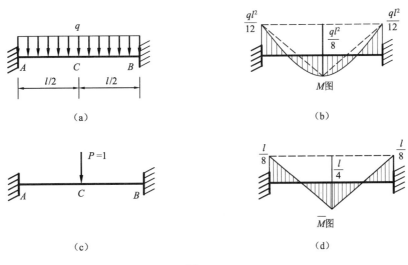

图 6-36

将弯矩 M 图的一半分解为矩形、三角形和标准抛物线形的叠加，形心所对应 $\overline{M}$ 图的竖标分别为 0、$l/24$ 和 0，于是得

$$\Delta_C = \frac{1}{EI}\left(\frac{1}{2}\cdot\frac{l}{2}\cdot\frac{ql^2}{8}\cdot\frac{l}{24}\cdot 2\right) = \frac{ql^4}{384EI}$$

上述计算比较麻烦，因需进行两遍超静定结构的计算，即实际荷载和单位荷载作用的超静定结构计算。对于超静定结构只要求出多余约束反力，即可将多余约束去掉，代之以约束反力，并将多余约束反力视作外荷载，基本结构在荷载和多余约束反力作用下的内力和变形与原超静定结构完全相同。这样，超静定结构的位移计算就转化为静定结构的位移计算。静定结构位移计算的所有方法都可用于超静定结构的位移计算。

超静定结构的基本结构不是唯一的，可有多种选择。应用虚功原理计算超静定梁或刚架的位移时，只要作出超静定结构的弯矩 M 图，可任选一基本结构作 $\overline{M}$ 图，由图乘法计算之。如计算图 6-36a 所示超静定梁跨中 C 点的挠度，用力法作出梁的弯矩 M 图后，可取图 6-37 不同形式的基本结构作 $\overline{M}$ 图。

用图 6-36b 的 M 图分别与图 6-37 的 $\overline{M}$ 图图乘，都可求得超静定梁跨中 C 点的挠度。

用图乘法计算超静定梁、刚架位移的方法步骤如下：

① 用力法解超静定梁、刚架，并画弯矩 M 图；

② 任选一基本结构，虚拟力状态，画 $\overline{M}$ 图；

③ 由 M 图与 $\overline{M}$ 图图乘求指定位移。

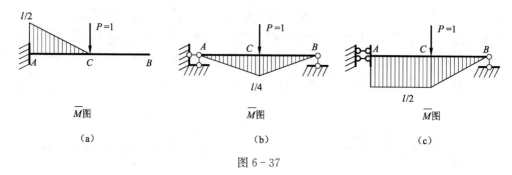

图 6-37

【例 6-12】 求图 6-38a 所示刚架 C 点的水平位移 Δ_{Cx} 和刚结点 B 的转角 θ_B。

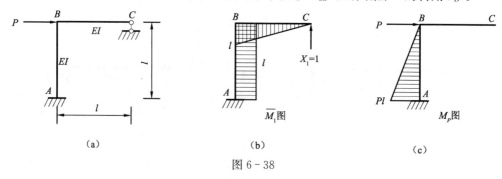

图 6-38

解

① 图 6-38a 所示刚架为一次超静定，取可动铰支座 C 为多余约束，去掉支座 C 得基本结构。令 $X_1 = 1$，画 $\overline{M}_1$，如图 6-38b 所示；基本结构荷载作用下的弯矩图，如图 6-38c 所示。由图乘得系数和常数项为

$$\delta_{11} = \frac{1}{EI}\left(\frac{l^2}{2} \cdot \frac{2l}{3} + l^3\right) = \frac{4l^3}{3EI}$$

$$\Delta_{1P} = -\frac{1}{EI}\left(\frac{Pl^2}{2} \cdot l\right) = -\frac{Pl^3}{2EI}$$

将系数和常数项代入基本方程并求解，得

$$\frac{4l^3}{3EI} X_1 - \frac{Pl^3}{2EI} = 0, \quad X_1 = \frac{3}{8}P$$

由 $M = \overline{M}_1 \cdot X_1 + M_P$ 画刚架的弯矩 M 图，如图 6-39a 所示。

② 仍取图 6-38b 所示基本结构，在 C 点加单位力，画弯矩 $\overline{M}$ 图，如图 6-39b 所示；在 B 点加单位力偶，画弯矩 $\overline{M}$ 图，如图 6-39c 所示。

③ 由 M 图与 $\overline{M}$ 图图乘得 C 点的水平位移 Δ_{Cx} 和刚结点 B 的转角 θ_B ，即

$$\Delta_{Cx} = \frac{1}{EI}\left(-\frac{3Pl^2}{8} \cdot \frac{l}{2} + \frac{l}{2} \cdot Pl \cdot \frac{2l}{3}\right) = \frac{7Pl^3}{48EI}$$

$$\theta_B = \frac{1}{EI}\left(-\frac{3Pl^2}{8} + \frac{Pl^2}{2}\right) \cdot 1 = \frac{Pl^2}{8EI}$$

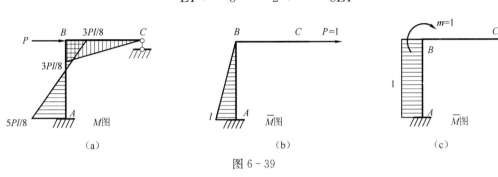

图 6 - 39

§6 - 7 小　结

力法是一种适用于超静定结构受力分析的基本方法，对于同一种结构可以采用不同形式的基本结构，未知量数目是相同的，它是建立在静定结构受力分析基础上，利用静定平衡条件和变形协调条件求解的。本章重点掌握超静定刚架、桁架和组合结构的受力分析计算，对于复杂的对称结构要会利用对称性进行简化计算。

1. 基本概念

超静定结构；超静定次数；力法

（1）超静定结构

超静定结构是具有多余约束的几何不变体系，无法根据静力平衡条件求解结构的全部反力和内力。

由于多余约束的存在，超静定结构的变形受到多余约束的限制，因此超静定结构在支座移动、温度变化等非荷载因素作用下也将产生内力。

（2）超静定次数

超静定次数是超静定结构多余约束的个数，是结构自身的特征，不应因去除多余约束的不同而变化。对于同一种结构，可选择不同方式去掉多余约束而得到不同的静定结构。

在去除多余约束的过程中，不仅要去除外部多余约束，还要去除结构内部的多余约束，但需注意不能将原结构变成一个几何可变体系。

（3）力法

力法是以多余约束反力作为基本未知量，以去掉多余约束后的静定结构作为基本结构，根据基本结构与原超静定结构在多余约束处的变形协调条件，建立基本方程，并求解基本未知量，然后再由静力平衡条件求解其他支反力和内力。

2. 知识要点

（1）荷载作用下的力法基本方程

$$\left.\begin{array}{l}\delta_{11}X_1+\delta_{12}X_2+\cdots+\delta_{1n}X_n+\Delta_{1P}=0\\\delta_{21}X_1+\delta_{22}X_2+\cdots+\delta_{2n}X_n+\Delta_{2P}=0\\\vdots\\\delta_{n1}X_1+\delta_{n2}X_2+\cdots+\delta_{mn}X_n+\Delta_{nP}=0\end{array}\right\}$$

其中，δ_{ij} 表示基本结构在单位力 $X_j=1$ 单独作用下沿 X_i 方向的位移，Δ_{iP} 表示基本结构在荷载单独作用下沿 X_i 方向的位移。根据位移互等定理，有 $\delta_{ij}=\delta_{ji}$。

（2）对称结构的计算

利用对称结构的特性，取半边结构（等代结构）取代原结构，从而降低超静定次数，减少未知量。计算步骤一般为：

① 若荷载不具有对称性，可将一般荷载分解为对称荷载和反对称荷载。

在对称荷载作用下，结构的内力与变形是对称的，反对称内力必为零。在反对称荷载作用下，结构的内力与变形是反对称的，对称内力必为零。

② 确定半边结构。

由于结构和荷载形式多种多样，正确地确定半边结构成为解题的关键。

③ 应用力法计算半边结构，利用对称性补上另一半内力图。

并非所有的对称结构都需利用对称性来计算，尤其是一般荷载，需将荷载分解为对称荷载和反对称荷载，分别计算然后叠加，可能比直接计算还要麻烦。是否利用对称性计算，还需对具体问题进行灵活处理。

（3）温度改变时力法方程

$$\delta_{ij}X_j+\Delta_{it}=0 \quad (i,j=n)$$

其中，$\Delta_{it}=\sum\int\overline{M}_i\dfrac{\alpha\Delta t}{h}\mathrm{d}s+\sum\int\overline{N}_i\alpha t_0\mathrm{d}s=\sum\dfrac{\alpha\Delta t}{h}A_{\overline{M}_i}+\sum\alpha t_0A_{\overline{N}_i}$，表示基本结构由于温度变化引起的沿 X_i 方向的位移。

（4）支座移动时力法方程

$$\delta_{ij}X_j+\Delta_{ic}=\Delta_i(i,j=n)$$

其中，$\Delta_{ic}=-\sum\overline{R}_ic_i$，表示基本结构由于支座移动引起的沿 X_i 方向的位移；Δ_i 表示原结构沿 X_i 方向的支座位移。

（5）超静定结构的位移计算

计算超静定结构位移的步骤一般如下：

① 计算超静定结构的内力，绘制内力图。

② 选择任一基本结构，在拟求位移方向虚设单位荷载，绘制内力图。

③ 利用虚功原理（如图乘法）计算基本结构的位移，该位移即为超静定结构的位移。

习　题

6-1　试确定图示各结构的超静定次数。

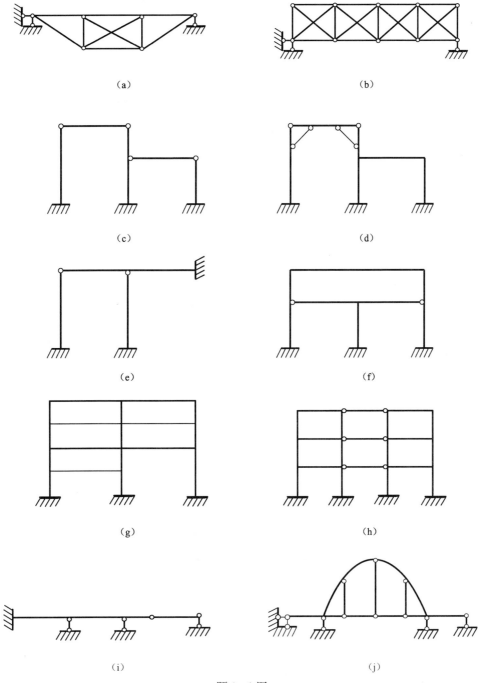

题 6-1 图

6-2　试用力法计算图示各超静定梁，并作 M 图。各杆 EI＝常数。

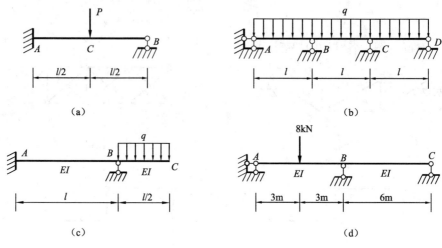

（a）

（b）

（c）

（d）

题 6-2 图

6-3　试用力法计算图示结构，并作 M 图。

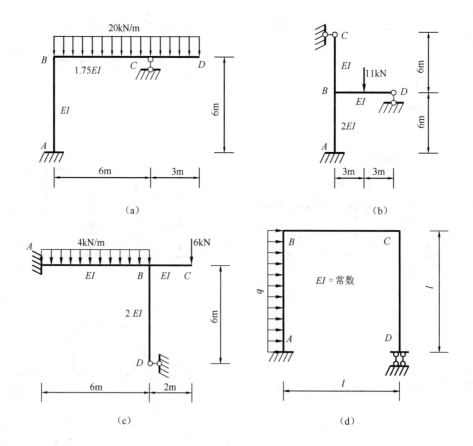

（a）

（b）

（c）

（d）

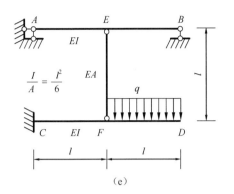

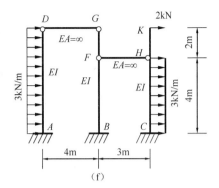

（e）

（f）

题 6 - 3 图

6 - 4 试用力法计算图示超静定桁架，并求各杆轴力。各杆 $EA =$ 常数。

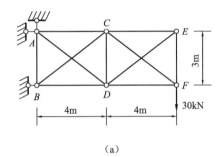

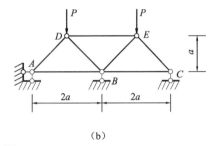

（a）

（b）

题 6 - 4 图

6 - 5 试利用对称性计算图示多跨梁，并绘制 M 图。

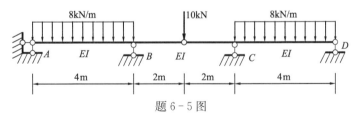

题 6 - 5 图

6 - 6 试利用对称性计算图示超静定刚架，并绘制 M 图。各杆 $EI =$ 常数。

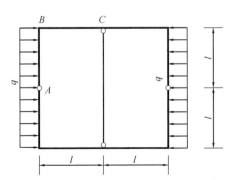

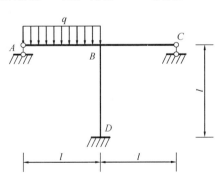

题 6 - 6 图

6-7 用力法计算图示结构，并绘制 M 图。已知受弯杆件的截面刚度为 EI，二力杆的截面刚度为 EA，且 $I=10l^2A$。（外荷载均作用在竖杆的中点）

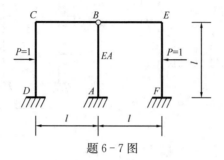

题 6-7 图

第7章 位 移 法

§7-1 位移法的基本概念

位移法是以结点位移作为基本未知量求解杆系结构的变形和内力的一种最基本的方法。主要用于解超静定结构，尤其是高次超静定结构。图 7-1a 所示的三次超静定刚架，用力法解其基本未知量为三个，计算起来很麻烦。若用位移法解，只需解得刚结点 B 的转角 θ_B，就可解出全部杆件的内力。因刚结点所连杆件的杆端截面无相对转动，也就是杆间夹角保持不变，当刚结点 B 转过 θ_B 角时，各杆 B 端截面转过相同的 θ_B 角，此时杆件的内力就可利用上一章力法单跨梁的计算结果方便地写出来。例如 BA 杆按两端固定梁，固端 B 发生转角 θ_B；BC 杆按一端固定、一端铰支梁，固端 B 发生转角 θ_B；BD 杆按一端固定、一端滑动支承梁，固端 B 发生转角 θ_B 和均布荷载共同作用来计算。

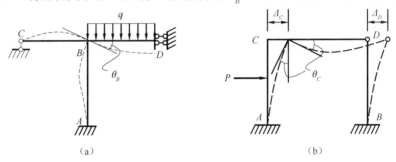

图 7-1

图 7-1b 所示刚架，结点 C、D 还有线位移，此时只需解得刚结点 C 的转角 θ_C 和结点 C、D 的水平线位移 Δ_C、Δ_D（不计轴向变形时 $\Delta_C = \Delta_D$），即可利用单跨梁力法的计算结果。例如 AC 杆按两端固定梁，固端 C 发生转角 θ_C、线位移 Δ_C 和荷载 P 共同作用；CD 杆按一端固定、一端铰支梁，固端 C 发生转角 θ_C；BD 杆按一端固定、一端铰支梁，D 端发生线位移 Δ_D 来计算。

根据上述分析可知位移法基本未知量结点位移中的结点指的是杆与杆的连接点，而与支座相连的杆端位移，图 7-1a 所示刚架中 C 端转角和 D 端线位移不必作为基本未知量，毋须求出。另外图 7-1b 所示刚架中铰结点 D 的杆端转角也不作为基本未知量，毋须求出。

对应于每个基本未知量（结点位移），可建立相应的结点或截面平衡方程，解方程求得结点位移，进而求得各杆的内力。

§7-2 位移法的基本未知量和基本结构

用位移法对结构进行分析时，首先需要确定基本未知量，也就是确定基本未知量的数目和每个基本未知量都是什么。

　　前面已经述及位移法的基本未知量分两部分，一部分是刚结点的角位移（转角），也就是刚结点所连杆件的杆端转角。在位移法中规定杆端转角以顺时针转动为正，反之为负。另一部分是独立结点线位移。当结点发生线位移时，会使所连某些杆的两端发生横向相对线位移，位移法中规定使杆顺时针转动的横向相对线位移为正，反之为负。

　　对于角位移只需考察刚结点即可，并不是任何刚结点都有角位移，还需考虑所连杆件的变形。若所连杆件中有刚性杆，因刚性杆不发生弯曲变形，各截面无相对转角，若刚性杆不发生转动，则所连结点不会转动，没有角位移。例如图 7 - 2a 所示刚架，D、G 为刚结点，对于杆 FE 和 FB 来说，F 也是刚结点，故有三个角位移。图 7 - 2b 所示刚架，因杆 DE 为刚性杆，不会发生弯曲变形，刚结点 D 也不会发生转动，故只有 F、G 两个角位移。

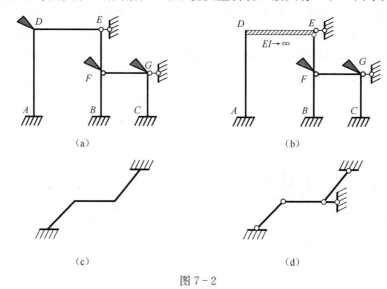

图 7 - 2

　　对于线位移不仅要考察刚结点，还要考察铰结点，主要考察线位移是否独立。若几个线位移不同，则分别作为基本未知量，若几个线位移相同（或几何相关），则只能作一个基本未知量。考察线位移是否独立的依据是以弯曲变形为主的杆件一般不计轴向变形（特殊要求的除外），也就是杆长不变，直杆的两端间距不变。例如图 7 - 2a 所示刚架，AD、BE 杆长不变，结点 D、E 只有水平位移，DE 杆长不变，两点的水平位移相等，只能作一个基本未知量。同理 F、G 两点的水平位移也相等，但与 D、E 两点的水平位移可以不等，故再作一个基本未知量。

　　线位移的确定也可以用几何方法确定。将结构中所有刚结点和固定支座，代之以铰结点和铰支座，分析新体系的几何构造性质，若为几何可变体系，则通过增加支座链杆使其变为无多余联系的几何不变体系，所需增加的链杆数，即为原结构位移法计算时的线位移数。例如，图 7 - 2c 所示刚架，将结构中所有的刚结点及固定支座均换为铰链，如图 7 - 2d 所示，则根据两刚片原则可以看出结构为少一个约束的几何可变体系，需要加一根水平链杆才可以变成无多余约束的几何不变体系，因此结构的线位移只有一个。

　　为了将结构中各杆独立为单跨超静定梁，可在有角位移的刚结点处附加一阻止转动的约束，称为附加刚臂"◣"，图 7 - 2a 所示刚架 D、F、G 刚结点。附加刚臂只阻止刚结点转动，而不阻止其移动。在有独立线位移的结点处沿线位移方向附加链杆以阻止移动，如图 7-2a 所示刚架 E、G 结点处。附加链杆只阻止结点移动，而不阻止其转动。<u>在与所有基本未知量相对应的结点处附加约束后，所得到的结构称为位移法的基本结构。</u>

【**例 7-1**】试确定图 7-3a、b 所示刚架位移法的基本未知量和基本结构。

解 图 7-3a 刚架中，刚结点 D、F、G 有角位移，因 GH 为刚性杆，刚结点 H 无转角。结点 D、E、F 有水平线位移，因三点水平线位移相同，故为一个基本未知量。结点 G、H 有水平线位移，因两点水平线位移相同，也为一个基本未知量。铰结点 E 还有竖向线位移与前两个线位移不同。该刚架位移法的基本未知量共有 6 个，3 个刚结点的角位移和 3 个独立结点线位移，其基本结构如图 7-3c 所示。

图 7-3b 刚架中，刚结点 E、F 有角位移，结点 D、E、F 有水平线位移，因不计杆的轴向变形，三点的水平线位移相同，故为一个基本未知量。该刚架位移法的基本未知量共有 3 个，2 个刚结点的角位移和 1 个独立结点线位移，其基本结构如图 7-3d 所示。

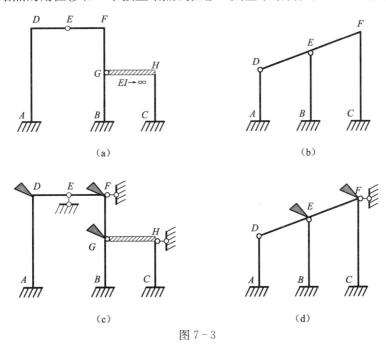

图 7-3

§7-3 等截面直杆的杆端内力

用位移法分析梁和刚架时，其基本结构可分离为图 7-4 所示的独立单跨超静定梁，分别计算在杆端位移和荷载作用下内力，二者叠加可得各杆内力。

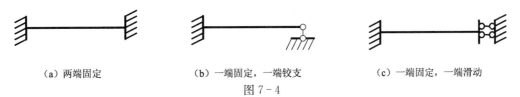

(a) 两端固定　　　　　(b) 一端固定，一端铰支　　　　(c) 一端固定，一端滑动

图 7-4

1. 等截面直杆位移作用的杆端内力

设图 7-4 所示梁为等截面直杆，抗弯刚度为 EI，杆长为 l，令 $i=EI/l$，i 称为杆的线刚度。当杆端有单位位移，即单位转角 $\theta=1$，或两端横向单位线位移 $\Delta=1$ 时，应用力法可求得杆端的内力（弯矩和剪力）。此杆端内力称为杆的刚度系数，因为它们只与杆的截面尺寸和材料性质有关，而与荷载无关，所以又称形常数。将刚度系数乘以杆端的实际位移，可得位移作用下的杆端内力。位移法中规定杆端弯矩以顺时针转向为正，反之为负；杆端剪力正负规定与前述相同。为方便应用，将杆的刚度系数在表 7-1 中列出，表中的弯矩图仍画在杆的受拉一侧。

表 7-1　等截面直杆的刚度系数

序　号	简　　图	弯　矩　图	杆 端 剪 力	
			Q_{AB}	Q_{BA}
1			$-\dfrac{6i}{l}$	$-\dfrac{6i}{l}$
2			$-\dfrac{3i}{l}$	$-\dfrac{3i}{l}$
3			0	0
4			$\dfrac{12i}{l^2}$	$\dfrac{12i}{l^2}$
5			$\dfrac{3i}{l^2}$	$\dfrac{3i}{l^2}$

2. 等截面直杆荷载作用的杆端内力

图 7-4 所示等截面梁受荷载作用，同样可利用力法求得杆端内力。习惯上将荷载作用下的杆端内力称为固端内力（固端弯矩或固端剪力），因为它们只与荷载形式有关，所以又称载常数。为了方便应用，将几种常见荷载的杆端内力在表 7-2 中列出。荷载的形式多种多样，不可能将各种荷载的杆端内力一一列出，更多荷载的杆端内力可查阅其他书籍或直接用力法计算。

表 7－2　等截面直杆荷载作用下的杆端内力

序　号	简　　图	弯　矩　图	杆　端　剪　力	
			Q_{AB}	Q_{BA}
1			$\dfrac{ql}{2}$	$-\dfrac{ql}{2}$
2			$\dfrac{5}{8}ql$	$-\dfrac{3}{8}ql$
3			ql	0
4			$\dfrac{P}{2}$	$-\dfrac{P}{2}$
5			$\dfrac{11}{16}P$	$-\dfrac{5}{16}P$
6			P	0
7			$-\dfrac{3M}{2l}$	$-\dfrac{3M}{2l}$
8			$-\dfrac{9M}{8l}$	$-\dfrac{9M}{8l}$
9			0	0
10			$-\dfrac{3M}{2l}$	$-\dfrac{3M}{2l}$

根据上述分析，可以很容易地建立图 7-4 所示单跨超静定梁在杆端位移和荷载共同作用下杆端弯矩的一般表达式，称为等截面直杆的转角位移方程。再由结构的结点和截面平衡条件即可求得位移法的基本未知量，代入转角位移方程求得杆端弯矩，进而求得杆端剪力。具体作法这里不再赘述。下面将把重点放在如何用位移法的基本方程对结构进行分析。

§7-4 位移法的基本方程

位移法的基本未知量可由基本方程求得，下面通过具体实例导出位移法的基本方程。这里位移法的基本未知量统一用"Δ"表示。

图 7-5a 所示为一超静定刚架，位移法的基本未知量只有一个，刚结点 B 的转角 Δ_1。在结点 B 附加一刚臂，得图 7-5b 所示的基本体系，基本体系的内力和变形应与原结构相同。基本体系所受作用的结果，可分解为基本结构受荷载单独作用（图 7-5c）和基本结构受结点位移单独作用（图 7-5d），二者叠加的结果。设荷载作用下附加刚臂的约束力矩为 F_{1P}，结点位移作用下附加刚臂的约束力矩为 F_{11}。只要满足

$$F_1 = F_{11} + F_{1P} = 0 \tag{a}$$

就等于去掉附加约束，使基本体系恢复到原结构。

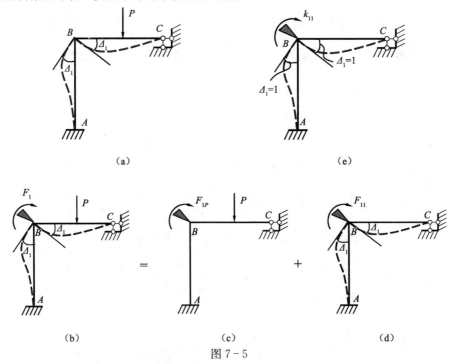

图 7-5

在图 7-5c 中，可根据杆的固端弯矩（表 7-2）和结点 B 的平衡条件求得附加刚臂的约束力矩 F_{1P}。在图 7-5d 中，由于刚结点 B 的转角 Δ_1 是待求的基本未知量，所以附加刚臂的约束力矩 F_{11} 是未知的。若令 $\Delta_1=1$，如图 7-5e 所示，根据杆的刚度系数（表 7-1）和结点 B 的平衡条件可求得附加刚臂的约束力矩 k_{11}。根据线弹性理论可知

$$F_{11} = k_{11} \Delta_1 \qquad\qquad (b)$$

将式（b）代入式（a），得

$$k_{11} \Delta_1 + F_{1P} = 0 \qquad\qquad (7-1)$$

这就是位移法方程。所有一个基本未知量结构的位移法方程都可写成上面形式，所以式（7-1）称为位移法的基本方程。式中 k_{11} 为基本方程的系数，F_{1P} 为常数项。

图 7-6a 所示为一具有两个基本未知量的刚架，一个是刚结点 C 的转角 Δ_1，另一个是结点 C、D 的水平线位移 Δ_2，基本体系如图 7-6b 所示。将其分解为荷载、Δ_1、Δ_2 单独作用，如图 7-6c、d、e 所示，将三者叠加应有

$$\left. \begin{aligned} F_1 = F_{11} + F_{12} + F_{1P} = 0 \\ F_2 = F_{21} + F_{22} + F_{2P} = 0 \end{aligned} \right\} \qquad (c)$$

基本体系恢复到原结构。

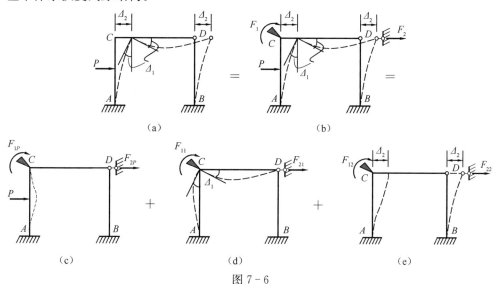

图 7-6

令 $\Delta_1 = 1$ 时，附加约束的约束力矩（或约束力）为 k_{11}、k_{21}；令 $\Delta_2 = 1$ 时，附加约束的约束力矩（或约束力）为 k_{12}、k_{22}。根据线弹性理论式（c）可改写为

$$\left. \begin{aligned} k_{11} \Delta_1 + k_{12} \Delta_2 + F_{1P} = 0 \\ k_{21} \Delta_1 + k_{22} \Delta_2 + F_{2P} = 0 \end{aligned} \right\} \qquad (7-2)$$

式（7-2）为两个基本未知量的位移法基本方程。

以此类推，具有 n 个基本未知量的位移法基本方程应为

$$\left. \begin{aligned} k_{11} \Delta_1 + k_{12} \Delta_2 + \cdots + k_{1n} \Delta_n + F_{1P} = 0 \\ k_{21} \Delta_1 + k_{22} \Delta_2 + \cdots + k_{2n} \Delta_n + F_{2P} = 0 \\ \vdots \\ k_{n1} \Delta_1 + k_{n2} \Delta_2 + \cdots + k_{nn} \Delta_n + F_{nP} = 0 \end{aligned} \right\} \qquad (7-3)$$

式中主对角线的系数 k_{ii} 称为主系数，恒为正值。主对角线两侧的系数 k_{ij} 称为副系数，可正、可负、也可能等于零。系数两个脚标中，前一个脚标对应于附加约束的序号，后一个脚标对应于基本未知量（结点位移）的序号，即 k_{ij} 表示第 i 号附加约束在第 j 号位移 $\Delta_j = 1$ 作用下的约束力（或力矩）。根据反力互等定理，有

$$k_{ij} = k_{ji} \tag{7-4}$$

于是计算量可大为减少，系数 k_{ij} 又称结构的刚度系数。式中常数项 F_{iP} 两个脚标中，前一个脚标对应于附加约束的序号，后一个脚标对应于荷载，即 F_{iP} 表示第 i 号附加约束在荷载作用下的约束力（或力矩）。

系数 k_{ij} 和常数项 F_{iP} 都可通过结点或截面的平衡条件求得，位移法的基本方程实际上就是结构的结点或截面的静力平衡方程。

§7-5 位移法解梁和刚架

无论是超静定结构，还是静定结构，只要有基本未知量就可用位移法求解，若无基本未知量则不能用位移法求解。

图 7-7a 所示为静定刚架，基本未知量有两个，刚结点 B 的转角和水平线位移；图 7-7b 所示为一次超静定刚架，基本未知量与图 7-7a 相同；图 7-7c 所示为二次超静定刚架，基本未知量只有一个，刚结点 B 的转角。此三种情况均可用位移法求解，但静定结构一般用平衡方程求解，若用位移法解则麻烦得多。图 7-7b 所示超静定刚架用力法解只有一个基本未知量，用位移法解则有两个基本未知量，麻烦得多。图 7-7c 所示超静定刚架用力法解有两个基本未知量，用位移法解只有一个基本未知量，简单得多。由此可见位移法适用于解超静定结构，尤其是高次超静定结构。图 7-7d 所示为二次超静定结构，但无位移法的基本未知量，不能用位移法求解。

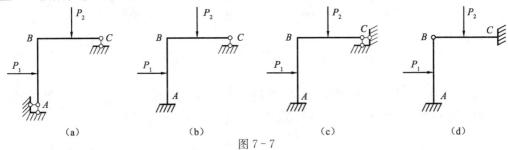

图 7-7

下面以一个基本未知量为例介绍位移法的解题步骤。

① 确定基本未知量、基本结构和基本方程；

② 令 $\Delta_1 = 1$，利用表 7-1 画基本结构的弯矩 $\overline{M}_1$ 图，由结点或截面的平衡条件确定系数 k_{11}。

③ 利用表 7-2 画基本结构荷载作用下的弯矩 M_P 图，由结点或截面的平衡条件确定常数项 F_{1P}。

④ 将系数 k_{11}、常数项 F_{1P} 代入基本方程，求解基本未知量 Δ_1。

⑤ 根据叠加原理

$$M = M_P + \overline{M}_1 \Delta_1 \tag{7-5}$$

画结构最终弯矩 M 图。根据杆端弯矩，应用平衡方程计算杆端剪力和轴力，进而作出剪力图和轴力图。

多基本未知量结构位移法的解题步骤与此类同，只不过需要确定的系数和常数项多些而已。各项作用的弯矩叠加得最终弯矩

$$M = M_P + \overline{M}_1\Delta_1 + \overline{M}_2\Delta_2 + \cdots + \overline{M}_n\Delta_n = M_P + \sum\overline{M}_i\Delta_i \qquad (7-6)$$

【例 7-2】 用位移法解图 7-8a 所示连续梁，并作最终弯矩图。

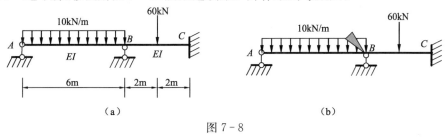

图 7-8

解 位移法解图 7-8a 所示连续梁的基本未知量只有一个，刚结点 B 的转角 $\Delta_1 = \theta_B$，在结点 B 附加刚臂得基本结构，如图 7-8b 所示。

令 $\Delta_1 = 1$，画基本结构的弯矩 $\overline{M}_1$ 图，如图 7-9a 所示。取结点 B 为隔离体，受力如图 7-9c 所示（图中截面只画出弯矩）。根据结点 B 的平衡条件，得

$$\sum M_B = 0 \; ; \; k_{11} - \frac{EI}{2} - EI = 0 \; , \; k_{11} = \frac{3}{2}EI$$

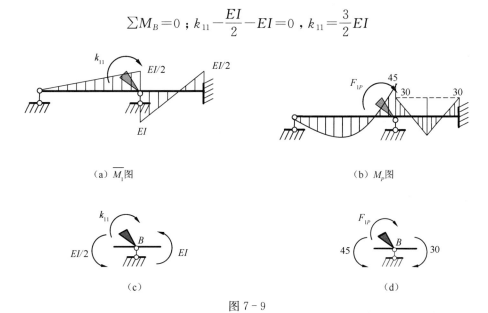

（a）$\overline{M}_1$图 　　　　（b）M_P图

（c）　　　　　　（d）

图 7-9

画基本结构荷载作用下的弯矩 M_P 图，如图 7-9b 所示。取结点 B 为隔离体，受力如图 7-9d 所示（图中截面只画出弯矩）。根据结点 B 的平衡条件，得

$$\sum M_B = 0 ; F_{1P} - 45 + 30 = 0 , F_{1P} = 15\text{kN·m}$$

将系数 k_{11}、常数项 F_{1P} 代入基本方程并求解，得

153

$$\frac{3}{2}EI\Delta_1+15=0\;;\;\Delta_1=-\frac{10}{EI}$$

应用式（7-5），将 M_P 图与 $\overline{M}_1$ 图叠加，得杆端弯矩（顺时针转向为正）

$$M_{AB}=0$$

$$M_{BA}=45+\frac{EI}{2}\Delta_1=45-5=40\ \text{kN·m（上拉）}$$

$$M_{BC}=-30+EI\Delta_1=-30-10=-40\ \text{kN·m（上拉）}$$

$$M_{CB}=30+\frac{EI}{2}\Delta_1=30-5=25\ \text{kN·m（上拉）}$$

画梁的最终弯矩 M 图，如图 7-10 a 所示。

取结点 B 为隔离体（图 7-10b），验证是否满足平衡条件

$$\sum M_B=40-40=0$$

满足平衡条件，结果正确。

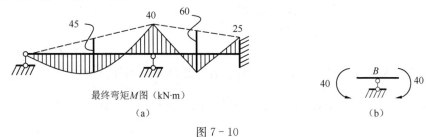

最终弯矩 M 图（kN·m）

（a）

（b）

图 7-10

【**例 7-3**】用位移法解图 7-11a 所示刚架，并作最终弯矩图。

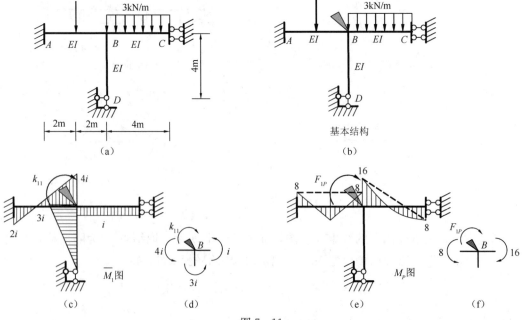

图 7-11

154

解　位移法解图 7 - 11a 所示刚架的基本未知量只有一个，刚结点 B 的转角 $\Delta_1 = \theta_B$，在结点 B 附加刚臂得基本结构，如图 7 - 11b 所示。

令 $\Delta_1 = 1$，画基本结构的弯矩 $\overline{M}_1$ 图，如图 7 - 11c 所示。取结点 B 为隔离体，受力如图 7 - 11d 所示（图中截面只画出弯矩）。根据结点 B 的平衡条件，得

$$\sum M_B = 0 ; k_{11} - 4i - 3i - i = 0, k_{11} = 8i$$

i 为杆的线刚度，$i = EI/l$，各杆的线刚度相同。

画基本结构荷载作用下的弯矩 M_P 图，如图 7 - 11e 所示。取结点 B 为隔离体，受力如图 7 - 11f 所示（图中截面只画出弯矩）。根据结点 B 的平衡条件，得

$$\sum M_B = 0 ; F_{1P} - 8 + 16 = 0, F_{1P} = -8 \text{kN·m}$$

将系数 k_{11}、常数项 F_{1P} 代入基本方程并求解，得

$$8i\Delta_1 - 8 = 0 ; \Delta_1 = \frac{1}{i}$$

应用式（7 - 5），将 M_P 图与 $\overline{M}_1$ 图叠加，得杆端弯矩（顺时针转向为正）

$$M_{AB} = -8 + 2i\Delta_1 = -8 + 2 = -6 \text{ kN·m（上拉）}$$
$$M_{BA} = 8 + 4i\Delta_1 = 8 + 4 = 12 \text{kN·m（上拉）}$$
$$M_{BC} = -16 + i\Delta_1 = -16 + 1 = -15 \text{kN·m（上拉）}$$
$$M_{CB} = -8 - i\Delta_1 = -8 - 1 = -9 \text{kN·m（下拉）}$$
$$M_{BD} = 3i\Delta_1 = 3 \text{kN·m（左拉）}$$
$$M_{DB} = 0$$

画梁的最终弯矩 M 图，如图 7 - 12 a 所示。

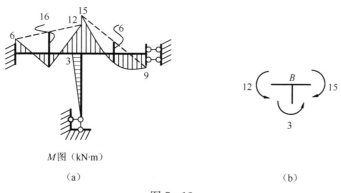

M图（kN·m）

（a）　　　　　　　　　　　　　　　　　（b）

图 7 - 12

取结点 B 为隔离体（图 7 - 12 b），验证是否满足平衡条件

$$\sum M_B = 12 + 3 - 15 = 0$$

满足平衡条件，结果正确。

【例 7 - 4】 用位移法解图 7 - 13a 所示刚架，并作最终弯矩图。AB 为刚性杆，AC、BD 杆的线刚度相同，$i = EI/l = 3$。

解 因 AB 为刚性杆，刚结点 A 无转角，结点 A、B 只有水平线位移且相等，因此位移法解图 7-13a 所示刚架的基本未知量只有一个，$\Delta_1 = \Delta_{Ax} = \Delta_{Bx}$。基本结构如图 7-13b 所示。

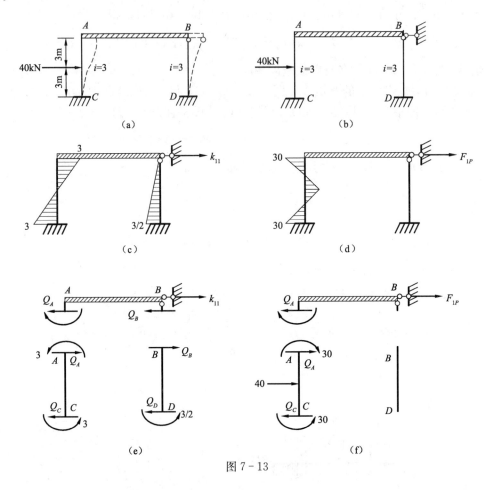

图 7-13

令 $\Delta_1 = 1$，画基本结构的弯矩 $\overline{M}_1$ 图，如图 7-13c 所示。分别取 AC、BD、AB 杆为隔离体，受力如图 7-13e 所示。根据各杆的平衡条件，得

$$\sum M_C = 0; \quad Q_A \cdot 6 - 3 - 3 = 0, \quad Q_A = 1$$

$$\sum M_D = 0; \quad Q_B \cdot 6 - \frac{3}{2} = 0, \quad Q_B = \frac{1}{4}$$

$$\sum X = 0; \quad k_{11} - Q_A - Q_B = 0, \quad k_{11} = \frac{5}{4}$$

画基本结构荷载作用下的弯矩 M_P 图，如图 7-13d 所示。分别取 AC、BD、AB 杆为隔离体，受力如图 7-13f 所示。根据各杆的平衡条件，得

$$\sum M_C = 0; \quad Q_A \cdot 6 + 30 - 30 + 40 \times 3 = 0, \quad Q_A = -20$$

$$\sum X = 0; \quad F_{1P} - Q_A = 0, \quad F_{1P} = -20$$

将系数 k_{11}、常数项 F_{1P} 代入基本方程并求解,得

$$\frac{5}{4}\Delta_1 - 20 = 0 \; ; \; \Delta_1 = 16$$

应用式(7-5),将 M_P 图与 $\overline{M}_1$ 图叠加,得杆端弯矩(顺时针转向为正)

$$M_{AC} = 30 - 3\Delta_1 = 30 - 3 \times 16 = -18 \text{ kN·m}(右拉)$$
$$M_{CA} = -30 - 3\Delta_1 = -30 - 3 \times 16 = -78 \text{kN·m}(左拉)$$
$$M_{BD} = 0$$
$$M_{DB} = -\frac{3}{2}\Delta_1 = -\frac{3}{2} \times 16 = -24 \text{kN·m}(左拉)$$

根据结点 A、B 的平衡条件,可得 AB 杆的杆端弯矩

$$M_{AB} = 18 \text{ kN·m}(下拉), M_{BA} = 0$$

刚架的最终弯矩图如图 7-14 所示。

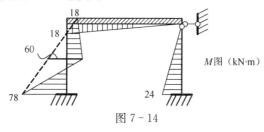

图 7-14

【例 7-5】用位移法解图 7-15a 所示刚架,并作最终弯矩图。

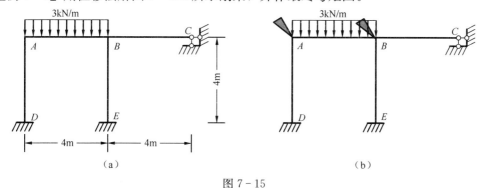

图 7-15

解 位移法解图 7-15a 所示刚架的基本未知量有两个,刚结点 A、B 的转角 $\Delta_1 = \theta_A$ 和 $\Delta_2 = \theta_B$,在结点 A、B 处附加刚臂得基本结构如图 7-15b 所示。基本方程为

$$\left.\begin{array}{l} k_{11}\Delta_1 + k_{12}\Delta_2 + F_{1P} = 0 \\ k_{21}\Delta_1 + k_{22}\Delta_2 + F_{2P} = 0 \end{array}\right\}$$

分别令 $\Delta_1 = 1$ 和 $\Delta_2 = 1$ 画基本结构的弯矩图,如图 7-16 所示。由图 7-16 的 $\overline{M}_1$ 图和 $\overline{M}_2$ 图,根据结点 A、B 的平衡条件,解得系数为

$$k_{11} = 8i, \; k_{21} = 2i = k_{12}, \; k_{22} = 11i$$

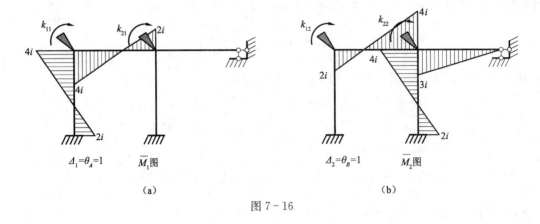

图 7 - 16

画基本结构荷载作用下的弯矩 M_P 图，如图 7 - 17a 所示。根据结点 A、B 的平衡条件，解得常数项为

$$F_{1P} = -4 , F_{2P} = 4$$

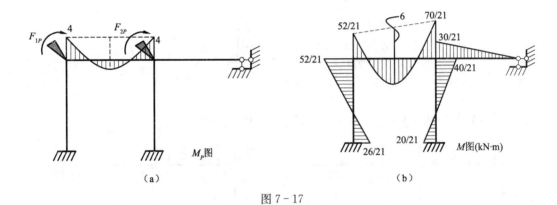

图 7 - 17

将系数和常数项代入基本方程

$$\left. \begin{array}{l} 8i\Delta_1 + 2i\Delta_2 - 4 = 0 \\ 2i\Delta_1 + 11i\Delta_2 + 4 = 0 \end{array} \right\}$$

解方程得基本未知量

$$\left. \begin{array}{l} \Delta_1 = \dfrac{13}{21i} \\ \Delta_2 = -\dfrac{10}{21i} \end{array} \right\}$$

应用叠加法公式（7 - 6）

$$M = M_P + \overline{M}_1 \cdot \Delta_1 + \overline{M}_2 \cdot \Delta_2$$

计算各杆端弯矩，并画最终弯矩图，如图 7 - 17b 所示。

【**例 7-6**】用位移法解图 7-18a 所示刚架，并作最终弯矩图，各杆 EI 为常数。

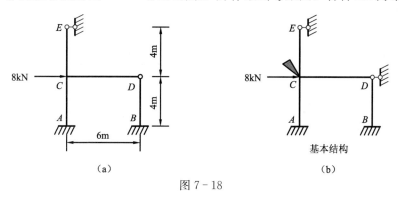

图 7-18

解 用位移法解图 7-18a 所示刚架的基本未知量有两个，一个是刚结点 C 的转角 $\Delta_1 = \theta_C$，另一个是结点 C、D 的水平线位移 $\Delta_2 = \Delta_{Cx} = \Delta_{Dx}$。在结点 C 附加刚臂，在结点 D 沿水平方向附加链杆，得基本结构如图 7-18b 所示。基本方程为

$$
\left.
\begin{aligned}
k_{11}\Delta_1 + k_{12}\Delta_2 + F_{1P} &= 0 \\
k_{21}\Delta_1 + k_{22}\Delta_2 + F_{2P} &= 0
\end{aligned}
\right\}
$$

令 $\Delta_1 = 1$，画基本结构的弯矩 $\overline{M}_1$ 图，如图 7-19a 所示。令结点 C、D 向右有单位 1 的线位移，画基本结构的弯矩 $\overline{M}_2$ 图，如图 7-19b 所示。此线位移对于 CA、DB 杆来说是正的，而对于 CE 杆却是负的，因此在应用杆的刚度系数表 7-1 画弯矩图时应特别注意。

由图 7-19a，根据刚结点 C 的平衡条件，解得系数

$$
k_{11} = EI + \frac{EI}{2} + \frac{3EI}{4} = \frac{9EI}{4}
$$

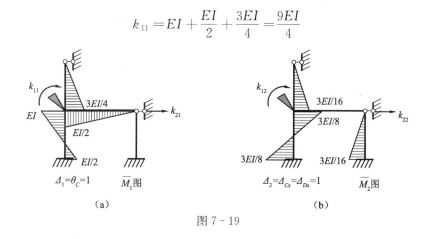

图 7-19

由图 7-19b，根据刚结点 C 的平衡条件，解得系数

$$
k_{12} = -\frac{3EI}{8} + \frac{3EI}{16} = -\frac{3EI}{16} = k_{21}
$$

由图 7-19b 确定系数 k_{22} 时，需取各杆为隔离体，如图 7-20a 所示，图中 CE 杆端的剪力是按实际方向，并非按正的规定画的。

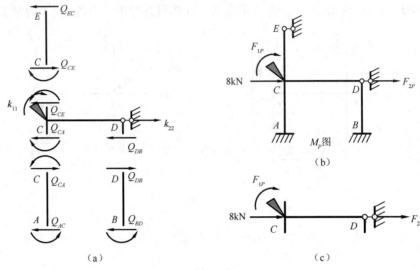

图 7 - 20

根据 CA、CE 和 DB 杆力矩平衡条件，解得 C、D 截面的剪力

$$Q_{CA}=\frac{12EI}{64}\ ,\ Q_{CE}=\frac{3EI}{64}\ ,\ Q_{DB}=\frac{3EI}{64}$$

再由 CD 杆的平衡条件 $\sum X=0$，解得

$$k_{22}=Q_{CA}+Q_{CE}+Q_{DB}=\frac{9EI}{32}$$

画基本结构荷载作用下的弯矩 M_P 图，如图 7-20b 所示。取 CD 杆为隔离体，如图 7-20c 所示。根据平衡条件，解得常数项

$$F_{1P}=0\ ,\ F_{2P}=-8$$

将系数和常数项代入基本方程，得

$$\left.\begin{array}{l}\dfrac{9EI}{4}\Delta_1-\dfrac{3EI}{16}\Delta_2=0\\[2mm]-\dfrac{3EI}{16}\Delta_1+\dfrac{9EI}{32}\Delta_2-8=0\end{array}\right\}$$

解方程，得基本未知量

$$\left.\begin{array}{l}\Delta_1=\dfrac{2.51}{EI}\\[2mm]\Delta_2=\dfrac{30.12}{EI}\end{array}\right\}$$

应用叠加法公式（7-6）

$$M=M_P+\overline{M}_1\cdot\Delta_1+\overline{M}_2\cdot\Delta_2$$

计算各杆端弯矩，并画最终弯矩图（图 7-21）。

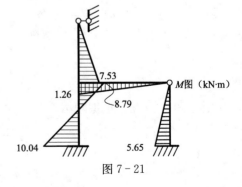

图 7 - 21

§7-6　对称性的利用

工程中有许多结构是对称的，有关对称结构在力法一章中已有较详尽地论述，这里不做过多地重复。对称结构在对称荷载作用下，其内力、变形和支座反力都是对称的；对称结构在反对称荷载作用下，其内力、变形和支座反力都是反对称的。因此可取其一半进行分析，但所取一半的作用效果要与整体结构相同，即内力、变形和支座反力要与整体结构一样。以取代整体结构，这样可使问题简化，减少计算量。所取的一半作用效果与整体相同的半边结构称其为等效替代结构（简称等代结构），或半边结构。若荷载不是对称的（或反对称的），可将其分解为对称荷载与反对称荷载分别计算，然后叠加即可。

问题的关键是等代结构的确定，无论是力法，还是位移法，以及下面各章介绍的其他方法分析对称结构，其等代结构是相同的。有关等代结构的确定在力法一章中已有详尽论述，只要照其处理即可。

虽然用不同方法分析对称结构所取等代结构相同，但基本结构不同，分析的难易程度也不同。等代结构一旦确定，剩下的就与一般结构的分析毫无区别。

图 7-22a 所示为对称结构受对称荷载作用，其等代结构如 7-22b 所示。等代结构为二次超静定结构，用力法解的基本未知量有两个。若用位移法解，基本未知量只有一个，刚结点 C 的转角。图 7-22c 所示为对称结构受反对称荷载作用，其等代结构如 7-22d 所示。等代结构为一次超静定结构，用力法解的基本未知量只有一个。而用位移法解，基本未知量却有两个，一个是刚结点 C 的转角，另一个是结点 C 的水平线位移。显然，同一个问题用不同方法求解，其难易程度大不一样。因此对具体问题要作具体分析，才能做出正确的选择。

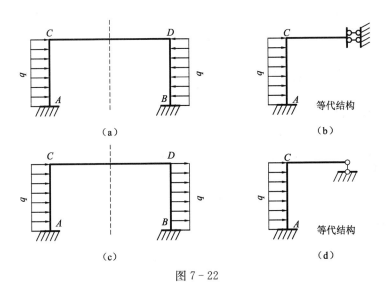

图 7-22

【例7-7】用位移法解图7-23a所示刚架，并作最终弯矩图，各杆 EI 为常数。

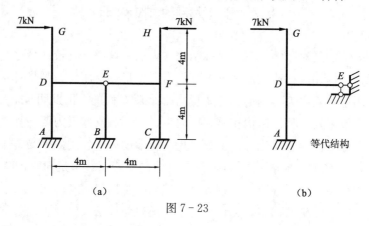

图 7 - 23

解　图7-23a所示刚架为对称结构受对称荷载作用，利用对称性取其一半计算，等代结构如图7-23b所示。用位移法解等代结构的基本未知量只有一个，刚结点 D 的转角 $\Delta_1 = \theta_D$。在结点 D 附加刚臂得基本结构如图7-24a所示。

令 $\Delta_1 = 1$，画基本结构的弯矩 $\overline{M}_1$ 图，如图7-24b所示。由结点 D 平衡，得系数

$$k_{11} = 4i + 3i = 7i$$

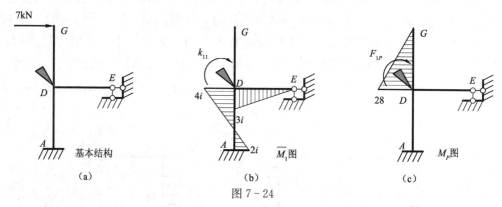

图 7 - 24

画基本结构荷载作用下的弯矩 M_P 图，如图7-24c所示。由结点 D 平衡，得常数项

$$F_{1P} = -28$$

将系数和常数项代入基本方程，得

$$7i\Delta_1 - 28 = 0$$

解方程，得基本未知量

$$\Delta_1 = \frac{4}{i}$$

应用叠加法画等代结构的弯矩图，再利用对称性将结构另一半的弯矩图补上，结构最终弯矩图如图7-25所示。

162

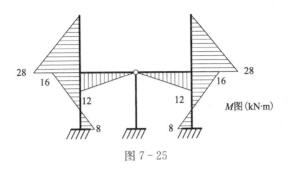

图 7 - 25

【例 7 - 8】 用位移法解图 7 - 26a 所示刚架，并作最终弯矩图，各杆 EI 为常数。

解 图 7 - 26a 所示刚架是双对称结构，即左右对称，上下对称，所受荷载也是双对称的，因此可取 1/4 来分析，等代结构如图 7 - 26b 所示。用位移法解等代结构的基本未知量只有一个，刚结点 A 的转角 $\Delta_1 = \theta_A$。在结点 A 附加刚臂得基本结构如图 7 - 26c 所示。

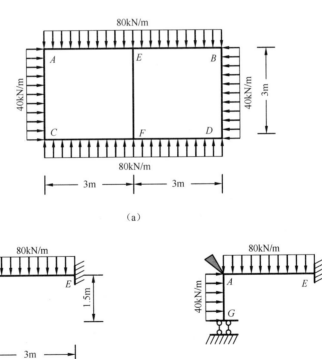

（a）

（b）等代结构　　　　　　　　　　　　（c）基本结构

图 7 - 26

令 $\Delta_1 = 1$，画基本结构的弯矩 $\overline{M}_1$ 图，如图 7 - 27a 所示。由结点 A 平衡，得系数

$$k_{11} = \frac{2EI}{3} + \frac{4EI}{3} = 2EI$$

画基本结构荷载作用下的弯矩 M_P 图，如图 7－27b 所示。由结点 A 平衡，得常数项

$$F_{1P} = 30 - 60 = -30$$

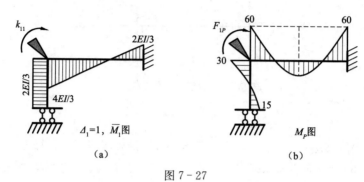

图 7－27

将系数和常数项代入基本方程，得

$$2EI\Delta_1 - 30 = 0$$

解方程，得基本未知量

$$\Delta_1 = \frac{15}{EI}$$

应用叠加法画等代结构的弯矩图，再利用对称性将结构左右、上下各部分的弯矩图补上，结构最终弯矩图如图 7－28 所示。

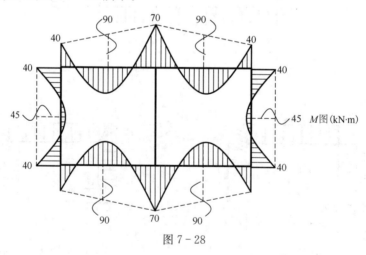

图 7－28

【例 7－9】用位移法解图 7－29a 所示刚架，并作最终弯矩图。

解 图 7－29a 所示刚架为对称结构受反对称荷载作用，利用对称性取其一半计算，等代结构如图 7－29b 所示。

用位移法解等代结构的基本未知量有两个，刚结点 C 的转角 $\Delta_1 = \theta_C$ 和结点 C 的水平线位移 $\Delta_2 = \Delta_{Cx} = \Delta_{Ex}$。在结点 C 附加刚臂，在铰 E 处附加水平链杆，得基本结构如图 7－30a 所示。

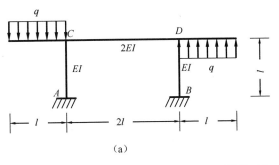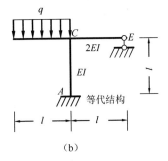

（a）　　　　　　　　　　　　　（b）

图 7－29

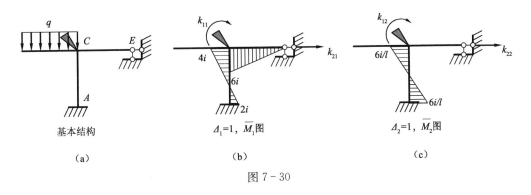

（a）　　　　　　　　　　（b）　　　　　　　　　　（c）

图 7－30

令 $\Delta_1 = 1$，画基本结构的弯矩 $\overline{M}_1$ 图，如图 7－30b 所示。由结点 C 平衡，得系数

$$k_{11} = 4i + 6i = 10i \left(i = \frac{EI}{l} \right)$$

令 $\Delta_2 = 1$，画基本结构的弯矩 $\overline{M}_2$ 图，如图 7－30c 所示。由结点 C 平衡，得系数

$$k_{12} = -\frac{6i}{l} = k_{21}$$

由杆 CE 平衡，得系数

$$k_{22} = \frac{12i}{l^2}$$

画基本结构荷载作用下的弯矩 M_P 图，如图 7－31a 所示。分别由结点 C 和杆 CE 平衡，得常数项

$$F_{1P} = \frac{1}{2}ql^2 \,,\ F_{2P} = 0$$

将系数和常数项代入基本方程，得

$$\left.\begin{array}{r}10i\Delta_1 - \dfrac{6i}{l}\Delta_2 + \dfrac{1}{2}ql^2 = 0 \\[3mm] -\dfrac{6i}{l}\Delta_1 + \dfrac{12i}{l^2}\Delta_2 = 0\end{array}\right\}$$

解方程，得基本未知量

$$\left.\begin{array}{l} \Delta_1 = -\dfrac{ql^2}{14i} \\[2mm] \Delta_2 = -\dfrac{ql^3}{28i} \end{array}\right\}$$

应用叠加法画等代结构的弯矩图，再利用对称性将结构另一半的弯矩图补上，结构最终弯矩图如图 7 - 31b 所示。

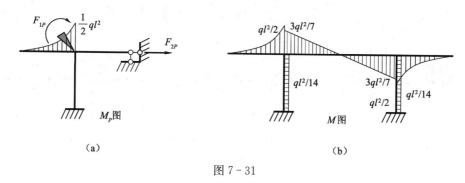

图 7 - 31

本题的等代结构为一次超静定，用力法求解基本未知量只有一个，简单得多。

【例 7 - 10】 用位移法解图 7 - 32a 所示刚架，并作最终弯矩图。

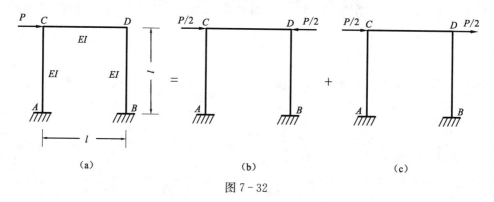

图 7 - 32

解 图 7 - 32a 所示刚架为对称结构，但所受荷载既不是对称的，也不是反对称的。用位移法求解的基本未知量有三个，刚结点 C、D 的转角和水平线位移。若将荷载分解为对称荷载（图 7 - 32b）和反对称荷载（图 7 - 32c），就可利用对称性取其一半分别计算，然后将结果叠加即可。

对称荷载作用下的等代结构如图 7 - 33a 所示，位移法的基本未知量只有一个，刚结点 C 的转角，对应的基本结构如图 7 - 33b 所示。因水平荷载作用在 AC 杆的 C 端沿 CE 杆轴线，且 C 点无线位移，所以两段杆均不发生弯曲变形，刚结点 C 的转角为零。CE 杆只有轴力，AC 杆无内力。

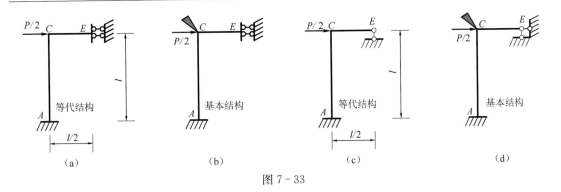

图 7 - 33

反对称荷载作用下的等代结构如图 7 - 33c 所示，位移法的基本未知量有两个，刚结点 C 的转角 $\Delta_1 = \theta_C$ 和水平线位移 $\Delta_2 = \Delta_{Cx} = \Delta_{Ex}$，对应的基本结构如图 7 - 33d 所示。

令 $\Delta_1 = 1$，画基本结构的弯矩 $\overline{M}_1$ 图，如图 7 - 34a 所示。由结点 C 平衡，得系数

$$k_{11} = 4i + 6i = 10i \left(i = \frac{EI}{l} \right)$$

令 $\Delta_2 = 1$，画基本结构的弯矩 $\overline{M}_2$ 图，如图 7 - 34b 所示。由结点 C 平衡，得系数

$$k_{12} = -\frac{6i}{l} = k_{21}$$

由杆 CE 平衡，得系数

$$k_{22} = \frac{12i}{l^2}$$

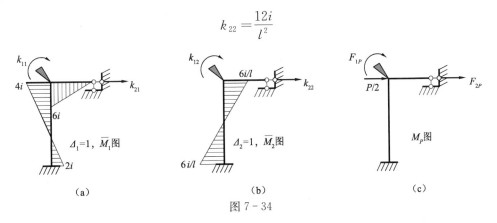

图 7 - 34

画基本结构荷载作用下的弯矩 M_P 图，如图 7 - 34c 所示。分别由结点 C 和杆 CE 平衡，得常数项

$$F_{1P} = 0 \ , \ F_{2P} = -\frac{P}{2}$$

将系数和常数项代入基本方程并求解，得

$$\left. \begin{array}{l} 10i\Delta_1 - \dfrac{6i}{l}\Delta_2 = 0 \\[2mm] -\dfrac{6i}{l}\Delta_1 + \dfrac{12i}{l^2}\Delta_2 - \dfrac{P}{2} = 0 \end{array} \right\} \ , \quad \left. \begin{array}{l} \Delta_1 = \dfrac{Pl}{28i} \\[2mm] \Delta_2 = \dfrac{5Pl^2}{84i} \end{array} \right\}$$

应用叠加法画等代结构的弯矩图，再利用对称性将结构另一半的弯矩图补上。因图 7 - 32b 所示对称荷载作用下结构各杆件无弯矩，因此图 7 - 32c 所示反对称荷载作用下的弯矩图就是结构的最终弯矩图，如图 7 - 35 所示。

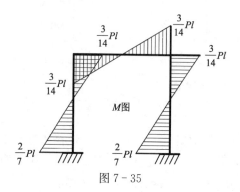

图 7 - 35

§7 - 7 支座位移和温度变化时的位移法计算

超静定结构当支座发生移动或温度发生变化等非荷载因素作用时，一般在结构中会引起内力。用位移法计算时，前面所述的基本原理及解题的方法步骤仍都适用，只不过常数项不再是荷载作用下附加约束的约束反力，而是支座移动或温度变化等非荷载因素作用下附加约束的约束反力。

1. 支座位移时的计算

具有 n 个基本未知量的结构，发生支座位移 c，位移法基本方程（7 - 3）可改写为

$$\left.\begin{array}{r}
k_{11}\Delta_1 + k_{12}\Delta_2 + \cdots + k_{1n}\Delta_n + F_{1c} = 0 \\
k_{21}\Delta_1 + k_{22}\Delta_2 + \cdots + k_{2n}\Delta_n + F_{2c} = 0 \\
\vdots \\
k_{n1}\Delta_1 + k_{n2}\Delta_2 + \cdots + k_{nn}\Delta_n + F_{nc} = 0
\end{array}\right\} \tag{7 - 7}$$

式中 F_{ic} 为基本结构第 i 个附加约束在支座位移 c 作用下约束反力。

【例 7 - 11】 图 7 - 36a 所示连续梁支座 C 有竖向线位移 c_1，固定端 A 有转角 $c_2 = \dfrac{c_1}{l}$，试用位移法求解，并作最终弯矩图。

解 用位移法解图 7 - 36a 所示连续梁的基本未知量只有一个，刚结点 B 的转角。在结点 B 附加刚臂得基本结构如图 7 - 36b 所示。基本方程为

$$k_{11}\Delta_1 + F_{1c} = 0$$

令 $\Delta_1 = 1$，画基本结构的弯矩 $\overline{M}_1$ 图，如图 7 - 37a 所示。由结点 B 平衡，得系数

$$k_{11} = 4i + 3i = 7i$$

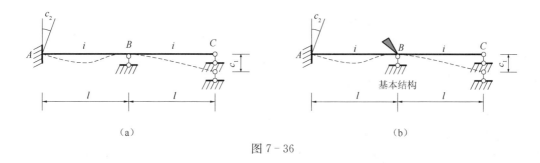

图 7 - 36

画基本结构支座位移作用下的弯矩 M_c 图，如图 7 - 37b 所示。由结点 B 平衡，得常数项

$$F_{1c} = 2ic_2 - \frac{3i}{l}c_1 = -ic_2$$

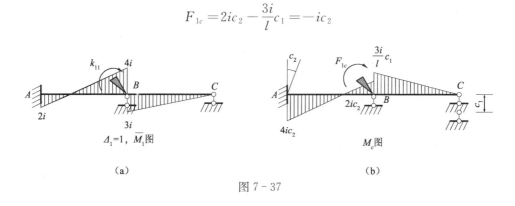

图 7 - 37

将系数和常数项代入基本方程，得

$$7i\Delta_1 - ic_2 = 0$$

解方程，得基本未知量

$$\Delta_1 = \frac{c_2}{7}$$

应用叠加法公式：$M = M_c + \overline{M}_1\Delta_1$，作最终弯矩图，如图 7 - 38 所示。

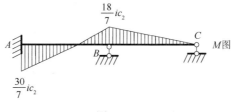

图 7 - 38

2. 温度变化时的计算

超静定结构当温度发生变化时，不仅杆件会发生变形，还将引起内力。用位移法计算的基本方程（7 - 3）可改写为

$$\left.\begin{array}{l}k_{11}\Delta_1 + k_{12}\Delta_2 + \cdots + k_{1n}\Delta_n + F_{1t} = 0 \\ k_{21}\Delta_1 + k_{22}\Delta_2 + \cdots + k_{2n}\Delta_n + F_{2t} = 0 \\ \vdots \\ k_{n1}\Delta_1 + k_{n2}\Delta_2 + \cdots + k_{nn}\Delta_n + F_{nt} = 0\end{array}\right\} \qquad (7-8)$$

式中 F_{it} 为基本结构第 i 个附加约束在温度变化作用下的约束反力。

温度变化对杆件变形的影响可分为两部分，一部分是杆件轴线处的温度变化 t_0，使杆件发生轴向变形，由此引起附加约束的约束反力为 F_{it}'；另一部分是杆件两侧表面温度变化的温差 Δt，使杆件发生弯曲变形，由此引起附加约束的约束反力为 F_{it}''。二者叠加得

$$F_{it} = F_{it}' + F_{it}'' \qquad (7-9)$$

为了计算 F_{it}'' 方便，将力法求得的三种基本超静定梁在两侧温差 Δt 作用下的杆端内力列于表 7-3 中。

表 7-3 等截面直杆温度变化 Δt 的杆端内力

序　号	简　图	弯　矩　图	杆 端 剪 力	
			Q_{AB}	Q_{BA}
1		$\dfrac{EI\alpha\Delta t}{h}$（$h$ 为截面高度）	0	0
2		$\dfrac{3EI\alpha\Delta t}{h}$	$\dfrac{3EI\alpha\Delta t}{2hl}$	$\dfrac{3EI\alpha\Delta t}{2hl}$
3		$\dfrac{EI\alpha\Delta t}{h}$	0	0

【例 7-12】试用位移法计算图 7-39a 所示刚架在温度变化作用下的内力，并作最终弯矩图。已知杆件截面高度 $h = 0.4\mathrm{m}$，$EI = 2 \times 10^4 \mathrm{kN \cdot m^2}$，$\alpha = 1 \times 10^{-5}$。

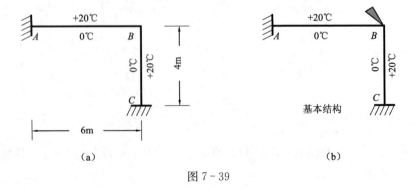

（a）　　　　　　　　　　（b）

图 7-39

解 位移法解图 7-39a 所示刚架的基本未知量只有一个，刚结点 B 的转角 $\Delta_1 = \theta_B$，在结点 B 附加刚臂得基本结构如图 7-39b 所示。基本方程为

$$k_{11}\Delta_1 + F_{1t} = 0$$

令 $\Delta_1 = 1$，画基本结构的弯矩 $\overline{M}_1$ 图，如图 7-40a 所示。由结点 B 平衡条件得

$$k_{11} = \frac{2EI}{3} + EI = \frac{5EI}{3}$$

杆件轴线温度变化 t_0 和两侧温差 Δt 分别为

$$t_0 = \frac{t_1 + t_2}{2} = 10℃ \ , \ \Delta t = t_1 - t_2 = 20℃$$

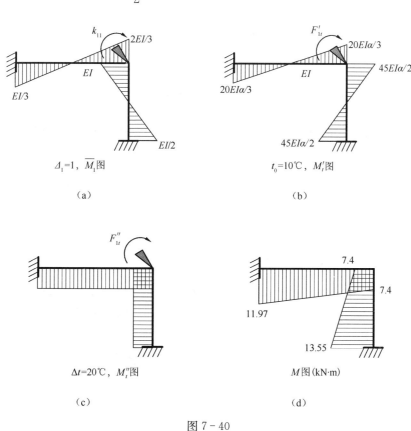

图 7-40

画基本结构在杆件轴线温度变化 t_0 作用下的弯矩 M'_t 图，如图 7-40b 所示。由结点 B 平衡条件得

$$F'_{1t} = \frac{20}{3}EI\alpha - \frac{45}{2}EI\alpha = -\frac{95}{6}EI\alpha$$

画基本结构在杆件两侧温差 Δt 作用下的弯矩 M''_t 图，如图 7-40c 所示。由结点 B 平衡条件得

$$F_{1t}'' = 0$$

$$F_{1t} = F_{1t}' + F_{1t}'' = -\frac{95}{6}EI\alpha$$

将系数 k_{11}、常数项 F_{1t} 代入基本方程得

$$\frac{5}{3}EI\Delta_1 - \frac{95}{6}EI\alpha = 0$$

解方程，得基本未知量

$$\Delta_1 = \frac{19}{2}\alpha$$

应用叠加法计算各杆端弯矩为

$$M_{AB} = \frac{EI}{3} \cdot \frac{19}{2}\alpha + \frac{20}{3}EI\alpha + 50EI\alpha = 11.97 \text{ kN·m（下拉）}$$

$$M_{BA} = \frac{2EI}{3} \cdot \frac{19}{2}\alpha + \frac{20}{3}EI\alpha - 50EI\alpha = -7.4 \text{ kN·m（下拉）}$$

$$M_{BC} = EI \cdot \frac{19}{2}\alpha - \frac{45}{2}EI\alpha + 50EI\alpha = 7.4 \text{ kN·m（左拉）}$$

$$M_{CB} = -\frac{EI}{2} \cdot \frac{19}{2}\alpha + \frac{45}{2}EI\alpha + 50EI\alpha = 13.55 \text{ kN·m（左拉）}$$

画结构的最终弯矩 M 图，如图 7–40d 所示。

§7–8　小　　结

位移法适用于求解超静定，尤其是高次超静定结构。不管是静定结构还是超静定结构，只要有位移法的基本未知量就可以用位移法求解。对一定的结构而言，位移法解题的基本未知量和基本结构都是唯一的。因此，位移法的分析过程比力法更容易归一化，适宜利用计算机来实现。工程中许多实用的计算方法也都是由位移法演变而来的。本章重点掌握利用位移法计算梁和刚架在荷载作用下的内力。

1. 基本概念

位移法；基本未知量；基本结构；基本方程；形常数；载常数

（1）位移法

以结点位移作为基本未知量，对结构进行分析计算的方法称为位移法。位移法主要用来解超静定结构，尤其是高次超静定结构。

（2）基本未知量

位移法的基本未知量是结点位移。结点指的是杆与杆的连接点，结点位移包括刚结点的转角和独立结点线位移。铰结点处的转角不是基本未知量，但线位移是基本未知量。

（3）基本结构

在角位移处刚结点附加刚臂，在线位移处结点沿线位移方向附加链杆得位移法的基本结构。

（4）基本方程

位移法的基本方程是结点或截面的平衡方程，即基本结构在荷载等外部因素和结点位移共同作用下，附加刚臂或附加链杆的反力为零。基本方程的形式为

$$\left.\begin{array}{c} k_{11}\Delta_1 + k_{12}\Delta_2 + \cdots + k_{1n}\Delta_n + F_{1P} = 0 \\ k_{21}\Delta_1 + k_{22}\Delta_2 + \cdots + k_{2n}\Delta_n + F_{2P} = 0 \\ \vdots \\ k_{n1}\Delta_1 + k_{n2}\Delta_2 + \cdots + k_{nn}\Delta_n + F_{nP} = 0 \end{array}\right\}$$

（5）形常数

等截面直杆，杆端发生单位位移时的杆端内力，称为杆的刚度系数。因刚度系数只与杆件的截面形状尺寸和材料性质有关，而与荷载无关，所以又称形常数。

（6）载常数

单跨梁在荷载作用下的杆端内力，通常称为杆的固端内力。因杆的固端内力只与杆件所承受的荷载形式有关，所以杆的固端内力又称载常数。

2. 知识要点

（1）位移法的基本思路

用位移法解题时，存在一个拆、合的过程，即先把原结构"拆"成若干个单跨超静定梁，分别计算每一单跨超静定梁在荷载及杆端位移作用下的内力，然后再把这些单跨梁"合"成原结构。

（2）位移法解题步骤

① 确定基本未知量，在基本未知量处附加相应约束得基本结构。

② 列出位移法的基本方程。

③ 分别令 $\Delta_1 = 1, \Delta_2 = 1, \cdots, \Delta_n = 1$，画基本结构的 $\overline{M}_1, \overline{M}_2, \cdots, \overline{M}_n$ 图，利用平衡条件计算基本方程的系数 k_{ij}。

④ 画基本结构荷载作用下的 M_P 图，利用平衡条件计算基本方程的常数项 F_{iP}。

⑤ 解方程，求出 $\Delta_1, \Delta_2, \cdots, \Delta_n$。

⑥ 应用叠加原理 $M = \sum \overline{M}_i \Delta_i + M_P$，绘制 M 图，进而绘制 Q 及 N 图。

⑦ 取结点或截面进行静力平衡条件的校核。

（3）对称结构的计算

用位移法计算对称结构时，在对称荷载和反对称荷载作用下，可以利用对称性，取半边结构进行计算，以减少基本未知量的个数。若荷载为任意荷载，可分解为对称荷载和反对称荷载两组，分别计算然后叠加。

（4）支座移动时的计算

当支座发生移动时超静定结构的计算，对于位移法求解来说，基本结构和基本未知量没

有发生改变，所以基本方程及作题步骤与荷载作用时一样，不同之处只是固端内力和常数项不同。基本方程中常数项和基本方程中的固端内力是由支座位移所产生的。

（5）温度改变时的计算

温度变化时，对于位移法求解来说，基本结构和基本未知量也没有发生改变，基本方程及作题步骤与荷载作用时一样，不同之处仍是固端内力和常数项不同。基本方程中的常数项和基本方程中的固端内力，都是由于杆的内外温差和杆的轴线温度改变所产生的。

习 题

7-1 试确定图示结构用位移法计算时基本未知量的个数，并画出基本结构。

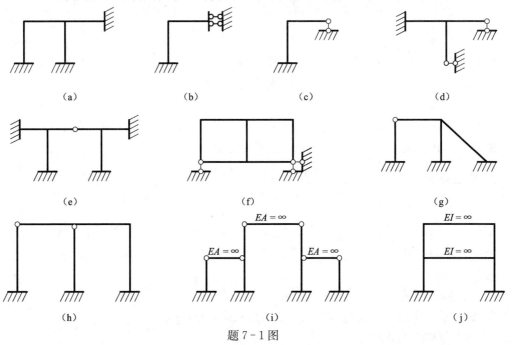

题 7-1 图

7-2 用位移法计算图示连续梁，并作出弯矩图和剪力图。

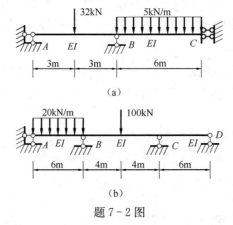

题 7-2 图

7-3 用位移法解图示各刚架，并作最终弯矩图。

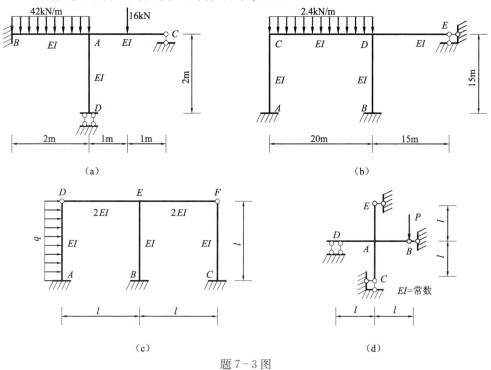

题 7-3 图

7-4 用位移法解图示各刚架，EI 均为常数，并作弯矩图。

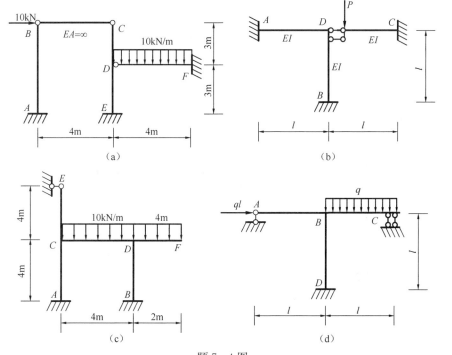

题 7-4 图

7-5　利用对称性求解图示刚架，EI 均为常数，并作最终弯矩图。

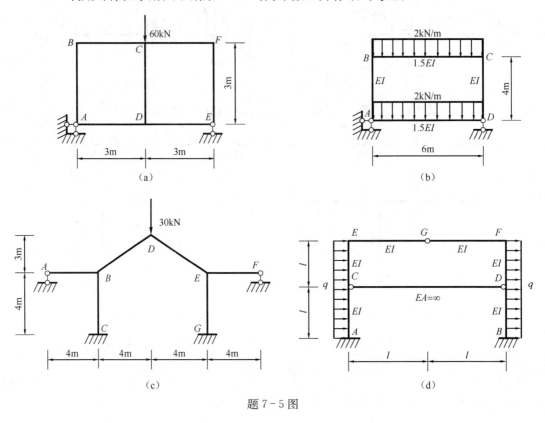

题7-5图

7-6　图（a）所示结构，支座 A 发生顺时针转角 θ，求 BD 杆 B 端的弯矩（EI 为常数）。

图（b）所示结构，BC 杆受均布荷载作用，同时 D 支座下沉 Δ，求 B 点的转角（EI 为常数）。

图（c）所示结构，B 支座产生竖向位移为 0.02m，试用位移法作弯矩图。（$EI = 4.8 \times 10^4 \text{kN} \cdot \text{m}^2$）

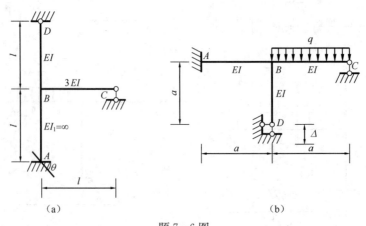

题7-6图

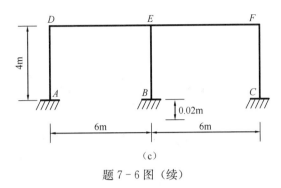

（c）

题 7 - 6 图（续）

7 - 7　下图所示 B 支座产生竖向位移 Δ，试用位移法作弯矩图。

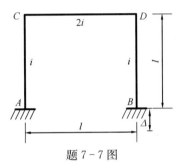

题 7 - 7 图

第8章 力矩分配法

前面两章介绍的力法和位移法是计算超静定结构的基本方法，当基本未知量较多时需要联立求解方程组，计算量非常繁重。为了简化计算，人们寻求了许多实用的计算方法，本章将着重介绍其中的力矩分配法和无剪力分配法。

本章中杆端弯矩、杆端转角、荷载力矩、约束力矩的正负号规定与位移法中相同，皆以顺时针转向为正。

§8-1 力矩分配法的基本概念

1. 转动刚度

图8-1a所示刚架，在刚结点A施加一力矩M，则刚结点A所连各杆A端（近端）都转过相同的角度θ。因各杆另一端（远端）的约束不同，及杆长l和抗弯刚度EI不同，所需力矩是不同的。<u>使杆的近端产生单位转角所需力矩称为杆的转动刚度S</u>。常见三种超静定杆的转动刚度如图8-1c、d、e所示，图中杆的线刚度$i = \dfrac{EI}{l}$。

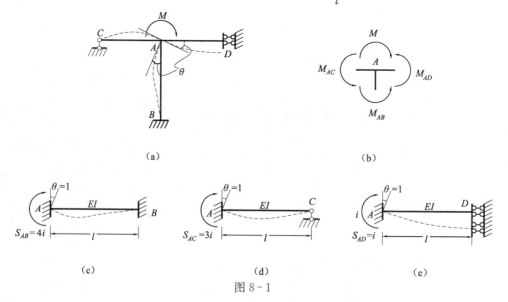

图8-1

2. 分配系数

在图8-1a中，当刚结点A转过角度θ时，各杆近端A的弯矩（称为分配弯矩）为

$$M_{AB} = S_{AB}\theta \atop M_{AC} = S_{AC}\theta \atop M_{AD} = S_{AD}\theta \Bigg\}$$ (a)

由结点 A 平衡（图 8-1b），得

$$M = M_{AB} + M_{AC} + M_{AD} = (S_{AB} + S_{AC} + S_{AD})\theta$$ (b)

$$\theta = \frac{M}{S_{AB} + S_{AC} + S_{AD}} = \frac{M}{\sum S}$$ (c)

将式（c）代入式（a）得各杆分配弯矩

$$M_{AB} = \frac{S_{AB}}{\sum S}M = \mu_{AB}M \atop M_{AC} = \frac{S_{AC}}{\sum S}M = \mu_{AC}M \atop M_{AD} = \frac{S_{AD}}{\sum S}M = \mu_{AD}M \Bigg\}$$ (8-1)

式（8-1）中

$$\mu_{Aj} = \frac{S_{Aj}}{\sum S} \quad (j = B, C, D, \cdots)$$ (8-2)

称为刚结点 A 所连各杆近端 A 的弯矩分配系数（简称分配系数）。各杆分配系数之和应等于1，即 $\sum \mu_{Aj} = 1$。

3. 传递系数

在图 8-1a 中，当刚结点 A 转过角度 θ 时，不仅引起各杆近端 A 的弯矩，同时也引起各杆远端的弯矩（称为传递弯矩）。杆的传递弯矩与分配弯矩之比 C 称为传递系数，即

$$C_{Aj} = \frac{M_{jA}}{M_{Aj}} (j = B, C, D, \cdots)$$ (d)

图 8-1c、d、e 所示常见三种超静定杆的传递系数为

$$C_{AB} = \frac{1}{2} \text{（远端固定）} \atop C_{AC} = 0 \quad \text{（远端铰支）} \atop C_{AD} = -1 \text{（远端滑动）} \Bigg\}$$ (8-3)

杆的传递弯矩等于分配弯矩与传递系数的乘积，即

$$M_{BA} = C_{AB}M_{AB} \atop M_{CA} = C_{AC}M_{AC} \atop M_{DA} = C_{AD}M_{AD} \Bigg\}$$ (8-4)

§8-2 力矩分配法计算连续梁和无侧移刚架

用力矩分配法计算图 8-2a 所示连续梁。首先在刚结点 B 附加刚臂使其固定，如图 8-2c 所示。由结点 B（图 8-2e）的平衡条件可知，附加刚臂的约束力矩等于各杆近端的固端力矩之和，即

$$F_{BP}=M_{BA}^F+M_{BC}^F$$

附加刚臂的约束力矩与位移法中基本结构荷载作用下附加刚臂的约束力矩完全相同。一般情况下，若无附加刚臂的约束力矩，各杆近端的固端力矩是无法使刚结点保持平衡的，故各杆近端的固端力矩之和也可称作刚结点的固端不平衡力矩，简称不平衡力矩。

要使结构恢复到原有状态，再在附加刚臂上施加一主动力矩 $M=-F_{BP}$，如图 8-2d 所示，计算各杆近端的分配弯矩和远端的传递弯矩。

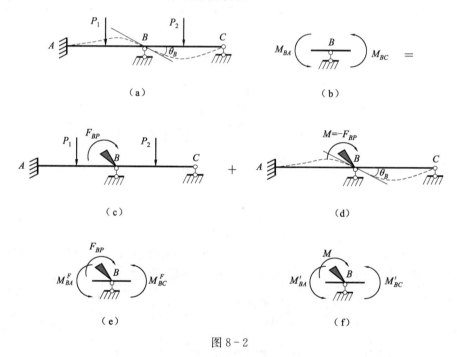

图 8-2

将图 8-2c、d 两种结果叠加，即各杆近端固端弯矩与分配弯矩叠加，得各杆近端弯矩

$$M_{BA}=M_{BA}^F+M_{BA}'=M_{BA}^F+\mu_{BA}(-F_{BP})$$
$$M_{BC}=M_{BC}^F+M_{BC}'=M_{BC}^F+\mu_{BC}(-F_{BP})$$

各杆远端固端弯矩与传递弯矩叠加，得各杆远端弯矩

$$M_{AB}=M_{AB}^F+C_{BA}\mu_{BA}(-F_{BP})$$
$$M_{CB}=M_{CB}^F+C_{BC}\mu_{BC}(-F_{BP})$$

通过上述分析，将力矩分配法的计算步骤归纳如下：

① 根据杆的转动刚度计算各杆近端的分配系数 μ_{ij}；

② 根据位移法中杆固端内力表 7-2 计算各杆的固端弯矩 M_{ij}^F；

③ 将各杆的近端固端弯矩相加得不平衡力矩 F_{iP}；

④ 将不平衡力矩变号（$M = -F_{iP}$）按分配系数向杆近端分配，按传递系数向杆远端传递；

⑤ 将杆的固端弯矩与分配弯矩、传递弯矩叠加得杆端弯矩。

杆端弯矩求得后，由平衡条件即可求得杆的剪力和轴力。对于只有一个刚结点的结构，只需一轮分配与传递就可使结点平衡，其计算结果是精确的。若结构有多个刚结点，当一个刚结点经分配平衡后，邻近刚结点还会向该刚结点传递弯矩，使该刚结点又不平衡，需重新分配一次，如此反复。每经过一轮分配与传递，结点的不平衡力矩都会减小，直至达到要求精度即可。因此，力矩分配法也称渐近法，对于多刚结点结构只能求得近似解。

【例 8-1】用力矩分配法计算图 8-3a 所示连续梁，并画弯矩图。

解　图 8-3a 所示连续梁只有一个刚结点 B，只需一轮分配与传递就可得到精确结果。

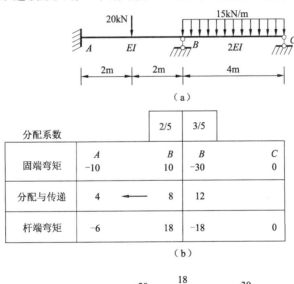

（a）

分配系数			2/5	3/5	
		A	B	B	C
固端弯矩		-10	10	-30	0
分配与传递		4 ←	8	12	
杆端弯矩		-6	18	-18	0

（b）

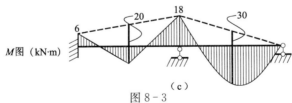

M图（kN·m）

图 8-3

（1）计算分配系数

$$S_{BA} = EI，\quad S_{BC} = \frac{3}{2}EI$$

$$\mu_{BA} = \frac{S_{BA}}{S_{BA} + S_{BC}} = \frac{2}{5}，\quad \mu_{BC} = \frac{S_{BC}}{S_{BA} + S_{BC}} = \frac{3}{5}$$

（2）计算固端弯矩

$$M_{AB}^F = -10\text{kN·m}，\quad M_{BA}^F = 10\text{kN·m}，\quad M_{BC}^F = -30\text{kN·m}，\quad M_{CB}^F = 0$$

(3) 计算不平衡力矩

$$F_{BP}=M_{BA}^F+M_{BC}^F=-20\text{kN·m}$$

(4) 分配与传递

分配弯矩

$$M_{BA}^{'}=\mu_{BA}(-F_{BP})=8\text{kN·m}, \ M_{BC}^{'}=\mu_{BC}(-F_{BP})=12\text{kN·m}$$

传递弯矩

$$M_{AB}^{'}=C_{BA}M_{BA}^{'}=4\text{kN·m}, \ M_{CB}^{'}=0$$

(5) 计算杆端弯矩

$$M_{AB}=M_{AB}^F+M_{AB}^{'}=-10+4=-6\text{kN·m}$$
$$M_{BA}=M_{BA}^F+M_{BA}^{'}=10+8=18\text{kN·m}$$
$$M_{BC}=M_{BC}^F+M_{BC}^{'}=-30+12=-18\text{kN·m}$$
$$M_{CB}=0$$

验证

$$M_{BA}+M_{BC}=18-18=0$$

刚结点 B 满足平衡条件。

为了醒目起见，将上述计算过程和结果列表，如图 8-3b 所示。画梁的弯矩图，如图 8-3c 所示。

【例 8-2】 用力矩分配法计算图 8-4a 所示连续梁，并画弯矩图。

解 将图 8-4a 所示连续梁的外伸部分 CD 去掉，如图 8-4b 所示，只有一个刚结点 B。

(1) 计算分配系数

$$S_{BA}=3i, \ S_{BC}=3i$$
$$\mu_{BA}=\frac{1}{2}, \ \mu_{BC}=\frac{1}{2}$$

(2) 计算固端弯矩

$$M_{AB}^F=0, \ M_{BA}^F=48\text{kN·m}, \ M_{BC}^F=-58\text{kN·m}, \ M_{CB}^F=12\text{kN·m}$$

固端弯矩 M_{BC}^F 是由 BC 跨的均布荷载和 C 端力偶共同作用的结果。

(3) 计算不平衡力矩

取结点 B 为隔离体，如图 8-4c 所示，由平衡条件得

$$F_{BP}=M_{BA}^F+M_{BC}^F-100=48-58-100=-110\text{kN·m}$$

(4) 分配与传递

分配弯矩

$$M_{BA}^{'}=M_{BC}^{'}=\mu_{BA}(-F_{BP})=55\text{kN·m}$$

传递弯矩

$$M_{CA}^{'}=M_{CB}^{'}=0$$

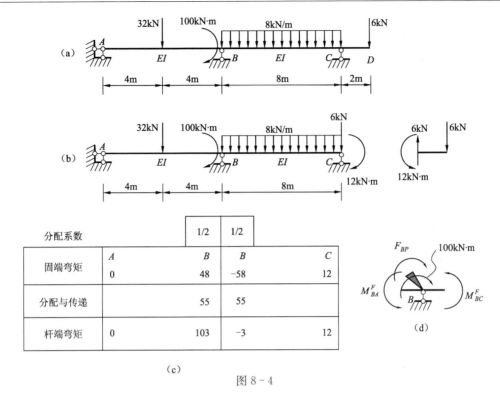

图 8 - 4

（5）计算杆端弯矩

$$M_{AB}=0,\quad M_{BA}=M_{BA}^F+M_{BA}'=48+55=103\text{kN}\cdot\text{m}$$

$$M_{BC}=M_{BC}^F+M_{BC}'=-58+55=-3\text{kN}\cdot\text{m},\quad M_{CB}=12\text{kN}\cdot\text{m}$$

验证

$$M_{BA}+M_{BC}-100=103-3-100=0$$

刚结点 B 满足平衡条件。将上述计算过程和结果列表，如图 8 - 4c 所示。画梁的弯矩图，如图 8 - 5 所示。

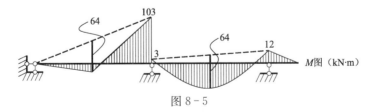

图 8 - 5

【例 8 - 3】用力矩分配法计算图 8 - 6a 所示刚架，并画弯矩图。

解　（1）计算分配系数

$$S_{BA}=i,\quad S_{BC}=3i,\quad S_{BD}=4i$$

$$\mu_{BA}=\frac{1}{8},\quad \mu_{BC}=\frac{3}{8},\quad \mu_{BD}=\frac{1}{2}$$

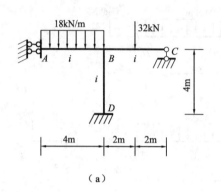

（a）

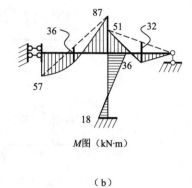

M图（kN·m）

（b）

分配系数			1/8	3/8			1/2	
固端弯矩	A 48		B 96	B −24		C 0	B 0	D 0
分配与传递	9	←	−9	−27			−36 →	−18
杆端弯矩	57		87	−51		0	−36	−18

（c）

图 8 - 6

（2）计算固端弯矩

$$M_{AB}^F = 48 \text{kN·m}, \quad M_{BA}^F = 96 \text{kN·m}$$
$$M_{BC}^F = -24 \text{kN·m}, \quad M_{CB}^F = 0$$
$$M_{BD}^F = 0, \quad M_{DB}^F = 0$$

（3）计算不平衡力矩

$$F_{BP} = M_{BA}^F + M_{BC}^F + M_{BD}^F = 96 - 24 = 72 \text{kN·m}$$

（4）分配与传递

分配弯矩

$$M_{BA}' = \mu_{BA}(-F_{BP}) = -9 \text{kN·m}$$
$$M_{BC}' = \mu_{BC}(-F_{BP}) = -27 \text{kN·m}$$
$$M_{BD}' = \mu_{BD}(-F_{BP}) = -36 \text{kN·m}$$

传递弯矩

$$M_{AB}' = C_{BA} M_{BA}' = -9 \text{kN·m}, \quad M_{CB}' = 0, \quad M_{DB}' = C_{BD} M_{BD}' = -18 \text{kN·m}$$

（5）计算杆端弯矩

$$M_{AB} = 48 + 9 = 57 \text{kN·m}, \quad M_{BA} = 96 - 9 = 87 \text{kN·m}$$

$$M_{BC}=-24-27=-51\text{kN·m},\ M_{CB}=0$$
$$M_{BD}=-36\text{kN·m},\ M_{DB}=-18\text{kN·m}$$

验证

$$M_{BA}+M_{BC}+M_{BD}=87-51-36=0$$

刚结点 B 满足平衡条件。将上述计算过程和结果列表，如图 8-6c 所示。画刚架的弯矩图，如图 8-6b 所示。

【例 8-4】用力矩分配法计算图 8-7 所示连续梁，并画弯矩图。

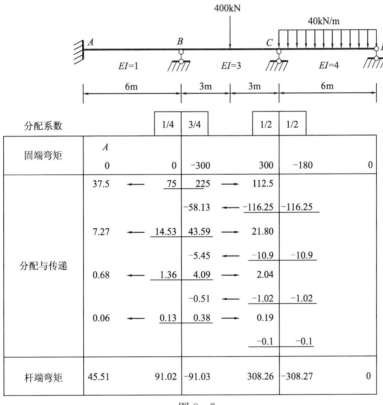

图 8-7

解　图 8-7 所示连续梁有两个刚结点 B、C，需经多轮分配与传递求得近似解。

（1）计算分配系数

$$\left.\begin{array}{l}S_{BA}=4i_{BA}=\dfrac{2}{3}\\[2mm]S_{BC}=4i_{BC}=2\end{array}\right\},\quad \left.\begin{array}{l}\mu_{BA}=\dfrac{1}{4}\\[2mm]\mu_{BC}=\dfrac{3}{4}\end{array}\right\}$$

$$\left.\begin{array}{l}S_{CB}=4i_{CB}=2\\[2mm]S_{CD}=3i_{CD}=2\end{array}\right\},\quad \left.\begin{array}{l}\mu_{CB}=\dfrac{1}{2}\\[2mm]\mu_{CD}=\dfrac{1}{2}\end{array}\right\}$$

（2）计算固端弯矩

$$M_{AB}^F=0 \atop M_{BA}^F=0 \Bigg\}, \quad {M_{BC}^F=-300 \atop M_{CB}^F=300} \Bigg\} \ (kN\cdot m), \quad {M_{CD}^F=-180 \atop M_{DC}^F=0} \Bigg\} \ (kN\cdot m)$$

（3）计算不平衡力矩

$$F_{BP}=M_{BA}^F+M_{BC}^F=-300kN\cdot m, \quad F_{CP}=M_{CB}^F+M_{CD}^F=120kN\cdot m$$

（4）分配与传递

两个刚结点的固端弯矩均不平衡，可任选其一（如结点 B）首先分配，使之平衡。经传递后结点 C 的不平衡力矩需叠加传递弯矩，即 $F_{CP}=120+112.5=232.5kN\cdot m$。对结点 C 进行分配，使之平衡。经传递后结点 B 又不平衡，但不平衡力矩减小到 $-58.13kN\cdot m$，进行第二轮的分配与传递。每经过一轮分配与传递，结点的不平衡力矩都会减小，该连续梁经过四轮分配与传递，结点的不平衡力矩已经减小到 $0.01kN\cdot m$。

将杆的固端弯矩与各轮的分配与传递弯矩叠加得各杆的杆端弯矩，画梁的弯矩图，如图 8－8 所示。

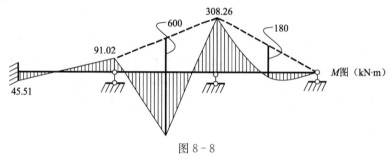

图 8－8

【例 8－5】 用力矩分配法计算图 8－9a 所示刚架，并画弯矩图。

解 图 8－9a 所示刚架有两个刚结点 B、C，需经多轮分配与传递求得近似解。

（1）计算分配系数

$$\begin{matrix} S_{BA}=4i \\ S_{BC}=4i \\ S_{BE}=4i \end{matrix} \Bigg\}, \quad \begin{matrix} \mu_{BA}=\dfrac{1}{3} \\[4pt] \mu_{BC}=\dfrac{1}{3} \\[4pt] \mu_{BE}=\dfrac{1}{3} \end{matrix} \Bigg\}; \quad \begin{matrix} S_{CB}=4i \\ S_{CD}=4i \\ S_{CF}=4i \end{matrix} \Bigg\}, \quad \begin{matrix} \mu_{CB}=\dfrac{1}{3} \\[4pt] \mu_{CD}=\dfrac{1}{3} \\[4pt] \mu_{CF}=\dfrac{1}{3} \end{matrix} \Bigg\}$$

（2）计算固端弯矩

$$M_{AB}^F=-60 \atop M_{BA}^F=60 \Bigg\} (kN\cdot m), \quad {M_{BC}^F=-45 \atop M_{CB}^F=45} \Bigg\} (kN\cdot m), \quad {M_{CD}^F=0 \atop M_{DC}^F=0} \Bigg\}, \quad {M_{BE}^F=0 \atop M_{EB}^F=0} \Bigg\}, \quad {M_{CF}^F=0 \atop M_{FC}^F=0} \Bigg\}$$

（3）计算不平衡力矩

$$F_{BP}=M_{BA}^F+M_{BC}^F+M_{BE}^F=15kN\cdot m, \quad F_{CP}=M_{CB}^F+M_{CD}^F+M_{CF}^F=45kN\cdot m$$

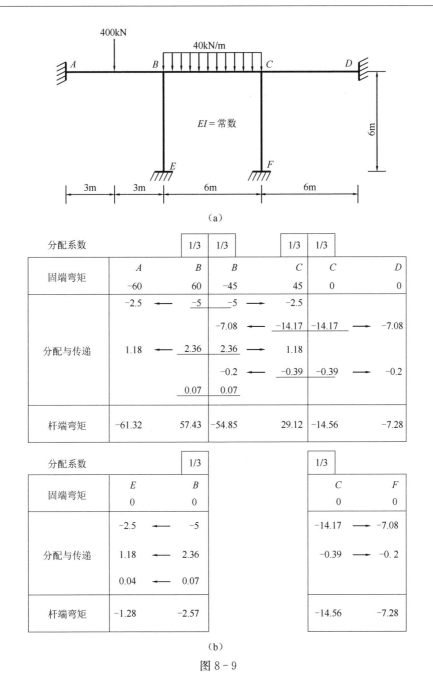

图 8-9

（4）分配与传递

两个刚结点的固端弯矩均不平衡，先选结点 B 进行分配，使之平衡。经传递后结点 C 的不平衡力矩需叠加传递弯矩，即 $F_{CP} = 45 - 2.5 = 42.5\text{kN·m}$。分配与传递过程如图 8-9b 所示。经二轮的分配与传递，结点 B、C 的不平衡力矩减小到 0.1kN·m 以下。

将杆的固端弯矩与各轮的分配和传递弯矩叠加得各杆的杆端弯矩，画刚架的弯矩图，如图 8-10 所示。

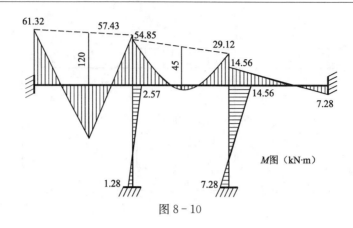

图 8 - 10

§8 - 3　无剪力分配法

用位移法解连续梁和无侧移刚架，其基本未知量只有刚结点的角位移而无结点线位移，这样的结构均可用力矩分配法计算。对于有侧移的刚架一般不能用力矩分配法计算，但对于某些特殊的有侧移刚架，只要对杆端约束做适当处理，力矩分配法的计算仍然适用，称为无剪力分配法。

1. 无剪力分配法的适用条件

图 8 - 11a 所示为反对称荷载作用下单跨半刚架，梁杆 CD、BE 两端无相对横向（垂直于杆轴线方向）线位移，称为两端无相对线位移杆件。立柱 AB、BC 两端虽有相对侧移，但剪力可通过静力平衡条件求得，称为剪力静定杆件。该刚架可用无剪力分配法计算。由此可得无剪力分配法的适用条件是：刚架中除两端无相对线位移杆件外，其余杆件都是剪力静定杆件。

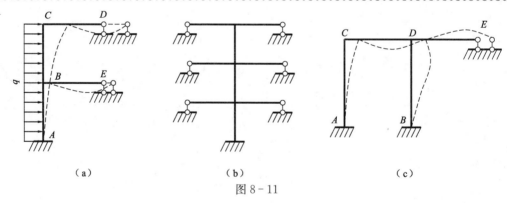

（a）　　　　　　　　　　　（b）　　　　　　　　　　　（c）

图 8 - 11

图 8 - 11b 所示刚架满足上述条件，可用无剪力分配法计算。图 8 - 11c 所示刚架中的立柱 AC、BD 不是剪力静定杆件，不能用无剪力分配法计算。

2. 剪力静定杆件的固端弯矩、转动刚度和传递系数

图 8 - 12a 所示刚架，立柱 AB 为剪力静定杆，适用于无剪力分配法，计算方法和过程与力矩分配法相同。

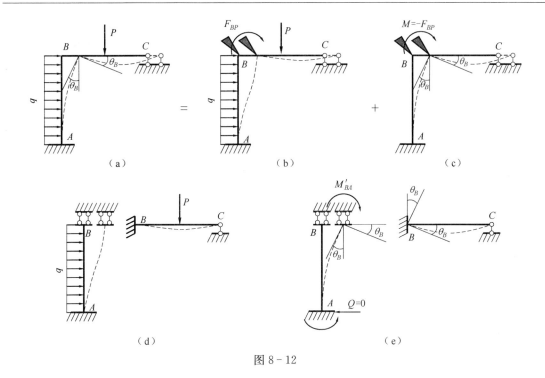

图 8－12

在刚结点 B 处附加刚臂阻止其转动，如图 8－12b 所示，计算各杆的固端弯矩和结点 B 的固端不平衡力矩（附加刚臂的约束力矩）F_{BP}。再在附加刚臂施加主动力矩 $M=-F_{BP}$，使结点 B 转过 θ_B 角，如图 8－12c 所示，并计算分配弯矩与传递弯矩。将二者计算结果叠加得杆端弯矩。

在图 8－12b 中，附加刚臂只阻止刚结点 B 转动，而不阻止其移动，因此剪力静定杆 AB 的 B 端应作为滑动支承；BC 杆为两端无相对线位移杆件，且 B 端无转角，因此 B 端应视为固定端，如图 8－12d 所示。剪力静定杆 AB 的固端弯矩应按一端固定、一端滑动杆件的固端弯矩计算。为了应用方便，将常见荷载作用下剪力静定杆件的固端弯矩、固端剪力列于表 8－1 中。

剪力静定杆 AB 的转动刚度和传递系数仍按图 8－1e 常见超静定杆计算，只不过将两端支承对调而已（杆两端的位移是相对的），如图 8－13 所示，即

$$S_{BA}=i,\quad C_{BA}=-1$$

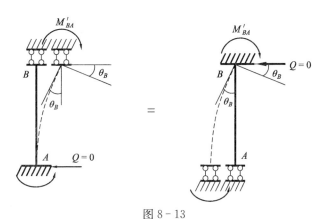

图 8－13

在图 8-12e 中，剪力静定杆 AB 在分配弯矩与传递弯矩作用下杆内无剪力（如表 8-1 序号 4）中杆 AB 在力偶荷载作用下杆内无剪力），因此剪力静定杆件都是零剪力杆件。当在附加刚臂施加主动力矩 $M = -F_{BP}$ 将刚臂解除时，是在零剪力条件下进行弯矩的分配与传递的，故将此计算方法称为无剪力分配法。

表 8-1　剪力静定杆件的固端弯矩和固端剪力

序号	简　图	固 端 弯 矩		固 端 剪 力	
		M_{AB}^F	M_{BA}^F	Q_{AB}^F	Q_{BA}^F
1		$-\dfrac{1}{3}ql^2$	$-\dfrac{1}{6}ql^2$	ql	0
2		$-\dfrac{3Pl}{8}$	$-\dfrac{Pl}{8}$	P	0
3		$-\dfrac{Pl}{2}$	$-\dfrac{Pl}{2}$	P	P
4		$\dfrac{M}{2}$	$-\dfrac{M}{2}$	0	0

【**例 8-6**】用无剪力分配法计算图 8-14a 所示刚架，并画弯矩图。

解　图 8-14a 所示刚架，杆 AB 为剪力静定杆，杆 BC 两端无相对线位移，满足无剪力分配法的适用条件。

（1）计算分配系数

$$\left.\begin{array}{r} S_{BA}=i \\ S_{BC}=3i \end{array}\right\}, \quad \left.\begin{array}{l} \mu_{BA}=\dfrac{1}{4} \\ \mu_{BC}=\dfrac{3}{4} \end{array}\right\}$$

（2）计算杆固端弯矩和不平衡力矩

利用表 8-1 求得杆的固端弯矩为

$$M_{AB}^F = -\frac{1}{3} \times 3 \times 4^2 = -16\text{kN·m}$$

$$M_{BA}^F = -\frac{1}{6} \times 3 \times 4^2 = -8\text{kN·m}$$

$$M_{BC}^F = -\frac{3}{16} \times 4 \times 4 = -3\text{kN·m}$$

$$F_{BP} = M_{BA}^F + M_{BC}^F = -8 - 3 = -11\text{kN·m}$$

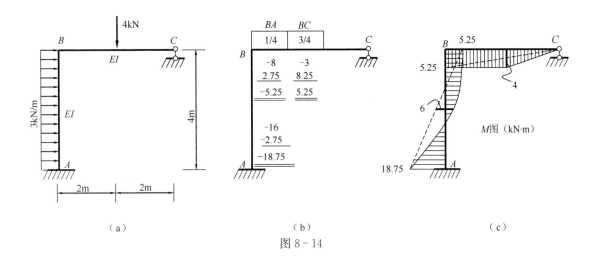

（a）　　　　　　　　　（b）　　　　　　　　　（c）

图 8 - 14

（3）分配与传递

$$M_{BA}' = \mu_{BA}(-F_{BP}) = \frac{1}{4} \times 11 = 2.75\text{kN·m}, \quad M_{AB}' = C_{BA}M_{BA}' = -2.75\text{kN·m}$$

$$M_{BC}' = \mu_{BC}(-F_{BP}) = \frac{3}{4} \times 11 = 8.25\text{kN·m}$$

（4）计算杆端弯矩

$$M_{BA} = M_{BA}^F + M_{BA}' = -8 + 2.75 = -5.25\text{kN·m}$$
$$M_{BC} = M_{BC}^F + M_{BC}' = -3 + 8.25 = 5.25\text{kN·m}$$
$$M_{AB} = M_{AB}^F + M_{AB}' = -16 - 2.75 = -18.25\text{kN·m}$$

上述计算过程和结果已列于图 8 - 14b 中。画刚架弯矩图，如图 8 - 14c 所示。

【例 8 - 7】用无剪力分配法计算图 8 - 15a 所示刚架，并画弯矩图。各杆 EI＝常数。

解　图 8 - 15a 所示刚架为对称结构，将荷载分解为对称荷载（图 8 - 15b）和反对称荷载（图 8 - 15c）。对称荷载作用下结构不产生弯矩，只引起横梁轴力。利用对称性，取结构在反对称荷载作用下的等代结构，如图 8 - 15d 所示。等代结构的立柱 AB、BC 为剪力静定杆，横梁两端无相对线位移，适用于无剪力分配法。

因等代结构有两个刚结点 B、C，需经过多轮分配与传递获得近似解。

（1）计算分配系数

$$\left.\begin{array}{l} S_{BA} = \dfrac{EI}{4} \\[2mm] S_{BC} = \dfrac{EI}{4} \\[2mm] S_{BG} = EI \end{array}\right\}, \quad \left.\begin{array}{l} \mu_{BA} = \dfrac{1}{6} \\[2mm] \mu_{BC} = \dfrac{1}{6} \\[2mm] \mu_{BG} = \dfrac{4}{6} \end{array}\right\}; \quad \left.\begin{array}{l} S_{CB} = \dfrac{EI}{4} \\[2mm] S_{CH} = EI \end{array}\right\}, \quad \left.\begin{array}{l} \mu_{CB} = \dfrac{1}{5} \\[2mm] \mu_{CH} = \dfrac{4}{5} \end{array}\right\}$$

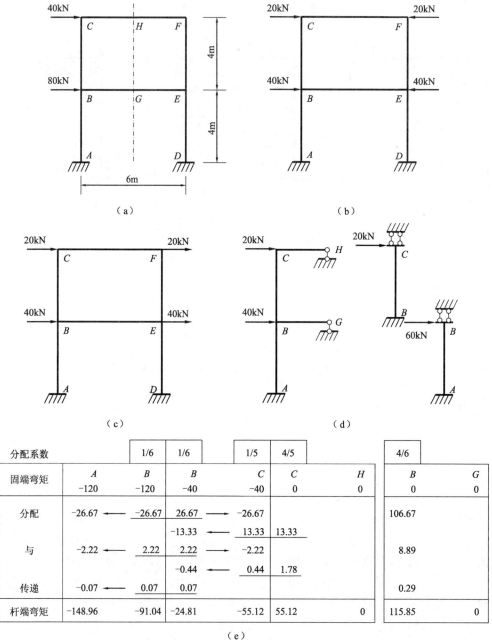

图 8 - 15

（2）计算杆固端弯矩和不平衡力矩

因立柱 AB、BC 为剪力静定杆，由静力平衡条件可得柱端剪力为

$$Q_{CB}=20\text{kN}, \quad Q_{BA}=20+40=60\text{kN}$$

柱端剪力即可作为柱端荷载，如图 8 - 15d 所示。利用表 8 - 1 求得杆的固端弯矩为

$$M_{BA}^{F}=M_{AB}^{F}=-\frac{1}{2}\times 60\times 4=-120\text{kN·m}$$

$$M_{BC}^F = M_{CB}^F = -\frac{1}{2} \times 20 \times 4 = -40 \text{kN·m}$$

结点 B、C 的不平衡力矩

$$F_{BP} = -120 - 40 = -160 \text{kN·m}, \quad F_{CP} = -40 \text{kN·m}$$

（3）分配与传递

可选结点 B 首先分配与传递，然后对结点 C 进行分配与传递，此时结点 C 的不平衡力矩需与前一结点的传递弯矩叠加，分配与传递过程如图 8-15e 所示。

（4）计算杆端弯矩

将杆的固端弯矩与各轮的分配和传递弯矩叠加得各杆的杆端弯矩，已列在图 8-15 中。画刚架的弯矩图，如图 8-16 所示。

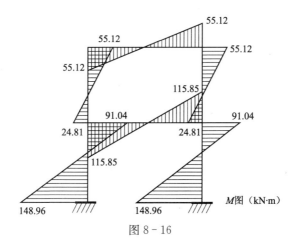

图 8-16

§8-4　小　结

本章重点掌握力矩分配法和无剪力分配法的基本概念和应用。对于仅有角位移而无线位移的超静定梁和刚架，采用力矩分配法求解一般比用力法、位移法简便。对于只有一个刚结点的结构，只需经过一轮分配与传递，即可得到精确解；对于多个刚结点的结构，可经几轮分配与传递，也可达到足够高的精度，完全可以满足工程的要求。

1. 基本概念

不平衡力矩；转动刚度；分配系数；分配弯矩；传递系数；传递弯矩

（1）不平衡力矩

当刚结点附加刚臂被固定时，所连各杆的固端弯矩自身不能平衡，其和等于附加刚臂的约束反力矩，称之为该刚结点的固端不平衡力矩。

（2）转动刚度

转动刚度又称转动刚度系数，表示杆件对转动的抵抗能力，在数值上等于使杆的近端产生单位转角时需要施加的力矩，用 S 表示。杆件近端有单位转角时，远端为固定端，$S=4i$；远端为铰支座，$S=3i$；远端为滑动支座，$S=i$。

（3）分配系数和分配弯矩

刚结点所连某杆的转动刚度与各杆转动刚度之和的比值，称为该杆的分配系数，用 μ 表示。

将不平衡力矩变号，乘以杆的分配系数即得各杆近端分到的弯矩，称为该杆的分配弯矩。

（4）传递系数和传递弯矩

当杆的近端发生单位转角时，不仅引起各杆近端的弯矩，同时也引起各杆远端的弯矩，远端弯矩称为传递弯矩。

杆的远端传递弯矩与近端分配弯矩之比称为传递系数，用 C 表示。对于等截面杆件，传递系数 C 与远端的支承情况有关。远端为固定端支座时，$C=1/2$；远端为铰支座时，$C=0$；远端为滑动支座时，$C=-1$。

2. 知识要点

（1）力矩分配法

力矩分配法适用于连续梁和无侧移刚架，计算步骤如下：

① 在刚结点处附加刚臂，根据刚结点所连各杆的转动刚度计算各杆的分配系数。

② 根据单跨梁的载常数计算各杆的固端弯矩和刚结点的不平衡力矩。

③ 放松刚结点，即将不平衡力矩变号乘以分配系数，分配给各杆的近端，再乘以传递系数传递至远端。多结点时，轮流放松各结点，重复以上步骤，直至各结点的不平衡力矩小到可以忽略为止。

④ 将各杆的固端弯矩、历次分配弯矩和传递弯矩叠加，得各杆端的最终弯矩，并绘制 M 图，进而绘制 Q、N 图。

（2）无剪力分配法

只适用于某些有侧移刚架（除了两端无相对横向线位移的杆件外，其余皆为剪力静定杆的刚架）的特殊力矩分配法。

分析计算要点：

① 横梁按近端固定、远端铰支的单跨梁计算固端弯矩，转动刚度 $S=3i$，传递系数 $C=0$。

② 立柱视为上端滑动、下端固定的单跨梁，计算在柱顶以上各层所有水平荷载作用下的固端弯矩，转动刚度 $S=i$，传递系数 $C=-1$。

③ 力矩的分配与传递与一般力矩分配法相同。

习 题

8-1 用力矩分配法解图示各连续梁，并作出最终弯矩图。

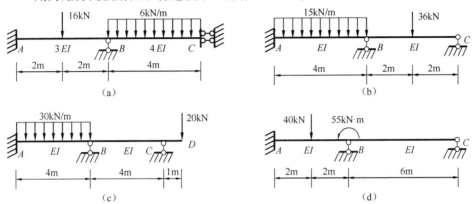

题 8-1 图

8-2 ·用力矩分配法，并考虑对称性解图示各连续梁，并作出最终弯矩图。

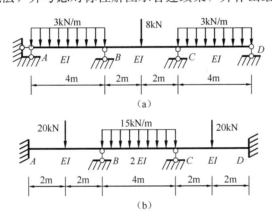

题 8-2 图

8-3 用力矩分配法解图示各连续梁，并作出最终弯矩图。

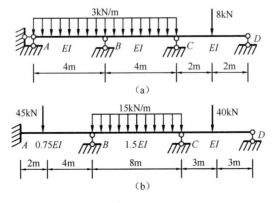

题 8-3 图

8－4　用力矩分配法解图示各刚架，并作出最终弯矩图。

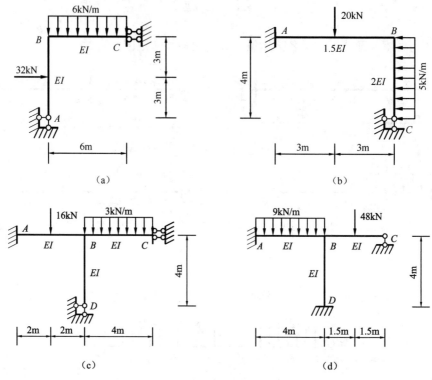

（a）　　　　　　　　　　　　　（b）

（c）　　　　　　　　　　　　　（d）

题 8－4 图

8－5　用力矩分配法解图示各刚架，并作出最终弯矩图。

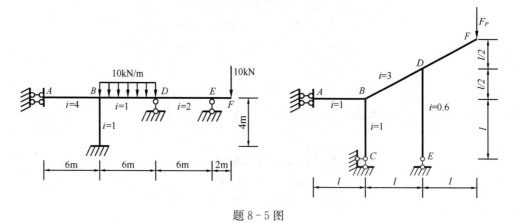

题 8－5 图

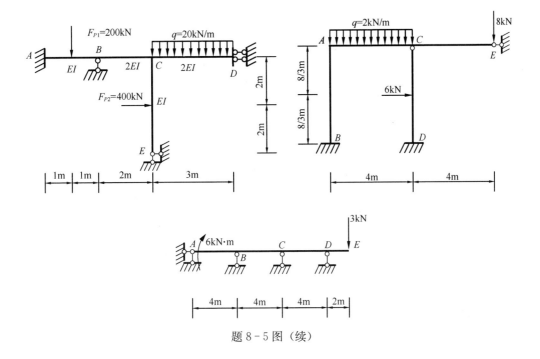

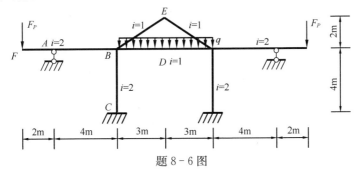

题 8－5 图（续）

8－6　利用对称性，用力矩分配法作图示的 M 图，已知 $F_P=8\text{kN}$，$q=4\text{kN/m}$。

题 8－6 图

第9章 矩阵位移法

§9-1 概 述

前面介绍的力法、位移法等分析方法，都是建立在手算基础上的传统分析方法，对于大型、复杂的工程结构分析问题，由于计算量过于庞大，传统的分析方法和计算手段难以适应。随着电子计算机技术的发展，并在工程结构分析中得到广泛应用，使得上述难题轻而易举地得以解决。

无论用力法还是位移法分析结构时，最终都是要建立一组线性代数方程并求解。为了有利于程序编制，让计算机完成这一分析过程，在数学上采用矩阵形式，称为结构矩阵分析，使分析和运算过程统一规范化，一个通用程序几乎可以分析所有的杆系结构。

由于未知量的不同，结构矩阵分析也分为矩阵力法和矩阵位移法。当用力法分析超静定结构时，同一个结构可采用不同形式基本结构，不利于程序编制；而用位移法分析时，同一个结构所采用的基本结构是一定的。此外，位移法不仅适用于超静定结构，对静定结构也同样适用，因此本章只讨论矩阵位移法。

1. 划分单元

用矩阵位移法分析杆系结构时，是将结构划分成单元（离散化），因此矩阵位移法又称杆系结构有限单元法。同一个结构单元划分的数量可多可少，但每个单元必须是等截面直杆，对于像拱一类的曲杆，只要将单元划分得足够小，使每个单元可近似视为等截面直杆，用矩阵位移法仍可求得精度足够高的解。对于直杆，单元划分的多少对解的精度没有影响，因此应尽量少划分单元，以便简化计算。单元的两端为结点，单元与单元之间以结点相连。单元划分完后，需将单元和结点按顺序编码。同一个结构，单元划分的数量不同，结点编码次序不同，中间计算环节是不同的，且影响计算机的内存和计算时间。

如图9-1a所示结构，*ACD* 虽为等截面，但非直杆，不能划分为一个单元；*CDE* 虽为直杆，但非等截面，也不能划分为一个单元。该结构最少需划分为三个单元，如图9-1b所示。但也可以划分为四个、甚至更多单元，如图9-1c所示。

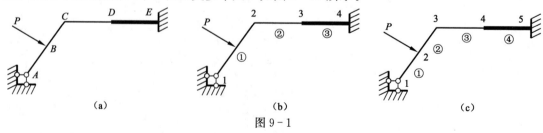

(a)   (b)   (c)

图9-1

2. 可动结点位移

矩阵位移法分析结构的未知量是结点位移，平面杆系，每个结点有 3 个位移分量，两个线位移和一个角位移，即 Δ_{ix}、Δ_{iy}、θ_i。一个单元两个结点（图 9-2a），共有 6 个位移分量，即 Δ_{ix}、Δ_{iy}、θ_i 和 Δ_{jx}、Δ_{jy}、θ_j。

根据结点的约束条件和变形协调条件，有些结点位移是零，有些结点位移相等，<u>独立的不等于零的结点位移称为可动结点位移，可动结点位移是矩阵位移法的基本未知量。</u>

如图 9-2b 所示刚架，刚结点 2 所连杆件的结点转角相等，$\theta_{21}=\theta_{23}$；铰结点 3 所连杆件的结点转角不等，$\theta_{32}\neq\theta_{34}$。不计杆件轴向变形时，$\Delta_{2y}=\Delta_{3y}=0$，$\Delta_{2x}=\Delta_{3x}$，因此可动结点位移共有 4 个。即

$$\Delta_1=\Delta_{2x}=\Delta_{3x}, \quad \Delta_2=\theta_{21}=\theta_{23}, \quad \Delta_3=\theta_{32}, \quad \Delta_4=\theta_{34}$$

矩阵位移法的基本未知量与位移法的基本未知量很相似，只不过位移法的基本未知量不需要这么多，只取其中必要几个即可。如用位移法分析图 9-2b 所示刚架，基本未知量只有两个，刚结点 2 的转角和 2、3 结点的水平线位移，即

$$\Delta_1=\theta_2, \quad \Delta_2=\Delta_{2x}=\Delta_{3x}$$

若考虑杆件轴向变形，图 9-2b 所示刚架的可动结点位移则有 7 个，如图 9-2c 所示，即

$$\Delta_1=\Delta_{2x}, \quad \Delta_2=\Delta_{2y}, \quad \Delta_3=\theta_{21}=\theta_{23}, \quad \Delta_4=\Delta_{3x}, \quad \Delta_5=\Delta_{3y}, \quad \Delta_6=\theta_{32}, \quad \Delta_7=\theta_{34}$$

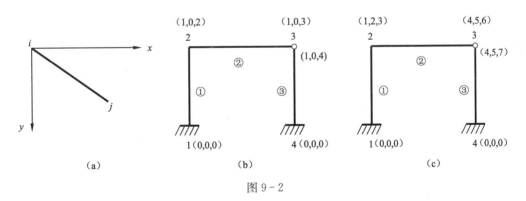

图 9-2

单元划分完后，对单元进行刚度分析，建立单元结点位移与结点力之间关系的单元刚度方程，再将单元刚度方程叠加得结构的总刚度方程，并根据可动结点位移对总刚度方程进行处理，解处理后的总刚度方程得基本未知量（可动结点位移），然后通过单元刚度方程求得杆端内力。上述分析过程称为后处理法，规范划一，便于程序编制和计算机运算。手算多采用先处理法，即先根据可动结点位移对单元刚度方程进行处理，再将处理后的单元刚度方程叠加得结构的总刚度方程，解总刚度方程得基本未知量。

§9-2 单元刚度分析

1. 局部坐标系

将单元的两个结点排序，前一个结点为 i，后一个结点为 j，由 $i \to j$ 取为 $\bar{x}$ 轴，$\bar{x}$ 轴顺时针转 90° 取为 $\bar{y}$ 轴，此坐标系称为单元的局部坐标系，如图 9-3 所示。

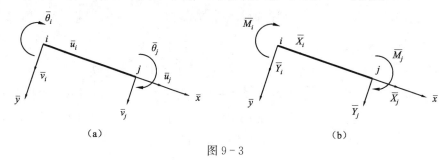

$$（a） \qquad\qquad （b）$$

图 9-3

2. 单元的结点位移、结点力

局部坐标系下，单元 i 结点的轴向位移为 $\bar{u}_i$、横向位移为 $\bar{v}_i$、转角为 $\bar{\theta}_i$、j 结点的轴向位移为 $\bar{u}_j$、横向位移为 $\bar{v}_j$、转角为 $\bar{\theta}_j$，如图 9-3a 所示。结点线位移与坐标轴方向一致为正，角位移以顺时针转为正。将 6 个结点位移按序排成一列称为单元的结点位移列阵，即

$$\{\bar{\Delta}\}^{\mathrm{e}} = \begin{bmatrix} \bar{u}_i & \bar{v}_i & \bar{\theta}_i & \bar{u}_j & \bar{v}_j & \bar{\theta}_j \end{bmatrix}^{\mathrm{T}}$$

与 6 个结点位移相对应的 6 个结点力如图 9-3b 所示，正负规定与结点位移相同。将 6 个结点力按序排成一列称为单元的结点力列阵，即

$$\{\bar{F}\}^{\mathrm{e}} = \begin{bmatrix} \bar{X}_i & \bar{Y}_i & \bar{M}_i & \bar{X}_j & \bar{Y}_j & \bar{M}_j \end{bmatrix}^{\mathrm{T}}$$

3. 单元刚度方程和刚度矩阵

单元结点力与结点位移间的关系可以用矩阵形式写作

$$\{\bar{F}\}^{\mathrm{e}} = [\bar{K}]^{\mathrm{e}} \{\bar{\Delta}\}^{\mathrm{e}} \tag{9-1}$$

式（9-1）称为单元刚度方程，式中 $[\bar{K}]^{\mathrm{e}}$ 为 6×6 的方阵，称为单元刚度矩阵，单元刚度矩阵中的各项元素称为单元的刚度系数。

式（9-1）展开后的具体形式为

$$\begin{Bmatrix} \overline{X}_i \\ \overline{Y}_i \\ \overline{M}_i \\ \overline{X}_j \\ \overline{Y}_j \\ \overline{M}_j \end{Bmatrix}^e = \begin{bmatrix} \overline{k}_{11} & \overline{k}_{12} & \overline{k}_{13} & \overline{k}_{14} & \overline{k}_{15} & \overline{k}_{16} \\ \overline{k}_{21} & \overline{k}_{22} & \overline{k}_{23} & \overline{k}_{24} & \overline{k}_{25} & \overline{k}_{26} \\ \overline{k}_{31} & \overline{k}_{32} & \overline{k}_{33} & \overline{k}_{34} & \overline{k}_{35} & \overline{k}_{36} \\ \overline{k}_{41} & \overline{k}_{42} & \overline{k}_{43} & \overline{k}_{44} & \overline{k}_{45} & \overline{k}_{46} \\ \overline{k}_{51} & \overline{k}_{52} & \overline{k}_{53} & \overline{k}_{54} & \overline{k}_{55} & \overline{k}_{56} \\ \overline{k}_{61} & \overline{k}_{62} & \overline{k}_{63} & \overline{k}_{64} & \overline{k}_{65} & \overline{k}_{66} \end{bmatrix}^e \begin{Bmatrix} \overline{u}_i \\ \overline{v}_i \\ \overline{\theta}_i \\ \overline{u}_j \\ \overline{v}_j \\ \overline{\theta}_j \end{Bmatrix}^e$$

单元刚度矩阵的行与列和单元的 6 个结点位移相对应，每列的元素为该列所对的结点位移等于 1，其他各结点位移皆等于 0 时，所对应的单元结点力。如第一列元素为 $\overline{u}_i = 1$，$\overline{v}_i = \overline{\theta}_i = \overline{u}_j = \overline{v}_j = \overline{\theta}_j = 0$ 时，所对应的各结点力，如图 9-4 所示。

$$\overline{u}_i = 1$$

$$\begin{Bmatrix} \overline{X}_i \\ \overline{Y}_i \\ \overline{M}_i \\ \overline{X}_j \\ \overline{Y}_j \\ \overline{M}_j \end{Bmatrix}^e = \begin{bmatrix} \overline{k}_{11} & \overline{k}_{12} & \overline{k}_{13} & \overline{k}_{14} & \overline{k}_{15} & \overline{k}_{16} \\ \overline{k}_{21} & \overline{k}_{22} & \overline{k}_{23} & \overline{k}_{24} & \overline{k}_{25} & \overline{k}_{26} \\ \overline{k}_{31} & \overline{k}_{32} & \overline{k}_{33} & \overline{k}_{34} & \overline{k}_{35} & \overline{k}_{36} \\ \overline{k}_{41} & \overline{k}_{42} & \overline{k}_{43} & \overline{k}_{44} & \overline{k}_{45} & \overline{k}_{46} \\ \overline{k}_{51} & \overline{k}_{52} & \overline{k}_{53} & \overline{k}_{54} & \overline{k}_{55} & \overline{k}_{56} \\ \overline{k}_{61} & \overline{k}_{62} & \overline{k}_{63} & \overline{k}_{64} & \overline{k}_{65} & \overline{k}_{66} \end{bmatrix}^e \begin{Bmatrix} 1 \\ 0 \\ 0 \\ 0 \\ 0 \\ 0 \end{Bmatrix}^e$$

由图 9-4 所示悬臂梁的杆端位移得

$$\overline{u}_i = \frac{\overline{X}_i l}{EA} = 1, \overline{X}_i = \frac{EA}{l} = \overline{k}_{11}$$

$$\overline{v}_i = \frac{\overline{Y}_i l^3}{3EI} - \frac{\overline{M}_i l^2}{2EI} = 0$$

$$\overline{\theta}_i = -\frac{\overline{Y}_i l^2}{2EI} + \frac{\overline{M}_i l}{EI} = 0$$

$$\overline{Y}_i = 0 = \overline{k}_{21}, \overline{M}_i = 0 = \overline{k}_{31}$$

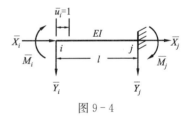

图 9-4

由平衡方程得

$$\sum X = 0, \overline{X}_j = -\overline{X}_i = -\frac{EA}{l} = \overline{k}_{41}$$

$$\sum Y = 0, \overline{Y}_j = -\overline{Y}_i = 0 = \overline{k}_{51}$$

$$\sum m_j = 0, \overline{M}_j = -\overline{M}_i = 0 = \overline{k}_{61}$$

第二列元素为 $\overline{v}_i = 1$，$\overline{u}_i = \overline{\theta}_i = \overline{u}_j = \overline{v}_j = \overline{\theta}_j = 0$ 时，所对应的单元结点力。由图 9-5 所示悬臂梁的杆端位移得

$$\overline{u}_i = \frac{\overline{X}_i l}{EA} = 0, \overline{X}_i = 0 = \overline{k}_{12}$$

$$\left. \begin{aligned} \overline{v}_i &= \frac{\overline{Y}_i l^3}{3EI} - \frac{\overline{M}_i l^2}{2EI} = 1 \\ \overline{\theta}_i &= -\frac{\overline{Y}_i l^2}{2EI} + \frac{\overline{M}_i l}{EI} = 0 \end{aligned} \right\}$$

$$\overline{Y}_i = \frac{12EI}{l^3} = \overline{k}_{22}, \quad \overline{M}_i = \frac{6EI}{l^2} = \overline{k}_{32}$$

再由平衡方程解得

$$\overline{X}_j = 0 = \overline{k}_{42}, \quad \overline{Y}_j = -\frac{12EI}{l^3} = \overline{k}_{52}, \quad \overline{M}_j = \frac{6EI}{l^2} = \overline{k}_{62}$$

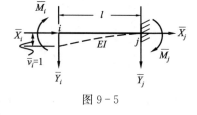

图 9 - 5

同理可得其他各列元素，局部坐标下单元刚度矩阵的
各项元素为

$$[\overline{K}]^e = \begin{bmatrix} \dfrac{EA}{l} & 0 & 0 & -\dfrac{EA}{l} & 0 & 0 \\ 0 & \dfrac{12EI}{l^3} & \dfrac{6EI}{l^2} & 0 & -\dfrac{12EI}{l^3} & \dfrac{6EI}{l^2} \\ 0 & \dfrac{6EI}{l^2} & \dfrac{4EI}{l} & 0 & -\dfrac{6EI}{l^2} & \dfrac{2EI}{l} \\ -\dfrac{EA}{l} & 0 & 0 & \dfrac{EA}{l} & 0 & 0 \\ 0 & -\dfrac{12EI}{l^3} & -\dfrac{6EI}{l^2} & 0 & \dfrac{12EI}{l^3} & -\dfrac{6EI}{l^2} \\ 0 & \dfrac{6EI}{l^2} & \dfrac{2EI}{l} & 0 & -\dfrac{6EI}{l^2} & \dfrac{4EI}{l} \end{bmatrix}^e \tag{9-2}$$

局部坐标下所有单元的单元刚度矩阵的形式皆相同。单元刚度矩阵是主对角线元素皆为正值的对称矩阵，可由反力互等定理得出这一结论。

单元刚度矩阵也是奇异矩阵，即 $|[\overline{K}]^e| = 0$。当结点位移 $\{\overline{\Delta}\}^e$ 已知时，可由单元刚度方程 (9-1) 求得结点力 $\{\overline{F}\}^e$，且是唯一解。若结点力 $\{\overline{F}\}^e$ 已知，则无法由单元刚度方程求得结点位移 $\{\overline{\Delta}\}^e$，即使有解，也非唯一解。

式 (9-2) 为各种杆件单元刚度矩阵的一般形式，对于某些特殊单元，只需根据其变形特点，将一般单元刚度矩阵作简化处理即可，毋需作单独推导或单独记忆。

例如，梁、刚架等结构中以弯曲为主的杆件（不计轴向变形），所取单元称为梁单元，梁单元的单元刚度矩阵可简化为

$$[\overline{K}]^e = \begin{bmatrix} \dfrac{12EI}{l^3} & \dfrac{6EI}{l^2} & -\dfrac{12EI}{l^3} & \dfrac{6EI}{l^2} \\ \dfrac{6EI}{l^2} & \dfrac{4EI}{l} & -\dfrac{6EI}{l^2} & \dfrac{2EI}{l} \\ -\dfrac{12EI}{l^3} & -\dfrac{6EI}{l^2} & \dfrac{12EI}{l^3} & -\dfrac{6EI}{l^2} \\ \dfrac{6EI}{l^2} & \dfrac{2EI}{l} & -\dfrac{6EI}{l^2} & \dfrac{4EI}{l} \end{bmatrix}^e \tag{9-3}$$

无横向位移的梁单元，如多跨连续梁，取每跨为单元，还可简化为

$$[\overline{K}]^e = \begin{bmatrix} \dfrac{4EI}{l} & \dfrac{2EI}{l} \\ \dfrac{2EI}{l} & \dfrac{4EI}{l} \end{bmatrix}^e = \begin{bmatrix} 4i & 2i \\ 2i & 4i \end{bmatrix}^e \tag{9-4}$$

对于桁架中杆件只有轴向变形，所取单元称为桁杆单元，单元刚度矩阵可简化为

$$[\bar{K}]^{\mathrm{e}}=\begin{bmatrix} \dfrac{EA}{l} & -\dfrac{EA}{l} \\[2mm] -\dfrac{EA}{l} & \dfrac{EA}{l} \end{bmatrix}^{\mathrm{e}} \tag{9-5}$$

§9-3 坐标变换

上一节提到，当结点位移已知时，可由单元刚度方程（9-1）求得结点力，进而求得杆端内力。结点位移需由结构的总刚度方程求得，而结构的总刚度方程是由单元刚度方程叠加得到的。式（9-1）单元刚度方程是在局部坐标系下建立的，不同的单元，局部坐标系也不同，必须在同一坐标系下建立的单元刚度方程才能叠加。为此，可将局部坐标系下单元刚度方程式（9-1），通过坐标变换，得到结构总体坐标系下的单元刚度方程。

图 9-6a 中，$\bar{x}o\bar{y}$ 为单元局部坐标系，xoy 为结构总坐标系。α 为 x 轴转向与 $\bar{x}$ 轴重合时所转过的角度，顺时针转角为正，逆时针转角为负。

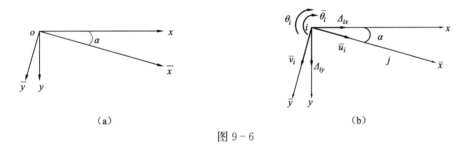

(a)　　　　　　　　　　　　　　　(b)

图 9-6

图 9-6b 中，局部坐标系下单元 i 结点的结点位移为 $\bar{u}_i$、$\bar{v}_i$、$\bar{\theta}_i$，总坐标系下单元 i 结点的结点位移为 Δ_{ix}、Δ_{iy}、θ_i，二者的关系为

$$\left.\begin{aligned} \bar{u}_i &= \Delta_{ix}\cos\alpha + \Delta_{iy}\sin\alpha \\ \bar{v}_i &= -\Delta_{ix}\sin\alpha + \Delta_{iy}\cos\alpha \\ \bar{\theta}_i &= \theta_i \end{aligned}\right\}$$

同理，单元 j 结点的结点位移，二者的关系与 i 结点相同。将局部坐标系与总坐标系下单元的结点位移关系写成矩阵形式：

$$\begin{Bmatrix} \bar{u}_i \\ \bar{v}_i \\ \bar{\theta}_i \\ \bar{u}_j \\ \bar{v}_j \\ \bar{\theta}_j \end{Bmatrix}^{\mathrm{e}} = \begin{bmatrix} \cos\alpha & \sin\alpha & 0 & 0 & 0 & 0 \\ -\sin\alpha & \cos\alpha & 0 & 0 & 0 & 0 \\ 0 & 0 & 1 & 0 & 0 & 0 \\ 0 & 0 & 0 & \cos\alpha & \sin\alpha & 0 \\ 0 & 0 & 0 & -\sin\alpha & \cos\alpha & 0 \\ 0 & 0 & 0 & 0 & 0 & 1 \end{bmatrix} \begin{Bmatrix} \Delta_{ix} \\ \Delta_{iy} \\ \theta_i \\ \Delta_{jx} \\ \Delta_{jy} \\ \theta_j \end{Bmatrix}^{\mathrm{e}} \tag{9-6}$$

简写为

$$\{\overline{\Delta}\}^e = [T]\{\Delta\}^e \tag{9-7}$$

其中

$$[T] = \begin{bmatrix} \cos\alpha & \sin\alpha & 0 & 0 & 0 & 0 \\ -\sin\alpha & \cos\alpha & 0 & 0 & 0 & 0 \\ 0 & 0 & 1 & 0 & 0 & 0 \\ 0 & 0 & 0 & \cos\alpha & \sin\alpha & 0 \\ 0 & 0 & 0 & -\sin\alpha & \cos\alpha & 0 \\ 0 & 0 & 0 & 0 & 0 & 1 \end{bmatrix} \tag{9-8}$$

称为坐标转换矩阵，可以证明坐标转换矩阵是正交矩阵，正交矩阵的逆矩阵与其转置矩阵相等，即 $[T]^{-1} = [T]^{T}$。

局部坐标系下与总坐标系下单元结点力的变换关系和结点位移的变换关系相同，即

$$\{\overline{F}\}^e = [T]\{F\}^e \tag{9-9}$$

将式（9-7）、（9-9）代入单元刚度方程式（9-1），得

$$[T]\{F\}^e = [\overline{K}]^e[T]\{\Delta\}^e$$

等式两边各左乘以 $[T]$ 的逆矩阵 $[T]^{-1}$，得

$$[T]^{-1}[T]\{F\}^e = [T]^{-1}[\overline{K}]^e[T]\{\Delta\}^e$$

将上式简化并改写为

$$\{F\}^e = [K]^e\{\Delta\}^e \tag{9-10}$$

该式为总坐标系下单元的刚度方程，其中 $[K]^e$ 为总坐标系下单元刚度矩阵，局部坐标系与总坐标系下单元刚度矩阵的关系为

$$[K]^e = [T]^{-1}[\overline{K}]^e[T] = [T]^{T}[\overline{K}]^e[T] \tag{9-11}$$

由式（9-7）、（9-9）和（9-11），局部坐标系与总坐标系下单元结点位移、结点力和单元刚度矩阵就可互相转换。

对于水平杆单元，可取左结点为 i、右结点为 j，则总坐标系与局部坐标系相同，如图9-7a所示，总坐标系下的单元刚度矩阵与局部坐标系下的单元刚度矩阵（式9-2）也相同，即 $[K]^e = [\overline{K}]^e$。对于竖直杆单元，如图9-7b所示，可取上结点为 i，下结点为 j，$\alpha = 90°$，经由式9-11变换后，总坐标系下的单元刚度矩阵为

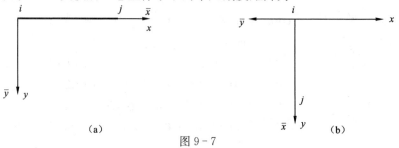

(a)   (b)

图9-7

$$[K]^e = \begin{bmatrix} \dfrac{12EI}{l^3} & 0 & -\dfrac{6EI}{l^2} & -\dfrac{12EI}{l^3} & 0 & -\dfrac{6EI}{l^2} \\[2mm] 0 & \dfrac{EA}{l} & 0 & 0 & -\dfrac{EA}{l} & 0 \\[2mm] -\dfrac{6EI}{l^2} & 0 & \dfrac{4EI}{l} & \dfrac{6EI}{l^2} & 0 & \dfrac{2EI}{l} \\[2mm] -\dfrac{12EI}{l^3} & 0 & \dfrac{6EI}{l^2} & \dfrac{12EI}{l^3} & 0 & \dfrac{6EI}{l^2} \\[2mm] 0 & -\dfrac{EA}{l} & 0 & 0 & \dfrac{EA}{l} & 0 \\[2mm] -\dfrac{6EI}{l^2} & 0 & \dfrac{2EI}{l} & \dfrac{6EI}{l^2} & 0 & \dfrac{4EI}{l} \end{bmatrix}^e \tag{9-12}$$

由此可见，虽然局部坐标系下的单元刚度矩阵的形式皆相同，但经过坐标转换后，总坐标系下的单元刚度矩阵却各不相同，但总坐标系下的单元刚度矩阵仍然是对称矩阵。

图 9-8 所示为桁杆单元，局部坐标系与总坐标系下结点位移间的变换关系为

$$\begin{Bmatrix} \bar{u}_i \\ 0 \\ \bar{u}_j \\ 0 \end{Bmatrix} = \begin{bmatrix} \cos\alpha & \sin\alpha & 0 & 0 \\ -\sin\alpha & \cos\alpha & 0 & 0 \\ 0 & 0 & \cos\alpha & \sin\alpha \\ 0 & 0 & -\sin\alpha & \cos\alpha \end{bmatrix} \begin{Bmatrix} \Delta_{ix} \\ \Delta_{iy} \\ \Delta_{jx} \\ \Delta_{jy} \end{Bmatrix} \tag{9-13}$$

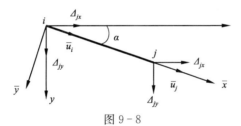

图 9-8

坐标转换矩阵为

$$[T] = \begin{bmatrix} \cos\alpha & \sin\alpha & 0 & 0 \\ -\sin\alpha & \cos\alpha & 0 & 0 \\ 0 & 0 & \cos\alpha & \sin\alpha \\ 0 & 0 & -\sin\alpha & \cos\alpha \end{bmatrix} \tag{9-14}$$

利用式（9-11）计算总坐标系下单元刚度矩阵时，需将局部坐标系下桁杆单元刚度矩阵式（9-5）扩大为

$$[\bar{K}]^e = \begin{bmatrix} \dfrac{EA}{l} & 0 & -\dfrac{EA}{l} & 0 \\[2mm] 0 & 0 & 0 & 0 \\[2mm] -\dfrac{EA}{l} & 0 & \dfrac{EA}{l} & 0 \\[2mm] 0 & 0 & 0 & 0 \end{bmatrix} = \dfrac{EA}{l} \begin{bmatrix} 1 & 0 & -1 & 0 \\ 0 & 0 & 0 & 0 \\ -1 & 0 & 1 & 0 \\ 0 & 0 & 0 & 0 \end{bmatrix} \tag{9-15}$$

局部坐标系下桁杆单元刚度矩阵为 2×2 的方阵，经坐标转换后总坐标系下的单元刚度矩阵变为 4×4 的方阵。

§9-4 结构的整体刚度分析

结构的整体刚度分析就是要建立结构总的结点位移与总的结点力之间的关系，即结构的总刚度方程，并由总刚度方程求解基本未知量（可动结点位移）。这一过程可通过两种方式完成，即后处理法和先处理法，后处理法有利于计算机计算，先处理法便于手算。

1. 后处理法

将总坐标系下的单元刚度方程式（9-10）叠加

$$\sum [K]^e \{\Delta\}^e = \sum \{F\}^e$$

得结构的总刚度方程

$$[K]\{\Delta\} = \{F\} \tag{9-16}$$

式中

$$\{\Delta\} = \sum \{\Delta\}^e \tag{9-17}$$

为结构总的结点位移列阵。每个结点的位移有 3 个，按 Δ_{ix}、Δ_{iy}、θ_i 排序，设有 n 个结点，共有 $3n$ 个结点位移，则$\{\Delta\}$ 为 $3n$ 的列阵。

$$\{F\} = \sum \{F\}^e \tag{9-18}$$

为结构总的结点外力列阵。单元结点力中，即有外力也有内力，因单元间的内力为作用与反作用力，叠加后为零，只剩下结点外力（外荷载和支座约束反力）。结点外力按 F_{ix}、F_{iy}、m_i 排序，总的结点外力也有 $3n$ 个，$\{F\}$ 也为 $3n$ 的列阵。$\{F\}$ 中的各项元素与$\{\Delta\}$ 中的各项元素要一一对应。

$$[K] = \sum [K]^e \tag{9-19}$$

为结构总刚度矩阵，$[K]$ 为 $3n \times 3n$ 的方阵。

总刚度矩阵$[K]$是由单元刚度矩阵 $[K]^e$ 叠加而成，下面通过具体实例说明叠加过程。

图 9-9 所示刚架划分为 3 个单元，共有 4 个结点，总刚度矩阵$[K]$是 12×12 的方阵。将单元刚度矩阵按单元结点码前后次序划分为 2×2 的子矩阵，每个子矩阵有 $3 \times 3 = 9$ 个元素。

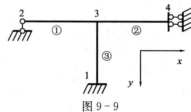

图 9-9

$$[K]^e = \begin{array}{c} \\ i \\ \\ \\ j \\ \\ \end{array} \overset{\overset{i \qquad\qquad\quad j}{}}{\begin{bmatrix} k_{11} & k_{12} & k_{13} & k_{14} & k_{15} & k_{16} \\ k_{21} & k_{22} & k_{23} & k_{24} & k_{25} & k_{26} \\ k_{31} & k_{32} & k_{33} & k_{34} & k_{35} & k_{36} \\ \hdashline k_{41} & k_{42} & k_{43} & k_{44} & k_{45} & k_{46} \\ k_{51} & k_{52} & k_{53} & k_{54} & k_{55} & k_{56} \\ k_{61} & k_{62} & k_{63} & k_{64} & k_{65} & k_{66} \end{bmatrix}}^{e} = \begin{array}{c} \\ i \\ j \end{array}\overset{\overset{i \qquad\quad j}{}}{\begin{bmatrix} [K]_{ii}^e & [K]_{ij}^e \\ [K]_{ji}^e & [K]_{jj}^e \end{bmatrix}}^e$$

子矩阵的两个下脚标，前一个脚标对应于矩阵的行码，后一个脚标对应于矩阵的列码。3 个单元的刚度矩阵划分成子矩阵为

$$[K]^{(1)} = \begin{array}{c} 2 \\ 3 \end{array}\overset{\overset{2\qquad\quad 3}{}}{\begin{bmatrix} [K]_{22}^{(1)} & [K]_{23}^{(1)} \\ [K]_{32}^{(1)} & [K]_{33}^{(1)} \end{bmatrix}} \qquad [K]^{(2)} = \overset{\overset{3\qquad\quad 4}{}}{\begin{bmatrix} [K]_{33}^{(2)} & [K]_{34}^{(2)} \\ [K]_{43}^{(2)} & [K]_{44}^{(2)} \end{bmatrix}} \qquad [K]^{(3)} = \overset{\overset{3\qquad\quad 1}{}}{\begin{bmatrix} [K]_{33}^{(3)} & [K]_{31}^{(3)} \\ [K]_{13}^{(3)} & [K]_{11}^{(3)} \end{bmatrix}}$$

总刚度矩阵也按结构的结点编码顺序划分为 4×4 的子矩阵。将单元刚度矩阵的子矩阵，按其脚标搬入与总刚度矩阵行码和列码对应的位置（对号入座），若两个子矩阵脚标相同，则搬入同一位置，并将两个子矩阵的 9 个元素对应相加。即

$$[K] = [K]^{(1)} + [K]^{(2)} + [K]^{(3)} = \begin{array}{c} 1 \\ 2 \\ 3 \\ 4 \end{array}\overset{\overset{1 \qquad\qquad\quad 2 \qquad\qquad\qquad 3 \qquad\qquad\qquad\quad 4}{}}{\begin{bmatrix} [K]_{11}^{(3)} & 0 & [K]_{13}^{(3)} & 0 \\ 0 & [K]_{22}^{(1)} & [K]_{23}^{(1)} & 0 \\ [K]_{31}^{(3)} & [K]_{32}^{(1)} & [K]_{33}^{(1)}+[K]_{33}^{(2)}+[K]_{33}^{(3)} & [K]_{34}^{(2)} \\ 0 & 0 & [K]_{43}^{(2)} & [K]_{44}^{(2)} \end{bmatrix}}$$

总刚度矩阵中的 "0" 为 3×3 的零矩阵。

总刚度方程为

$$\begin{bmatrix} k_{11} & k_{12} & k_{13} & k_{14} & k_{15} & k_{16} & k_{17} & k_{18} & k_{19} & k_{110} & k_{111} & k_{112} \\ k_{21} & k_{22} & k_{23} & k_{24} & k_{25} & k_{26} & k_{27} & k_{28} & k_{29} & k_{210} & k_{211} & k_{212} \\ k_{31} & k_{32} & k_{33} & k_{34} & k_{35} & k_{36} & k_{37} & k_{38} & k_{39} & k_{310} & k_{311} & k_{312} \\ k_{41} & k_{42} & k_{43} & k_{44} & k_{45} & k_{46} & k_{47} & k_{48} & k_{49} & k_{410} & k_{411} & k_{412} \\ k_{51} & k_{52} & k_{53} & k_{54} & k_{55} & k_{56} & k_{57} & k_{58} & k_{59} & k_{510} & k_{511} & k_{512} \\ k_{61} & k_{62} & k_{63} & k_{64} & k_{65} & k_{66} & k_{67} & k_{68} & k_{69} & k_{610} & k_{611} & k_{612} \\ k_{71} & k_{72} & k_{73} & k_{74} & k_{75} & k_{76} & k_{77} & k_{78} & k_{79} & k_{710} & k_{711} & k_{712} \\ k_{81} & k_{82} & k_{83} & k_{84} & k_{85} & k_{86} & k_{87} & k_{88} & k_{89} & k_{810} & k_{811} & k_{812} \\ k_{91} & k_{92} & k_{93} & k_{94} & k_{95} & k_{96} & k_{97} & k_{98} & k_{99} & k_{910} & k_{911} & k_{912} \\ k_{101} & k_{102} & k_{103} & k_{104} & k_{105} & k_{106} & k_{107} & k_{108} & k_{109} & k_{1010} & k_{1011} & k_{1012} \\ k_{111} & k_{112} & k_{113} & k_{114} & k_{115} & k_{116} & k_{117} & k_{118} & k_{119} & k_{1110} & k_{1111} & k_{1112} \\ k_{121} & k_{122} & k_{123} & k_{124} & k_{125} & k_{126} & k_{127} & k_{128} & k_{129} & k_{1210} & k_{1211} & k_{1212} \end{bmatrix} \begin{Bmatrix} \Delta_{1x}=0 \\ \Delta_{1y}=0 \\ \theta_1=0 \\ \Delta_{2x}=0 \\ \Delta_{2y}=0 \\ \theta_2=? \\ \Delta_{3x}=0 \\ \Delta_{3y}=0 \\ \theta_3=? \\ \Delta_{4x}=0 \\ \Delta_{4y}=? \\ \theta_4=0 \end{Bmatrix} = \begin{Bmatrix} F_{1x} \\ F_{1y} \\ m_1 \\ F_{2x} \\ F_{2y} \\ m_2 \\ F_{3x} \\ F_{3y} \\ m_3 \\ F_{4x} \\ F_{4y} \\ m_4 \end{Bmatrix}$$

不计杆的轴向变形，则总刚度方程的 12 结点位移中只有 3 个可动结点位移 θ_2、θ_3、Δ_{4y} 是未知量，余下的 9 个结点位移皆为零。欲求三个未知量，只需三个方程即可，于是我们将

结点位移 $\Delta_i = 0$ 所对应的总刚度矩阵 $[K]$ 中行与列的元素去掉，所对应的结点力列阵 $\{F\}$ 中的元素也去掉。于是得方程组

$$k_{66}\theta_2 + k_{69}\theta_3 + k_{611}\Delta_{4y} = m_2$$
$$k_{96}\theta_2 + k_{99}\theta_3 + k_{911}\Delta_{4y} = m_3$$
$$k_{116}\theta_2 + k_{119}\theta_3 + k_{1111}\Delta_{4y} = F_{4y}$$

写成矩阵形式

$$\begin{bmatrix} k_{66} & k_{69} & k_{611} \\ k_{96} & k_{99} & k_{911} \\ k_{116} & k_{119} & k_{1111} \end{bmatrix} \begin{Bmatrix} \theta_2 \\ \theta_3 \\ \Delta_{4y} \end{Bmatrix} = \begin{Bmatrix} m_2 \\ m_3 \\ F_{4y} \end{Bmatrix}$$

这就是经过处理后的结构总刚度方程。写成一般形式为

$$[K]\{\Delta\} = \{P\} \tag{9-20}$$

式中 $[K]$ 为处理后的结构总刚度矩阵，$\{\Delta\}$ 为可动结点位移列阵，$\{P\}$ 为与可动结点位移相对应的结点荷载列阵，不再含支座约束反力。上述分析过程称为后处理法。

2. 先处理法

后处理法适用于编制通用程序，用于计算机计算。若用手工计算，则过于麻烦。用手工计算可采用先处理法，即先根据结点的约束条件和杆件的变形条件，对单元刚度矩阵 $[K]^e$ 进行处理，然后再叠加形成总刚度矩阵 $[K] = \sum [K]^e$。

（1）确定可动结点位移

先处理法首先要确定可动结点位移，即按结点编码逐一判定各结点位移 Δ_{ix}、Δ_{iy}、θ_i 中哪些为零，哪些不为零，不为零且独立者即为可动结点位移，并按出现先后次序编码。非可动结点位移中，位移为零者编码均为"0"，位移相同者编码序号相同。

不计轴向变形，图 9-10a 所示结构的可动结点位移及编码如图 9-10b 所示。

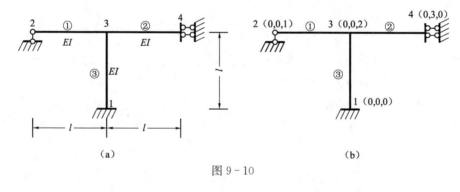

图 9-10

可动结点位移列阵为

$$\{\Delta\} = \begin{Bmatrix} \Delta_1 \\ \Delta_2 \\ \Delta_3 \end{Bmatrix} = \begin{Bmatrix} \theta_2 \\ \theta_3 \\ \Delta_{4y} \end{Bmatrix}$$

（2）单元刚度矩阵前处理

水平杆单元取左端为 i 结点，右端为 j 结点，单元刚度矩阵为式（9-2）；竖杆取上端为 i 结点，下端为 j 结点，单元刚度矩阵为式（9-12）。由图 9-10b 所示的结点位移编码，各单元的结点位移为

$$\{\Delta\}^{(1)} = \begin{bmatrix} 0 & 0 & \Delta_1 & 0 & 0 & \Delta_2 \end{bmatrix}^{\mathrm{T}}$$

$$\{\Delta\}^{(2)} = \begin{bmatrix} 0 & 0 & \Delta_2 & 0 & \Delta_3 & 0 \end{bmatrix}^{\mathrm{T}}$$

$$\{\Delta\}^{(3)} = \begin{bmatrix} 0 & 0 & \Delta_2 & 0 & 0 & 0 \end{bmatrix}^{\mathrm{T}}$$

单元的 6 个结点位移按序与单元刚度矩阵的行与列相对应。单元刚度矩阵前处理时，是将"0"码所对应的单元刚度矩阵中行与列的元素去掉，只留下可动结点位移所对应的行与列的元素，并在处理后的单元刚度矩阵的行与列标上所对的可动结点位移码。经处理后的单元刚度矩阵为

$$[K]^{(1)} = \begin{matrix} & 1 & 2 \\ 1 \\ 2 \end{matrix}\begin{bmatrix} \dfrac{4EI}{l} & \dfrac{2EI}{l} \\ \dfrac{2EI}{l} & \dfrac{4EI}{l} \end{bmatrix} \quad [K]^{(2)} = \begin{matrix} & 2 & 3 \\ 2 \\ 3 \end{matrix}\begin{bmatrix} \dfrac{4EI}{l} & -\dfrac{6EI}{l^2} \\ -\dfrac{6EI}{l^2} & \dfrac{12EI}{l^3} \end{bmatrix} \quad [K]^{(3)} = \begin{matrix} 2 \end{matrix}\begin{bmatrix} \dfrac{4EI}{l} \end{bmatrix}$$

（3）单元刚度矩阵叠加、结构总刚度矩阵

总刚度矩阵的行码和列码与可动结点位移码相对应，单元刚度矩阵叠加时，只需将处理后单元刚度矩阵中各元素按其对应的行码与列码，对号入座装入总刚度矩阵对应的行与列中即可，行码、列码相同者相加装入同一位置。叠加后图 9-10a 所示结构的总刚度矩阵为

$$[K] = [K]^{(1)} + [K]^{(2)} + [K]^{(3)} = \begin{matrix} & 1 & 2 & 3 \\ 1 \\ 2 \\ 3 \end{matrix}\begin{bmatrix} \dfrac{4EI}{l} & \dfrac{2EI}{l} & 0 \\ \dfrac{2EI}{l} & \dfrac{12EI}{l} & -\dfrac{6EI}{l^2} \\ 0 & -\dfrac{6EI}{l^2} & \dfrac{12EI}{l^3} \end{bmatrix}$$

【例 9-1】 求图 9-11a 所示刚架的总刚度矩阵，不计轴向变形。

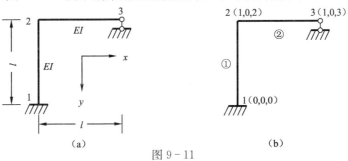

图 9-11

解　图 9-11a 所示刚架的可动结点位移编码如图 9-11b 所示。① 单元 2 为 i 结点、1 为 j 结点，②单元 2 为 i 结点、3 为 j 结点。①单元的结点位移为

$$\{\Delta\}^{(1)} = \begin{bmatrix} \Delta_1 & 0 & \Delta_2 & 0 & 0 & 0 \end{bmatrix}^{\mathrm{T}}$$

② 单元为梁杆单元，无轴向变形，结点位移为

$$\{\Delta\}^{(2)}=\begin{bmatrix} 0 & 0 & \Delta_2 & 0 & 0 & \Delta_3 \end{bmatrix}^T$$

① 单元用竖杆单元刚度矩阵式（9-12）处理，②单元用水平杆单元刚度矩阵式（9-2）处理。处理后的单元刚度矩阵为

$$[K]^{(1)}=\begin{matrix}1\\2\end{matrix}\begin{matrix}1 & 2\end{matrix}\begin{bmatrix} \dfrac{12EI}{l^3} & -\dfrac{6EI}{l^2} \\ -\dfrac{6EI}{l^2} & \dfrac{4EI}{l} \end{bmatrix} \qquad [K]^{(2)}=\begin{matrix}2\\3\end{matrix}\begin{matrix}2 & 3\end{matrix}\begin{bmatrix} \dfrac{4EI}{l} & \dfrac{2EI}{l} \\ \dfrac{2EI}{l} & \dfrac{4EI}{l} \end{bmatrix}$$

将两个单元刚度矩阵叠加，得刚架的总刚度矩阵为

$$[K]=\begin{matrix}1\\2\\3\end{matrix}\begin{matrix}1 & 2 & 3\end{matrix}\begin{bmatrix} \dfrac{12EI}{l^3} & -\dfrac{6EI}{l^2} & 0 \\ -\dfrac{6EI}{l^2} & \dfrac{8EI}{l} & \dfrac{2EI}{l} \\ 0 & \dfrac{2EI}{l} & \dfrac{4EI}{l} \end{bmatrix}$$

§9-5 等效结点荷载

结构总刚度方程式（9-20）中的$\{P\}$为结点荷载列阵，单元划分时将集中荷载作用点划为结点即可。如此划分会增加单元的数量，计算量也随之增加，不利于手算，单元划分应越少越好。若荷载不是作用在结点上，需将荷载转化为等效结点荷载，所谓等效结点荷载就是其作用效果与非结点荷载的作用效果相同。

矩阵位移法的基本原理与位移法相同，位移法基本方程式（7-3）写成矩阵形式为

$$[K]\{\Delta\}+\{F_P\}=0 \qquad\qquad\qquad (a)$$

改写为

$$[K]\{\Delta\}=-\{F_P\} \qquad\qquad\qquad (b)$$

式中$\{F_P\}$为基本结构荷载作用下附加约束的约束反力。

矩阵位移法的结构总刚度方程为式（9-20），即

$$[K]\{\Delta\}=\{P\} \qquad\qquad\qquad (c)$$

比较（b）、（c）两式可知，矩阵位移法总刚度方程的结点荷载$\{P\}$与位移法基本方程的附加约束反力$\{F_P\}$，大小相等，方向相反，即

$$\{P\}=-\{F_P\} \qquad\qquad\qquad (9-21)$$

同理，非结点荷载的等效结点荷载也与该荷载引起的附加约束反力，大小相等，方向相反。于是，只要在单元两端附加约束，即两端固定，求得非结点荷载作用下的固端反力，并将其变号，即得等效结点荷载。表9-1给出几种典型荷载的固端反力。

表 9-1　单元固端约束反力

序号	荷载简图	反力	左端	右端
1	均布荷载 q，区段 a、b，全长 l	X_P	0	0
		Y_P	$-qa\left(1-\dfrac{a^2}{l^2}+\dfrac{a^3}{2l^3}\right)$	$-q\dfrac{a^3}{l^2}\left(1-\dfrac{a}{2l}\right)$
		M_P	$-\dfrac{qa^2}{12}\left(6-8\dfrac{a}{l}+3\dfrac{a^2}{l^2}\right)$	$\dfrac{qa^2}{12l}\left(4-3\dfrac{a}{l}\right)$
2	集中荷载 P，区段 a、b，全长 l	X_P	0	0
		Y_P	$-P\dfrac{b^2}{l^2}\left(1+2\dfrac{a}{l}\right)$	$-P\dfrac{a^2}{l^2}\left(1+2\dfrac{b}{l}\right)$
		M_P	$-P\dfrac{ab^2}{l^2}$	$P\dfrac{a^2b}{l^2}$
3	集中力偶 m，区段 a、b，全长 l	X_P	0	0
		Y_P	$\dfrac{6mab}{l^3}$	$-\dfrac{6mab}{l^3}$
		M_P	$m\dfrac{b}{l}\left(2-3\dfrac{b}{l}\right)$	$m\dfrac{a}{l}\left(2-3\dfrac{a}{l}\right)$
4	三角形荷载 q，全长 l	X_P	0	0
		Y_P	$-\dfrac{3}{20}ql$	$-\dfrac{7}{20}ql$
		M_P	$-\dfrac{1}{30}ql^2$	$\dfrac{1}{20}ql^2$
5	水平集中力 P，区段 a、b，全长 l	X_P	$-P\dfrac{b}{l}$	$-P\dfrac{a}{l}$
		Y_P	0	0
		M_P	0	0

　　一般荷载的固端反力可由力法求得。为了使用方便，图 9-12 直接给出常见两种荷载的等效结点荷载。

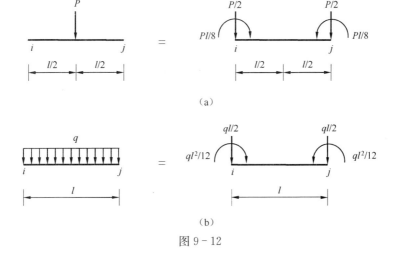

图 9-12

【例 9-2】 求图 9-13a 所示结构 2 结点的结点荷载。集中力 20kN 作用在 1-2 杆的中点，且与杆垂直。

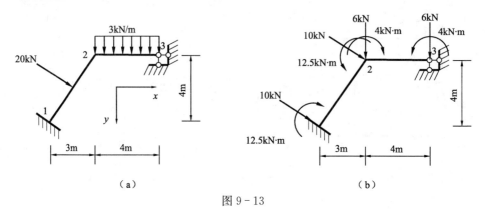

图 9-13

解 图 9-13a 所示结构的荷载不是作用在结点上，由图 9-12 可得等效结点荷载，如图 9-13b 所示。2 结点的结点荷载为

$$P_{2x}=10\times\frac{4}{5}=8\text{kN}, \quad P_{2y}=10\times\frac{3}{5}+6=12\text{kN}, \quad M_2=4-12.5=-8.5\text{kN·m}$$

写成矩阵形式为

$$\begin{Bmatrix} P_{2x} \\ P_{2y} \\ M_2 \end{Bmatrix} = \begin{Bmatrix} 8\text{kN} \\ 12\text{kN} \\ -8.5\text{kN·m} \end{Bmatrix}$$

§9-6 先处理法解梁和刚架

梁和刚架类结构，杆件的变形以弯曲为主，轴向变形可忽略不计。用先处理法解梁和刚架的具体步骤为：

① 将结构划分为单元，并将单元、结点编码。若单元已划分，结点编码已给定，按此去做即可。

② 按结点编码顺序确定可动结点位移，并排序编码，写成列阵$\{\Delta\}$。

③ 若有非结点荷载，则计算等效结点荷载，并与结点荷载叠加，将可动结点位移相对应的结点荷载挑出，按可动结点位移编码排序，写成结点荷载列阵$\{P\}$。

④ 依次将单元刚度矩阵作前处理，并将处理后的单元刚度矩阵的行与列所对应的可动结点位移编码标上。再将单元刚度矩阵中各元素按对应的行码和列码，对号入座装入总刚度矩阵中。

⑤ 建立总刚度方程$[K]\{\Delta\}=\{P\}$，求解可动结点位移$\{\Delta\}$。

⑥ 将总坐标下的单元结点位移转换为局部坐标下的单元结点位移$\{\overline{\Delta}\}^e=[T]\{\Delta\}^e$，代入单元刚度方程$\{\overline{F}\}^e=[\bar{k}]^e\{\overline{\Delta}\}^e$，并求结点力$\{\overline{F}\}^e$，再将单元结点力$\{\overline{F}\}^e$减去等效结点荷载即得结点内力（轴力、剪力、弯矩）。

【**例 9-3**】求图 9-14a 所示刚架的总刚度方程。不计轴向变形，各杆线刚度 $i=$ 常数。

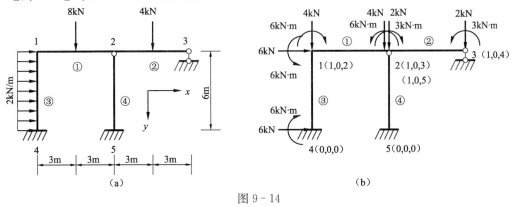

图 9-14

解　（1）确定可动结点位移

按结点顺序码排查可动结点位移，如图 9-14b 所示，共有 5 个，即

$$\{\Delta\}=\begin{Bmatrix}\Delta_1\\\Delta_2\\\Delta_3\\\Delta_4\\\Delta_5\end{Bmatrix}=\begin{Bmatrix}\Delta_{1x}=\Delta_{2x}=\Delta_{3x}\\\theta_{12}=\theta_{14}\\\theta_{21}=\theta_{23}\\\theta_{32}\\\theta_{25}\end{Bmatrix}$$

（2）确定结点荷载

计算等效结点荷载，如图 9-14b 所示，与可动结点位移相对应的结点荷载为

$$\{P\}=\begin{Bmatrix}P_1\\P_2\\P_3\\P_4\\P_5\end{Bmatrix}=\begin{Bmatrix}6\text{kN}\\0\\-3\text{kN·m}\\-3\text{kN·m}\\0\end{Bmatrix}$$

（3）单元刚度矩阵前处理

单元①、②的结点位移为

$$\{\Delta\}^{(1)}=\begin{bmatrix}0&0&2&0&0&3\end{bmatrix}^T$$

$$\{\Delta\}^{(2)}=\begin{bmatrix}0&0&3&0&0&4\end{bmatrix}^T$$

将单元刚度矩阵（式 9-2）进行前处理，得

$$[K]^{(1)}=\begin{matrix}2\\3\end{matrix}\begin{matrix}2&\ \ 3\\\begin{bmatrix}4i&2i\\2i&4i\end{bmatrix}\end{matrix},\quad[K]^{(2)}=\begin{matrix}3\\4\end{matrix}\begin{matrix}3&\ \ 4\\\begin{bmatrix}4i&2i\\2i&4i\end{bmatrix}\end{matrix}$$

单元③、④的结点位移为

$$\{\Delta\}^{(3)}=\begin{bmatrix}1&0&2&0&0&0\end{bmatrix}^T$$

$$\{\Delta\}^{(4)}=\begin{bmatrix}1&0&5&0&0&0\end{bmatrix}^T$$

将单元刚度矩阵（式9-12）进行前处理，得

$$[K]^{(3)} = \begin{matrix} 1 \\ 2 \end{matrix} \begin{bmatrix} \dfrac{i}{3} & -i \\ -i & 4i \end{bmatrix} \begin{matrix} 1 & 2 \end{matrix}, \quad [K]^{(4)} = \begin{matrix} 1 \\ 5 \end{matrix} \begin{bmatrix} \dfrac{i}{3} & -i \\ -i & 4i \end{bmatrix} \begin{matrix} 1 & 5 \end{matrix}$$

（4）单元刚度矩阵叠加为总刚度矩阵

总刚度矩阵为5×5的方阵，将处理后的单元刚度矩阵，按其行码、列码装入总刚度矩阵与之对应的行与列中，得

$$[k] = \begin{matrix} 1 \\ 2 \\ 3 \\ 4 \\ 5 \end{matrix} \begin{bmatrix} \dfrac{2}{3}i & -i & 0 & 0 & -i \\ -i & 8i & 2i & 0 & 0 \\ 0 & 2i & 8i & 2i & 0 \\ 0 & 0 & 2i & 4i & 0 \\ -i & 0 & 0 & 0 & 4i \end{bmatrix} \begin{matrix} 1 & 2 & 3 & 4 & 5 \end{matrix}$$

（5）总刚度方程

将 $\{\Delta\}$、$\{P\}$、$[K]$ 代入式（9-20），得总刚度方程

$$\begin{bmatrix} \dfrac{2}{3}i & -i & 0 & 0 & -i \\ -i & 8i & 2i & 0 & 0 \\ 0 & 2i & 8i & 2i & 0 \\ 0 & 0 & 2i & 4i & 0 \\ -i & 0 & 0 & 0 & 4i \end{bmatrix} \begin{Bmatrix} \Delta_1 \\ \Delta_2 \\ \Delta_3 \\ \Delta_4 \\ \Delta_5 \end{Bmatrix} = \begin{Bmatrix} 6 \\ 0 \\ -3 \\ -3 \\ 0 \end{Bmatrix}$$

【例9-4】 用矩阵位移法求图9-15a所示刚架的结点位移。不计轴向变形，各杆线刚度 i＝常数。

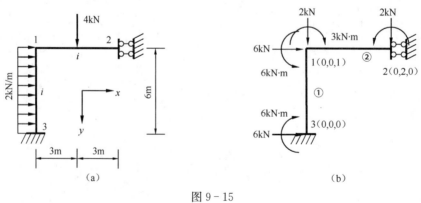

图9-15

解　（1）确定可动结点位移

按结点顺序码排查可动结点位移，如图9-15b所示，共有2个，即

$$\{\Delta\} = \begin{Bmatrix} \Delta_1 \\ \Delta_2 \end{Bmatrix} = \begin{Bmatrix} \theta_{13} = \theta_{12} \\ \Delta_{2y} \end{Bmatrix}$$

（2）确定结点荷载

计算等效结点荷载，如图 9-15b 所示，与可动结点位移相对应的结点荷载为

$$\{P\} = \begin{Bmatrix} -3 \\ 2 \end{Bmatrix}$$

（3）单元刚度矩阵前处理

单元①、②的结点位移为

$$\{\Delta\}^{(1)} = \begin{bmatrix} 0 & 0 & \Delta_1 & 0 & 0 & 0 \end{bmatrix}^{\mathrm{T}}$$

$$\{\Delta\}^{(2)} = \begin{bmatrix} 0 & 0 & \Delta_1 & 0 & \Delta_2 & 0 \end{bmatrix}^{\mathrm{T}}$$

① 单元用单元刚度矩阵（式 9-12）、②单元用单元刚度矩阵（式 9-2）进行前处理，得

$$[K]^{(1)} = \begin{matrix} 1 \\ 1 \end{matrix}\begin{bmatrix} 4i \end{bmatrix}, \qquad [K]^{(2)} = \begin{matrix} \\ 1 \\ 2 \end{matrix}\begin{matrix} 1 & 2 \\ \begin{bmatrix} 4i & -i \\ -i & i/3 \end{bmatrix} \end{matrix}$$

（4）总刚度矩阵与总刚度方程

将处理后的两个单元刚度矩阵叠加得结构总刚度矩阵为

$$[K] = \begin{matrix} \\ 1 \\ 2 \end{matrix}\begin{matrix} 1 & 2 \\ \begin{bmatrix} 8i & -i \\ -i & i/3 \end{bmatrix} \end{matrix}$$

将 $\{\Delta\}$、$\{P\}$、$[K]$ 代入总刚度方程，得

$$\begin{bmatrix} 8i & -i \\ -i & i/3 \end{bmatrix}\begin{Bmatrix} \Delta_1 \\ \Delta_2 \end{Bmatrix} = \begin{Bmatrix} -3 \\ 2 \end{Bmatrix}$$

（5）求解可动结点位移

将总刚度方程展开

$$\left.\begin{matrix} 8i\Delta_1 - i\Delta_2 = -3 \\ -i\Delta_1 + \dfrac{i}{3}\Delta_2 = 2 \end{matrix}\right\}$$

解方程得可动结点位移

$$\begin{Bmatrix} \Delta_1 \\ \Delta_2 \end{Bmatrix} = \begin{Bmatrix} \dfrac{3}{5i} \\ \dfrac{39}{5i} \end{Bmatrix}$$

【例 9 - 5】 用矩阵位移法解图 9 - 16a 所示连续梁，并画内力图。

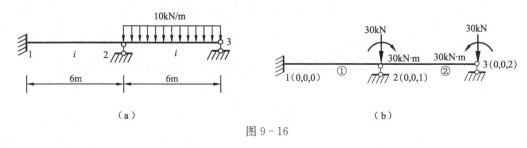

图 9 - 16

解 可动结点位移排查和等效结点荷载计算如图 9 - 16b 所示，可动结点位移有两个，即

$$\{\Delta\}=\begin{Bmatrix}\Delta_1\\\Delta_2\end{Bmatrix}=\begin{Bmatrix}\theta_{21}=\theta_{23}\\\theta_{32}\end{Bmatrix}$$

与可动结点位移相对应的结点荷载为

$$\{P\}=\begin{Bmatrix}30\\-30\end{Bmatrix}$$

单元刚度矩阵，可用式（9 - 2）或直接用式（9 - 4）进行前处理，处理后的单元刚度矩阵为

$$[K]^{(1)}=\begin{matrix}1\\\end{matrix}\begin{bmatrix}4i\end{bmatrix}\qquad[K]^{(2)}=\begin{matrix}1\\2\end{matrix}\begin{bmatrix}4i&2i\\2i&4i\end{bmatrix}$$

将单元刚度矩阵叠加，得连续梁的总刚度矩阵

$$[K]=\begin{matrix}1\\2\end{matrix}\begin{bmatrix}8i&2i\\2i&4i\end{bmatrix}$$

总刚度方程为

$$\begin{bmatrix}8i&2i\\2i&4i\end{bmatrix}\begin{Bmatrix}\Delta_1\\\Delta_2\end{Bmatrix}=\begin{Bmatrix}30\\-30\end{Bmatrix}$$

解总刚度方程，得可动结点位移

$$\Delta_1=\frac{45}{7i}$$
$$\Delta_2=-\frac{75}{7i}$$

杆件的内力计算需用局部坐标下的单元刚度方程式（9 - 1），解得总坐标下的可动结点位移需经坐标变换，转换为局部坐标下的结点位移。因两个可动结点位移都是角位移，局部坐标与总坐标下的结点角位移相同，不需要转换。

① 单元的结点位移为

$$\{\overline{\Delta}\}^{(1)}=\begin{bmatrix}0&0&0&0&0&\Delta_1\end{bmatrix}^{\mathrm{T}}$$

代入单元刚度方程式（9-1），得

$$
\left\{
\begin{array}{c}
\overline{X}_1 \\
\overline{Y}_1 \\
\overline{M}_1 \\
\overline{X}_2 \\
\overline{Y}_2 \\
\overline{M}_2
\end{array}
\right\}^{(1)}
=
\left[
\begin{array}{cccccc}
\overline{k}_{11} & \overline{k}_{12} & \overline{k}_{13} & \overline{k}_{14} & \overline{k}_{15} & \overline{k}_{16} \\
\overline{k}_{21} & \overline{k}_{22} & \overline{k}_{23} & \overline{k}_{24} & \overline{k}_{25} & \overline{k}_{26} \\
\overline{k}_{31} & \overline{k}_{32} & \overline{k}_{33} & \overline{k}_{34} & \overline{k}_{35} & \overline{k}_{36} \\
\overline{k}_{41} & \overline{k}_{42} & \overline{k}_{43} & \overline{k}_{44} & \overline{k}_{45} & \overline{k}_{46} \\
\overline{k}_{51} & \overline{k}_{52} & \overline{k}_{53} & \overline{k}_{54} & \overline{k}_{55} & \overline{k}_{56} \\
\overline{k}_{61} & \overline{k}_{62} & \overline{k}_{63} & \overline{k}_{64} & \overline{k}_{65} & \overline{k}_{66}
\end{array}
\right]^{(1)}
\left\{
\begin{array}{c}
0 \\
0 \\
0 \\
0 \\
0 \\
\Delta_1
\end{array}
\right\}^{(1)}
$$

单元结点力为

$$\overline{X}_1 = \overline{X}_2 = 0$$

$$\overline{Y}_1 = \overline{k}_{26}\Delta_1 = i \cdot \frac{45}{7i} = \frac{45}{7} = 6.43\text{kN}$$

$$\overline{M}_1 = \overline{k}_{36}\Delta_1 = 2i \cdot \frac{45}{7i} = \frac{90}{7} = 12.86\text{kN·m}$$

$$\overline{Y}_2 = \overline{k}_{56}\Delta_1 = -i \cdot \frac{45}{7i} = -\frac{45}{7} = -6.43\text{kN}$$

$$\overline{M}_2 = \overline{k}_{66}\Delta_1 = 4i \cdot \frac{45}{7i} = \frac{180}{7} = 25.71\text{kN·m}$$

因①单元无等效结点荷载，单元结点力就是单元结点内力。因矩阵位移法结点力正负号规定与杆件内力正负号规定不一样，需进行调整，即

$$N_i = -\overline{X}_i, \quad Q_i = -\overline{Y}_i, \quad M_i = \overline{M}_i; \qquad N_j = \overline{X}_j, \quad Q_j = \overline{Y}_j, \quad M_j = \overline{M}_j$$

①单元的结点内力为

$$
\left\{
\begin{array}{c}
Q_{12} \\
M_{12} \\
Q_{21} \\
M_{21}
\end{array}
\right\}
=
\left\{
\begin{array}{c}
-\overline{Y}_1 \\
\overline{M}_1 \\
\overline{Y}_2 \\
\overline{M}_2
\end{array}
\right\}
=
\left\{
\begin{array}{c}
-6.43 \\
12.86 \\
-6.43 \\
25.71
\end{array}
\right\}
$$

根据①单元的计算结果就可作出梁的内力图，②单元的计算可作为验证。②单元的结点位移为

$$\{\overline{\Delta}\}^{(2)} = \begin{bmatrix} 0 & 0 & \Delta_1 & 0 & 0 & \Delta_2 \end{bmatrix}^{\text{T}}$$

代入单元刚度方程式（9-1），得

$$
\left\{
\begin{array}{c}
\overline{X}_2 \\
\overline{Y}_2 \\
\overline{M}_2 \\
\overline{X}_3 \\
\overline{Y}_3 \\
\overline{M}_3
\end{array}
\right\}^{(2)}
=
\left[
\begin{array}{cccccc}
\overline{k}_{11} & \overline{k}_{12} & \overline{k}_{13} & \overline{k}_{14} & \overline{k}_{15} & \overline{k}_{16} \\
\overline{k}_{21} & \overline{k}_{22} & \overline{k}_{23} & \overline{k}_{24} & \overline{k}_{25} & \overline{k}_{26} \\
\overline{k}_{31} & \overline{k}_{32} & \overline{k}_{33} & \overline{k}_{34} & \overline{k}_{35} & \overline{k}_{36} \\
\overline{k}_{41} & \overline{k}_{42} & \overline{k}_{43} & \overline{k}_{44} & \overline{k}_{45} & \overline{k}_{46} \\
\overline{k}_{51} & \overline{k}_{52} & \overline{k}_{53} & \overline{k}_{54} & \overline{k}_{55} & \overline{k}_{56} \\
\overline{k}_{61} & \overline{k}_{62} & \overline{k}_{63} & \overline{k}_{64} & \overline{k}_{65} & \overline{k}_{66}
\end{array}
\right]^{(2)}
\left\{
\begin{array}{c}
0 \\
0 \\
\Delta_1 \\
0 \\
0 \\
\Delta_2
\end{array}
\right\}^{(2)}
$$

单元结点力为

$$\overline{X}_2 = \overline{X}_3 = 0$$

$$\overline{Y}_2 = \overline{k}_{23}\Delta_1 + \overline{k}_{26}\Delta_2 = i \cdot \frac{45}{7i} - i \cdot \frac{75}{7i} = -\frac{30}{7} = -4.29\text{kN}$$

$$\overline{M}_2 = \overline{k}_{33}\Delta_1 + \overline{k}_{36}\Delta_2 = 4i \cdot \frac{45}{7i} - 2i \cdot \frac{75}{7i} = \frac{30}{7} = 4.29\text{kN·m}$$

$$\overline{Y}_3 = \overline{k}_{53}\Delta_1 + \overline{k}_{56} = -i \cdot \frac{45}{7i} + i \cdot \frac{75}{7i} = \frac{30}{7} = 4.29\text{kN}$$

$$\overline{M}_3 = \overline{k}_{63}\Delta_1 + \overline{k}_{66}\Delta_2 = 2i \cdot \frac{45}{7i} - 4i \cdot \frac{75}{7i} = -30\text{kN·m}$$

② 单元有等效结点荷载，与单元结点力相对应的等效结点荷载为

$$\{\overline{P}\}^{(2)} = \begin{Bmatrix} \overline{X}_{P2} \\ \overline{Y}_{P2} \\ \overline{M}_{P2} \\ \overline{X}_{P3} \\ \overline{Y}_{P3} \\ \overline{M}_{P3} \end{Bmatrix} = \begin{Bmatrix} 0 \\ 30 \\ 30 \\ 0 \\ 30 \\ -30 \end{Bmatrix}$$

单元结点力减去等效结点荷载即得单元结点内力

$$\begin{Bmatrix} Q_{23} \\ M_{23} \\ Q_{32} \\ M_{32} \end{Bmatrix} = \begin{Bmatrix} -\overline{Y}_2 \\ \overline{M}_2 \\ \overline{Y}_3 \\ \overline{M}_3 \end{Bmatrix} - \begin{Bmatrix} -\overline{Y}_{P2} \\ \overline{M}_{P2} \\ \overline{Y}_{P3} \\ \overline{M}_{P3} \end{Bmatrix} = \begin{Bmatrix} 4.29 \\ 4.29 \\ 4.29 \\ -30 \end{Bmatrix} - \begin{Bmatrix} -30 \\ 30 \\ 30 \\ -30 \end{Bmatrix} = \begin{Bmatrix} 34.29 \\ -25.71 \\ -25.71 \\ 0 \end{Bmatrix}$$

画梁的内力图，如图 9-17 所示。

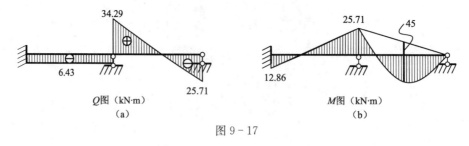

Q图（kN·m）　　　　　　　　　　　　M图（kN·m）

（a）　　　　　　　　　　　　　　　　（b）

图 9-17

【例9-6】用矩阵位移法解图9-18a所示刚架，并画剪力图和弯矩图。

解 可动结点位移排查和等效结点荷载计算如图 9-18b 所示，可动结点位移有 3 个，即

$$\{\Delta\} = \begin{Bmatrix} \Delta_1 \\ \Delta_2 \\ \Delta_3 \end{Bmatrix} = \begin{Bmatrix} \theta_{12} \\ \theta_{21} = \theta_{23} \\ \Delta_{3y} \end{Bmatrix}$$

与可动结点位移相对应的结点荷载为

$$\{P\}=\begin{Bmatrix} 24 \\ -6 \\ 18 \end{Bmatrix}$$

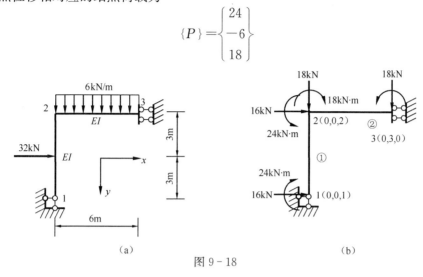

图 9 - 18

① 单元的结点位移为

$$\{\Delta\}^{(1)}=\begin{bmatrix} 0 & 0 & \Delta_2 & 0 & 0 & \Delta_1 \end{bmatrix}^{\mathrm{T}}$$

② 单元的结点位移为

$$\{\Delta\}^{(2)}=\begin{bmatrix} 0 & 0 & \Delta_2 & 0 & \Delta_3 & 0 \end{bmatrix}^{\mathrm{T}}$$

① 单元用单元刚度矩阵（式 9 - 12）、② 单元用单元刚度矩阵（式 9 - 2）进行前处理，得

$$[K]^{(1)}=\begin{matrix} 2 \\ 1 \end{matrix}\begin{matrix} 2 & 1 \\ \begin{bmatrix} 4i & 2i \\ 2i & 4i \end{bmatrix} \end{matrix}, \quad [K]^{(2)}=\begin{matrix} 2 \\ 3 \end{matrix}\begin{matrix} 2 & 3 \\ \begin{bmatrix} 4i & -i \\ -i & i/3 \end{bmatrix} \end{matrix}$$

将处理后的两个单元刚度矩阵叠加，得结构的总刚度矩阵为

$$[K]=\begin{matrix} 1 \\ 2 \\ 3 \end{matrix}\begin{matrix} 1 & 2 & 3 \\ \begin{bmatrix} 4i & 2i & 0 \\ 2i & 8i & -i \\ 0 & -i & i/3 \end{bmatrix} \end{matrix}$$

结构的总刚度方程为

$$\begin{bmatrix} 4i & 2i & 0 \\ 2i & 8i & -i \\ 0 & -i & i/3 \end{bmatrix}\begin{Bmatrix} \Delta_1 \\ \Delta_2 \\ \Delta_3 \end{Bmatrix}=\begin{Bmatrix} 24 \\ -6 \\ 18 \end{Bmatrix}$$

解方程，得可动结点位移

$$\begin{Bmatrix} \Delta_1 \\ \Delta_2 \\ \Delta_3 \end{Bmatrix}=\begin{Bmatrix} \dfrac{3}{2i} \\ \dfrac{9}{i} \\ \dfrac{81}{i} \end{Bmatrix}$$

① 单元的结点位移为

$$\{\overline{\Delta}\}^{(1)} = \begin{bmatrix} 0 & 0 & \Delta_2 & 0 & 0 & \Delta_1 \end{bmatrix}^T$$

代入单元刚度方程式（9-1），得

$$\begin{Bmatrix} \overline{X}_2 \\ \overline{Y}_2 \\ \overline{M}_2 \\ \overline{X}_1 \\ \overline{Y}_1 \\ \overline{M}_1 \end{Bmatrix}^{(1)} = \begin{bmatrix} \overline{k}_{11} & \overline{k}_{12} & \overline{k}_{13} & \overline{k}_{14} & \overline{k}_{15} & \overline{k}_{16} \\ \overline{k}_{21} & \overline{k}_{22} & \overline{k}_{23} & \overline{k}_{24} & \overline{k}_{25} & \overline{k}_{26} \\ \overline{k}_{31} & \overline{k}_{32} & \overline{k}_{33} & \overline{k}_{34} & \overline{k}_{35} & \overline{k}_{36} \\ \overline{k}_{41} & \overline{k}_{42} & \overline{k}_{43} & \overline{k}_{44} & \overline{k}_{45} & \overline{k}_{46} \\ \overline{k}_{51} & \overline{k}_{52} & \overline{k}_{53} & \overline{k}_{54} & \overline{k}_{55} & \overline{k}_{56} \\ \overline{k}_{61} & \overline{k}_{62} & \overline{k}_{63} & \overline{k}_{64} & \overline{k}_{65} & \overline{k}_{66} \end{bmatrix}^{(1)} \begin{Bmatrix} 0 \\ 0 \\ \Delta_2 \\ 0 \\ 0 \\ \Delta_1 \end{Bmatrix}^{(1)}$$

单元结点力为

$$\overline{Y}_2 = \overline{k}_{23}\Delta_2 + \overline{k}_{26}\Delta_1 = i \cdot \frac{9}{i} + i \cdot \frac{3}{2i} = 10.5\text{kN}$$

$$\overline{M}_2 = \overline{k}_{33}\Delta_2 + \overline{k}_{36}\Delta_1 = 4i \cdot \frac{9}{i} + 2i \cdot \frac{3}{2i} = 39\text{kN·m}$$

$$\overline{Y}_1 = \overline{k}_{53}\Delta_2 + \overline{k}_{56}\Delta_1 = -i \cdot \frac{9}{i} - i \cdot \frac{3}{2i} = -10.5\text{kN}$$

$$\overline{M}_1 = \overline{k}_{63}\Delta_2 + \overline{k}_{66}\Delta_1 = 2i \cdot \frac{9}{i} + 4i\frac{3}{2i} = 24\text{kN·m}$$

① 单元与单元结点力相对应的等效结点荷载为

$$\{\overline{P}\}^{(1)} = \begin{Bmatrix} \overline{X}_{P2} \\ \overline{Y}_{P2} \\ \overline{M}_{P2} \\ \overline{X}_{P1} \\ \overline{Y}_{P1} \\ \overline{M}_{P1} \end{Bmatrix} = \begin{Bmatrix} 0 \\ -16 \\ -24 \\ 0 \\ -16 \\ 24 \end{Bmatrix}$$

单元结点力减去等效结点荷载，得单元结点内力

$$\begin{Bmatrix} Q_{21} \\ M_{21} \\ Q_{12} \\ M_{12} \end{Bmatrix} = \begin{Bmatrix} -\overline{Y}_2 \\ \overline{M}_2 \\ \overline{Y}_1 \\ \overline{M}_1 \end{Bmatrix} - \begin{Bmatrix} -\overline{Y}_{P2} \\ \overline{M}_{P2} \\ \overline{Y}_{P1} \\ \overline{M}_{P1} \end{Bmatrix} = \begin{Bmatrix} -10.5 \\ 39 \\ -10.5 \\ 24 \end{Bmatrix} - \begin{Bmatrix} 16 \\ -24 \\ -16 \\ 24 \end{Bmatrix} = \begin{Bmatrix} -26.5 \\ 63 \\ 5.5 \\ 0 \end{Bmatrix}$$

② 单元的结点位移为

$$\{\overline{\Delta}\}^{(2)} = \begin{bmatrix} 0 & 0 & \Delta_2 & 0 & \Delta_3 & 0 \end{bmatrix}^T$$

代入单元刚度方程式（9-1），得

$$\left\{\begin{matrix}\overline{X}_2\\\overline{Y}_2\\\overline{M}_2\\\overline{X}_3\\\overline{Y}_3\\\overline{M}_3\end{matrix}\right\}^{(2)}=\left[\begin{matrix}\overline{k}_{11}&\overline{k}_{12}&\overline{k}_{13}&\overline{k}_{14}&\overline{k}_{15}&\overline{k}_{16}\\\overline{k}_{21}&\overline{k}_{22}&\overline{k}_{23}&\overline{k}_{24}&\overline{k}_{25}&\overline{k}_{26}\\\overline{k}_{31}&\overline{k}_{32}&\overline{k}_{33}&\overline{k}_{34}&\overline{k}_{35}&\overline{k}_{36}\\\overline{k}_{41}&\overline{k}_{42}&\overline{k}_{43}&\overline{k}_{44}&\overline{k}_{45}&\overline{k}_{46}\\\overline{k}_{51}&\overline{k}_{52}&\overline{k}_{53}&\overline{k}_{54}&\overline{k}_{55}&\overline{k}_{56}\\\overline{k}_{61}&\overline{k}_{62}&\overline{k}_{63}&\overline{k}_{64}&\overline{k}_{65}&\overline{k}_{66}\end{matrix}\right]^{(1)}\left\{\begin{matrix}0\\0\\\Delta_2\\0\\\Delta_3\\0\end{matrix}\right\}^{(1)}$$

单元结点力为

$$\overline{Y}_2=\overline{k}_{23}\Delta_2+\overline{k}_{25}\Delta_3=i\cdot\frac{9}{i}-\frac{i}{3}\cdot\frac{81}{i}=-18\text{kN}$$

$$\overline{M}_2=\overline{k}_{33}\Delta_2+\overline{k}_{35}\Delta_3=4i\cdot\frac{9}{i}-i\cdot\frac{81}{i}=-45\text{kN·m}$$

$$\overline{Y}_3=\overline{k}_{53}\Delta_2+\overline{k}_{55}\Delta_3=-i\cdot\frac{9}{i}+\frac{i}{3}\cdot\frac{81}{i}=18\text{kN}$$

$$\overline{M}_3=\overline{k}_{63}\Delta_2+\overline{k}_{65}\Delta_3=2i\cdot\frac{9}{i}-i\frac{81}{i}=-63\text{kN·m}$$

②单元与单元结点力相对应的等效结点荷载为

$$\{\overline{P}\}^{(2)}=\left\{\begin{matrix}\overline{X}_{P2}\\\overline{Y}_{P2}\\\overline{M}_{P2}\\\overline{X}_{P3}\\\overline{Y}_{P3}\\\overline{M}_{P3}\end{matrix}\right\}=\left\{\begin{matrix}0\\18\\18\\0\\18\\-18\end{matrix}\right\}$$

单元结点力减去等效结点荷载，得单元结点内力

$$\left\{\begin{matrix}Q_{23}\\M_{23}\\Q_{32}\\M_{32}\end{matrix}\right\}=\left\{\begin{matrix}-\overline{Y}_2\\\overline{M}_2\\\overline{Y}_3\\\overline{M}_3\end{matrix}\right\}-\left\{\begin{matrix}-\overline{Y}_{P2}\\\overline{M}_{P2}\\\overline{Y}_{P3}\\\overline{M}_{P3}\end{matrix}\right\}=\left\{\begin{matrix}18\\-45\\18\\-63\end{matrix}\right\}-\left\{\begin{matrix}-18\\18\\18\\-18\end{matrix}\right\}=\left\{\begin{matrix}36\\-63\\0\\-45\end{matrix}\right\}$$

画刚架的剪力图和弯矩图，如图 9-19 所示。

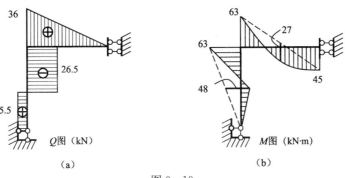

（a）　　　　　　　　　　　　（b）

图 9-19

§9-7 小　结

本章重点掌握整体刚度矩阵的形成，等效结点荷载的求解以及结构的整体分析。矩阵位移法是利用计算机进行复杂结构分析的桥梁，对于杆系结构的受力分析具有广泛的应用价值。它的重要性主要体现在它的离散化求解思想，对培养解决实际工程问题的能力具有很大的启发性，工程设计中常用的大型计算软件多是基于有限元编制的。

1. 基本概念

单元；结点；局部坐标系；总坐标系；坐标变换矩阵；单元结点位移；单元结点力；单元刚度方程；单元刚度矩阵；结构总刚度方程；结构总刚度矩阵；等效结点荷载；后处理法；先处理法

（1）单元

将结构划分成若干个相互独立的等截面直杆，每个独立的直杆称为一个单元。

（2）结点

单元的两端称为结点，单元间以结点相连。

（3）局部坐标系

按单元两端结点的前后次序建立的自身坐标系称为局部坐标系。单元不同，局部坐标系一般也不相同。

（4）总坐标系

所有单元共同使用的同一坐标系，也就是结构的整体坐标系称为总坐标系。

（5）坐标变换矩阵

单元的局部坐标系与结构的整体坐标系间的变换关系矩阵称为坐标变换矩阵。坐标变换矩阵的一般形式为

$$[T] = \begin{bmatrix} \cos\alpha & \sin\alpha & 0 & 0 & 0 & 0 \\ -\sin\alpha & \cos\alpha & 0 & 0 & 0 & 0 \\ 0 & 0 & 1 & 0 & 0 & 0 \\ 0 & 0 & 0 & \cos\alpha & \sin\alpha & 0 \\ 0 & 0 & 0 & -\sin\alpha & \cos\alpha & 0 \\ 0 & 0 & 0 & 0 & 0 & 1 \end{bmatrix}$$

对于梁杆单元、桁杆单元，坐标变换矩阵可相应简化。

（6）单元结点位移

每个结点有三个位移，局部坐标系下为轴向位移、横向位移和转角，按规定顺序排为一列，即

$$\{\overline{\Delta}\}^e = \begin{bmatrix} \overline{u}_i & \overline{v}_i & \overline{\theta}_i & \overline{u}_j & \overline{v}_j & \overline{\theta}_j \end{bmatrix}^T$$

总坐标系下的结点位移为 x、y 方向的位移和转角，按规定顺序排为一列，即

$$\{\Delta\}^e = \begin{bmatrix} \Delta_{ix} & \Delta_{iy} & \theta_i & \Delta_{jx} & \Delta_{jy} & \theta_j \end{bmatrix}^T$$

（7）单元结点力

作用于单元两端结点处的力（包括荷载、支座反力和截面内力）称为单元结点力。按照与结点位移相对应的顺序排为一列，局部坐标系下单元结点力为

$$\{\bar{F}\}^{e} = \begin{bmatrix} \bar{X}_i & \bar{Y}_i & \bar{M}_i & \bar{X}_j & \bar{Y}_j & \bar{M}_j \end{bmatrix}^{T}$$

（8）单元刚度方程

单元结点力与结点位移间的关系式称为单元刚度方程，写成矩阵形式为

$$\{\bar{F}\}^{e} = [\bar{K}]^{e}\{\bar{\Delta}\}^{e}$$

（9）单元刚度矩阵

单元刚度方程中的系数矩阵称为单元刚度矩阵。局部坐标系下单元刚度矩阵的一般形式为

$$[\bar{K}]^{e} = \begin{bmatrix} \dfrac{EA}{l} & 0 & 0 & -\dfrac{EA}{l} & 0 & 0 \\ 0 & \dfrac{12EI}{l^3} & \dfrac{6EI}{l^2} & 0 & -\dfrac{12EI}{l^3} & \dfrac{6EI}{l^2} \\ 0 & \dfrac{6EI}{l^2} & \dfrac{4EI}{l} & 0 & -\dfrac{6EI}{l^2} & \dfrac{2EI}{l} \\ -\dfrac{EA}{l} & 0 & 0 & \dfrac{EA}{l} & 0 & 0 \\ 0 & -\dfrac{12EI}{l^3} & -\dfrac{6EI}{l^2} & 0 & \dfrac{12EI}{l^3} & -\dfrac{6EI}{l^2} \\ 0 & \dfrac{6EI}{l^2} & \dfrac{2EI}{l} & 0 & -\dfrac{6EI}{l^2} & \dfrac{4EI}{l} \end{bmatrix}^{e}$$

局部坐标系下，不同单元的单元刚度矩阵的形式相同，但总坐标系下，不同单元的单元刚度矩阵的形式一般不同。对于梁杆单元、桁杆单元，单元刚度矩阵可相应简化。

（10）结构总刚度方程

结构总的结点力与总的结点位移间的关系式称为结构总刚度方程，写成矩阵形式为

$$[K]\{\Delta\} = \{F\}$$

总刚度方程中的结点力 $\{F\}$ 不包括截面内力。

（11）结构总刚度矩阵

结构总刚度方程中的系数矩阵称为结构总刚度矩阵。总刚度矩阵是由总坐标系下单元刚度矩阵叠加而成，即

$$[K] = \sum [K]^{e}$$

（12）等效结点荷载

作用于结点，但作用效果与非结点荷载的作用效果相同（引起的结点位移相同）的荷载称为非结点荷载的等效结点荷载。

（13）后处理法

将总坐标系下单元刚度矩阵直接叠加，并形成结构的总刚度方程，然后根据结构的约束条件对总刚度方程进行处理，进而解出结点位移和截面内力的方法称为后处理法。处理后的总刚度方程中的结点力$\{F\}$不包括支座反力，只有结点荷载$\{P\}$。

（14）先处理法

先根据结点的约束条件和杆件变形条件，对总坐标系下单元刚度矩阵进行处理，再叠加形成结构的总刚度方程，进而解出结点位移和截面内力的方法称为先处理法。先处理法形成的结构总刚度方程与后处理法中经处理后的总刚度方程相同。

2. 知识要点

（1）单元刚度矩阵的性质

① 单元刚度矩阵中的每个元素称为单元刚度系数k_{ij}，其物理意义为单元杆端发生单位位移时所引起的杆端力。

② 单元刚度矩阵是主对角线上元素皆为正值的对称矩阵。

③ 单元刚度矩阵是奇异矩阵。

（2）总坐标系下的单元刚度矩阵

$$[K]^{e}=[T]^{T}[\bar{K}]^{e}[T]$$

（3）单元刚度矩阵前处理

① 将单元结点位移编码，非可动结点位移统一为"0"码，可动结点位移编码要与结构总体可动结点位移编码相同。

② 将单元刚度矩阵中与"0"码相对应的行与列的元素去掉。

③ 将处理后的单元刚度矩阵的行与列，标注所对应的可动结点位移码。

（4）等效结点荷载计算

将单元两端固定，按单跨梁计算非结点荷载作用下的固端反力，并将其变号，即得等效结点荷载。

（5）先处理法解梁和刚架的具体步骤

① 将结构划分为单元，并将单元、结点编码。若单元已划分，结点编码已给定，按此去做即可。

② 按结点编码顺序确定可动结点位移，并排序编码，写成列阵$\{\Delta\}$。

③ 若有非结点荷载，则计算等效结点荷载，并与结点荷载叠加，将可动结点位移相对应的结点荷载挑出，按可动结点位移编码排序，写成结点荷载列阵$\{P\}$。

④ 依次将单元刚度矩阵进行前处理，并将处理后的单元刚度矩阵的行与列所对应的可动结点位移编码标上。再将单元刚度矩阵中各元素按对应的行码和列码，对号入座装入总刚度矩阵中。

⑤ 建立总刚度方程$[K]\{\Delta\}=\{P\}$，求解可动结点位移$\{\Delta\}$。

⑥ 将总坐标下的单元结点位移转换为局部坐标下的单元结点位移$\{\bar{\Delta}\}^{e}=[T]\{\Delta\}^{e}$，代入单元刚度方程$\{\bar{F}\}^{e}=[\bar{K}]^{e}\{\bar{\Delta}\}^{e}$，并求结点力$\{\bar{F}\}^{e}$，再将单元结点力$\{\bar{F}\}^{e}$减去等效结点荷载即得结点内力（轴力、剪力、弯矩）。

习　　题

9-1　用矩阵位移法解下列结构时，可动结点位移有几个？都是什么？写出可动结点位移列阵 $\{\Delta\}$。不计轴向变形。

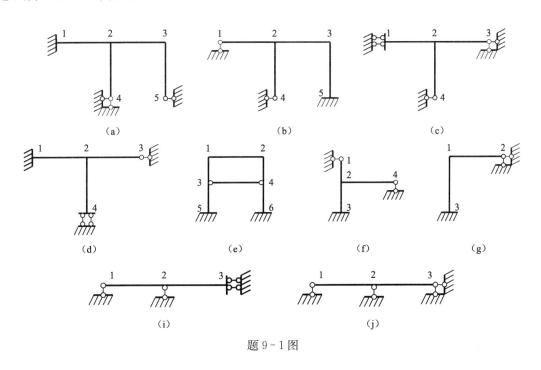

题 9-1 图

9-2　计算图示结构整体刚度矩阵中的指定元素，不计轴向变形。

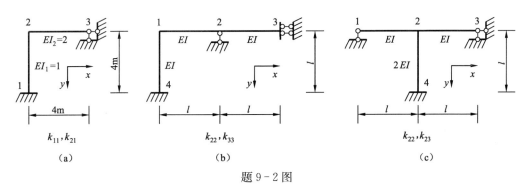

题 9-2 图

9-3　计算图示结构的可动结点位移列阵和与之相应的等效结点荷载列阵，不计轴向变形。

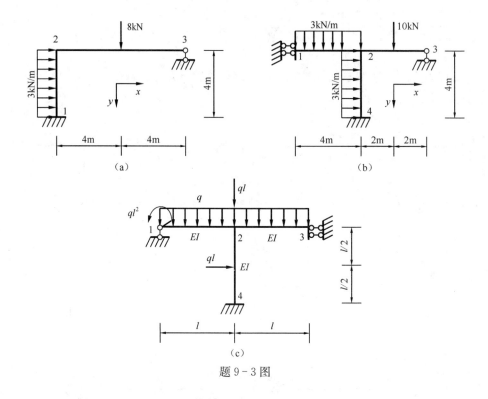

（a） （b）

（c）

题 9-3 图

9-4 用先处理法建立图示各连续梁整体刚度矩阵。

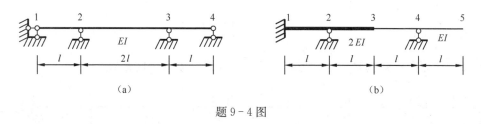

（a） （b）

题 9-4 图

9-5 用先处理法解图示各连续梁，并作弯矩图。

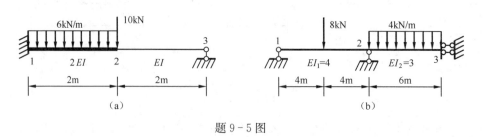

（a） （b）

题 9-5 图

9-6 用先处理法建立图示刚架的整体刚度矩阵。（a）题不计轴向变形，（b）题考虑轴向变形。$E=21\times10^4\,\mathrm{MPa}$，$I=6.4\times10^{-5}\,\mathrm{m}^4$，$A=2\times10^{-3}\,\mathrm{m}^2$。

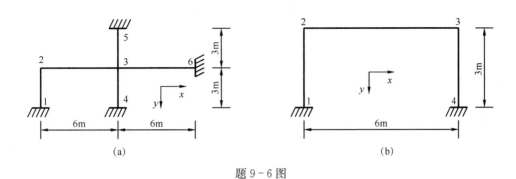

题 9 - 6 图

9 - 7　用先处理法建立图示刚架的整体刚度矩阵和刚度方程，不计轴向变形。

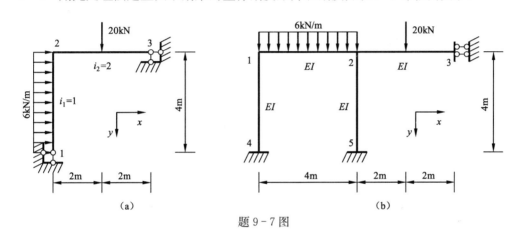

题 9 - 7 图

9 - 8　用先处理法解图示刚架，并作弯矩图。（a）题不计轴向变形，（b）题考虑轴向变形。$E = 3 \times 10^4 \mathrm{MPa}$, $I = \frac{1}{24} \mathrm{m}^4$, $A = 0.5 \mathrm{m}^2$。

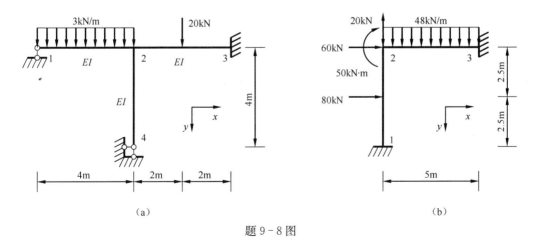

题 9 - 8 图

9-9 分别用先处理法和后处理法解图示桁架，各杆 EA 相同。

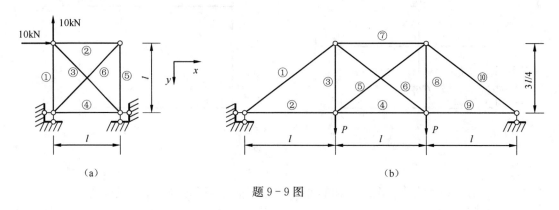

题 9-9 图

9-10 已知结点 2 的位移 $\theta_2 = \dfrac{F_p l^2}{128EI}$（逆时针），作图示结构的弯矩图和剪力图。

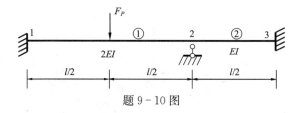

题 9-10 图

第 10 章 结构的极限荷载

§10-1 概 述

在前面各章的讨论中，我们是将结构视为理想的弹性体，材料服从胡克定律。在荷载作用下，材料始终处于弹性阶段，荷载卸除后变形完全消失，结构恢复原有的形状，这种分析方法称为弹性分析。按弹性分析，结构的设计采用材料力学的强度理论，即结构的最大应力 $\sigma_{\max}$ 达到材料的极限应力 σ_u 时发生破坏，其强度条件为

$$\sigma_{\max} \leqslant [\sigma]$$

式中 $[\sigma]$ 为材料的容许应力，它是由试验测得的极限应力除以一定的安全系数得来的。对于塑性材料来说极限应力指的是屈服极限 σ_s，对于脆性材料来说极限应力指的是强度极限 σ_b。

结构的弹性设计是以个别截面上的局部应力来衡量整个结构的承载能力，这对于塑性材料的结构，尤其是超静定结构来说是既不合理也不经济的。因塑性材料结构，当个别截面上的最大应力达到屈服极限，甚至某一局部进入塑性状态时，结构一般并不发生破坏，仍具有进一步承受更大荷载的能力。而弹性设计并没有考虑材料超过屈服极限后结构的那一部分承载能力，因此是不够经济合理的。

考虑材料塑性时结构的承载能力要比只考虑材料弹性时结构的承载能力大得多，为了消除弹性设计方法的缺点，塑性设计方法逐渐发展起来。在塑性设计中，首先要确定结构破坏时所能承受的荷载，也就是结构的极限荷载，然后将极限荷载除以安全系数得出容许荷载，并以此作为塑性设计的依据。

要确定结构的极限荷载，必须考虑材料的塑性变形，对结构进行塑性分析。为了简化计算，通常假设材料为理想的弹塑性材料，其应力-应变关系如图 10-1 所示。在应力 σ 到达屈服极限 σ_s 以前，应力-应变为线性关系，即 $\sigma = E\varepsilon$，如图 10-1 中 OA 段所示。当应力到达屈服极限时，材料进入塑性流动状态，应力不再增加，而应变可继续不断增加，如图 10-1 中 AB 段所示。如果塑性流动到达 C 点后发生卸载，则应变的减小值 $\Delta\varepsilon$ 与应力减小值 $\Delta\sigma$ 仍成正比，比值还是 E，即 $\Delta\sigma = E\Delta\varepsilon$，如图 10-1 中 CD 段所示。这里 $CD /\!/ OA$。由此可见，材料在加载与卸载时的情形不同，加载时是弹塑性的，而卸载时是弹性的。同时还可以看到，材料经过塑性变形之后，应力与应变之间不再存在单值对应关系，同一个应力值可对应于不同的应变值，同一个应变值也可对应于不同的应力值。由于以上原因，结构的弹塑性计算要比弹性计算复杂一些。

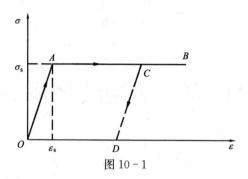

图 10-1

本章中我们对结构弹塑性变形的发展过程不进行全面分析，而是集中讨论结构的极限荷载，因而可用更简便的方法解决问题。

§10-2 极限弯矩、塑性铰和破坏机构

首先我们以理想的弹塑性材料的矩形截面梁在纯弯曲工作状态下（图 10-2），说明以下几个基本概念。

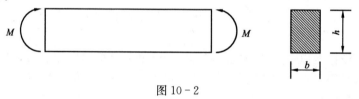

图 10-2

1. 极限弯矩

随着截面弯矩 M 的增大，梁会经历一个由弹性阶段到弹塑性阶段，最后到达塑性阶段的过程。实验表明，无论在哪个阶段，梁在弯曲变形时的平面假定都是成立的。各阶段梁截面的应力和应变过程如图 10-3 所示。

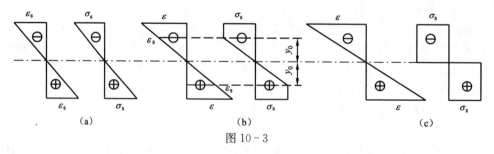

图 10-3

图 10-3a 所示为弹性阶段，梁横截面上各点的应力和应变沿截面高度呈线性分布。弹性阶段的终点，横截面上的最大应力达到屈服极限 σ_s，此时的弯矩

$$M_s = W_z \sigma_s = \frac{bh^2}{6} \sigma_s \qquad (10-1)$$

称为弹性极限弯矩，或称为屈服弯矩。

230

图 10-3b 所示为弹塑性阶段，随着弯矩的增加，截面靠外侧的部分材料发生屈服形成塑性区，其应力为常数 σ_s。在截面内部（$|y| \leqslant y_0$）仍为弹性区，称为弹性核，弹性区内应力仍为线性分布。

图 10-3c 所示为塑性阶段，随着弯矩的增加，塑性区逐渐增大，弹性核的高度逐渐减小，最后达到极限情形 $y_0 \rightarrow 0$，整个截面都处于塑性流动状态，此时截面的弯矩达到极值 M_u，称为极限弯矩。极限弯矩是表征截面承受弯曲变形能力的常数，只与材料和截面的几何性质有关，而与所受荷载无关。比照弹性极限弯矩 M_s，极限弯矩 M_u 也可写作

$$M_u = W_s \sigma_s \tag{10-2}$$

式中 W_s 称为塑性截面模量。

由图 10-3 可以看出，无论在哪个阶段，中性轴都将截面分成受拉和受压两个部分，但在不同阶段中性轴的位置不一定相同。为了说明这一点，我们以只有一个对称轴的 T 形截面为例（图 10-4a）。

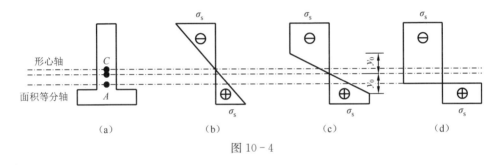

图 10-4

在弹性阶段（图 10-4b），中性轴为过形心的主惯性轴；弹塑性阶段（图 10-4c），随着屈服范围的扩大，中性轴的位置在不断变化；塑性阶段（图 10-4d），设中性轴将截面分成两部分的面积为 A_1 和 A_2，截面的轴力

$$N = \sigma_s A_1 - \sigma_s A_2 = 0, \quad A_1 = A_2$$

因此中性轴将截面分成面积相等的两个部分。截面的极限弯矩

$$M_u = \int_A \sigma_s y \mathrm{d}A = \sigma_s (A_1 y_1 + A_2 y_2) = \sigma_s (S_1 + S_2)$$

将上式与式（10-2）比较，可得塑性截面模量

$$W_u = S_1 + S_2 \tag{10-3}$$

式中 S_1 和 S_2 为截面等分线两侧面积对塑性中性轴的静矩。

对于矩形截面梁（图 10-2），由材料力学可知弹性截面模量为 $W_z = \dfrac{bh^2}{6}$，塑性截面模量为

$$W_u = \frac{bh}{2} \cdot \frac{h}{4} \cdot 2 = \frac{bh^2}{4}$$

考虑塑性时的极限弯矩与只考虑弹性时的极限弯矩之比为

$$\frac{M_u}{M_s} = \frac{W_u}{W_z} = 1.5$$

由此可见，按塑性计算比按弹性计算可使截面的承载能力提高。

2. 塑性铰

在图 10-3c 中，当截面达到塑性流动阶段时，极限弯矩保持不变，各点的应力皆为屈服极限 σ_s。而应变却可不断增加，受拉一侧纤维不断伸长，受压一侧纤维不断缩短，使得两个无限靠近的相邻截面产生有限的相对转角，这与机械铰链相似，截面两侧杆件可绕其转动。这种由于截面的弯矩达到极限弯矩而像铰链一样使两侧杆件绕其转动的截面称为塑性铰。

虽然塑性铰可像机械铰链那样使杆件绕其转动，但二者还是有显著差别的。差别之一是塑性铰能承受弯矩，其弯矩值就是极限弯矩 M_u；机械铰链不能承受弯矩，其弯矩值为零。差别之二是当加载至塑性流动阶段后再进行卸载，由于理想的弹塑性材料在卸载时是弹性的，截面恢复其弹性刚度不再具有铰的性质。因此塑性铰只能沿弯矩增大的方向发生转动，属单向铰；而机械铰链可任意转动，属双向铰。

上述的结果是在纯弯曲的条件下得到的，梁在横向荷载作用下弯曲时，截面存在剪力，但剪力对梁的承载能力影响很小，可以忽略不计。因此纯弯曲时得到的结果在横向弯曲时仍可使用。

3. 破坏机构

结构每出现一个塑性铰就减少一个约束，图 10-5a 所示的简支梁，只要出现一个塑性铰就变成机构，从而丧失承载能力。对于超静定结构，需出现足够多的塑性铰才能变成机构。图 10-5b 所示的超静定梁，需出现两个塑性铰才能变成机构，图 10-5c 所示的超静定梁，需出现三个塑性铰才能变成机构。这一由于出现塑性铰而变成的丧失承载能力的结构称为破坏机构。

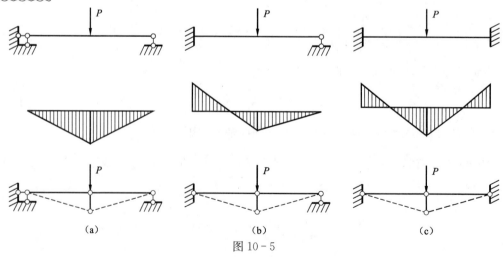

(a)　　　　　　　　　(b)　　　　　　　　　(c)

图 10-5

要确定破坏机构，必须首先知道塑性铰可能出现的位置和可能出现塑性铰的数目。当荷载逐渐增加时，梁各截面的弯矩也随着逐渐增加，弯矩最大的截面首先达到极限弯矩形成塑性铰。对于超静定结构，出现一个塑性铰并没有破坏，荷载还可继续增加，此时形成塑性铰截面的弯矩将保持不变，只不过屈服范围会逐渐扩大。但其他截面的弯矩还在继续增加，当下一个弯矩峰值截面也达到极限弯矩，又形成一个塑性铰。因此弯矩峰值截面是出现塑性铰的位置。

集中荷载（包括支座反力）的作用点是弯矩的峰值截面，也是出现塑性铰的位置。图 10 - 6a 中，C 截面、A 截面是出现塑性铰的位置；图 10 - 6b 中，C 截面、B 截面也是出现塑性铰的位置。

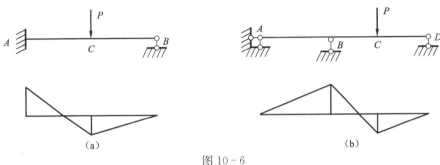

图 10 - 6

均布荷载弯矩图为抛物线，抛物线的顶点所对截面的弯矩取极值，该截面是出现塑性铰的位置。如图 10 - 7a 中，除了 A 截面能出现塑性铰外，弯矩抛物线顶点所对的截面 C 也能出现塑性铰。

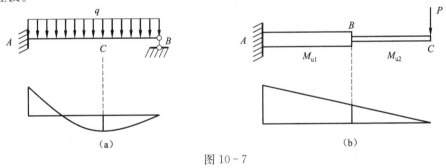

图 10 - 7

对于变截面梁，由于各段梁的极限弯矩不同，在截面的突变处极限弯矩也发生突变。如图 10 - 7b 所示变截面悬臂梁，AB 段的极限弯矩 M_{u1} 大于 BC 段的极限弯矩 M_{u2}。对于整个梁来说 B 截面的弯矩并非峰值，但 B 截面的极限弯矩是 M_{u1} 与 M_{u2} 中的较小者，对于 BC 段来说 B 截面的弯矩仍为峰值。因此，变截面梁的截面突变处也是出现塑性铰的位置。

一个结构出现塑性铰的位置可能很多，但有时只需其中几个位置出现塑性铰结构就能破坏。因此，同一结构可能的破坏机构不是唯一的，可能有多种。

图 10 - 8a 所示为变截面一次超静定梁，出现塑性铰的位置有 A、B、C 三个截面，其中只要有两个截面出现塑性铰就破坏。当 A、B 两个截面出现塑性铰时的破坏机构如图 10 - 8b 所示，当 A、C 两个截面出现塑性铰时的破坏机构如图 10 - 8c 所示，当 B、C 两个截面出现塑性铰时的破坏机构如图 10 - 8d 所示。

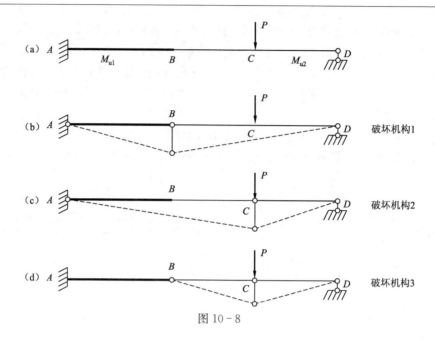

图 10 - 8

§10 - 3　极限荷载

梁在加载初期处于弹性阶段，各截面弯矩均不超过弹性极限弯矩 M_s，当荷载逐渐增加时，某一截面的弯矩首先达到 M_s，此时的荷载称为弹性极限荷载 P_s。若继续增加荷载，该截面局部发生屈服形成塑性区，随着荷载的增加塑性区逐渐扩大，当截面弯矩达到极限弯矩 M_u 时，截面全部屈服形成塑性铰。

对于静定梁，出现一个塑性铰就变成破坏机构，承载力已达到极限状态，此时的荷载称作极限荷载 P_u。对于超静定梁，必须出现足够多的塑性铰才能变成破坏机构，如果可能的破坏机构有多种，每一种破坏机构都对应于一个破坏荷载，其中最小者就是极限荷载。极限荷载可根据塑性铰截面的弯矩等于极限弯矩，通过静力法或机动法求得。

1. 静定梁的极限荷载

图 10 - 9a 所示为等截面简支梁，跨中受一集中荷载 P 作用。当荷载增大到极限荷载 P_u 时，跨中 C 截面的弯矩达到极限弯矩 M_u，形成一个塑性铰。

极限状态下梁的弯矩图如图 10 - 9b 所示，由静力平衡条件得 C 截面的弯矩为

$$M_C = \frac{P_u l}{4} = M_u$$

由上式解得梁的极限荷载为

$$P_u = \frac{4M_u}{l}$$

以上是极限状态，利用静力平衡条件确定极限荷载的方法称为静力法。

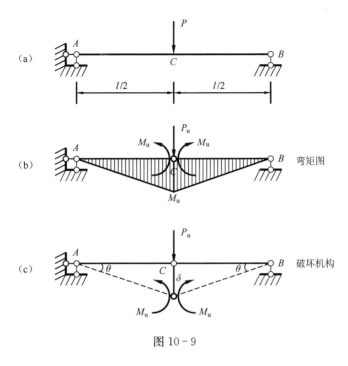

图 10 - 9

极限状态下梁已变成破坏机构，但仍然是平衡的，可利用虚位移原理求其极限荷载。破坏机构的虚位移如图 10 - 9c 所示，设杆 AC 与 BC 的转角虚位移为 θ，C 点的虚位移 $\delta = \dfrac{\theta l}{2}$，虚功方程为

$$P_u \cdot \frac{\theta l}{2} - 2M_u \theta = 0$$

解虚功方程得极限荷载为

$$P_u = \frac{4M_u}{l}$$

上述通过破坏机构，利用虚位移原理求解极限荷载的方法称为机动法。

2. 单跨超静定梁的极限荷载

图 10 - 10a 所示为一次超静定的等截面梁，跨中受一集中荷载 P 作用。当荷载增大到出现两个塑性铰时才能变成机构，并丧失承载能力而破坏，这与静定梁是不同的。

加载初期，荷载小于弹性极限荷载（$P < P_s$），梁处于弹性阶段，弯矩图如图 10 - 10b 所示，最大弯矩在固定端 A 截面。继续增加荷载，A 截面的弯矩首先达到极限弯矩 M_u，形成一个塑性铰。原超静定梁转化为静定梁，相当于 A 端受有矩为 $M = M_u$ 力偶作用的简支梁，继续增加荷载的弯矩图如图 10 - 10c 所示。C 截面的弯矩为

$$M_C = \frac{Pl}{4} - \frac{M_u}{2}$$

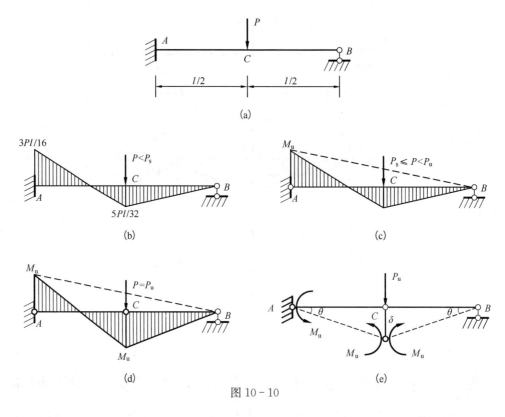

图 10 - 10

当荷载增加到极限荷载 P_u 时，C 截面的弯矩也达到极限弯矩 M_u，形成第二个塑性铰，原超静定梁变成破坏机构，丧失承载能力。极限状态下梁的弯矩图如图 10 - 10d 所示，由静力平衡条件得 C 截面的弯矩为

$$M_C = \frac{P_u l}{4} - \frac{M_u}{2} = M_u$$

由上式解得该超静定梁的极限荷载为

$$P_u = \frac{6M_u}{l}$$

上面是用静力法求得超静定梁的极限荷载，也可用机动法，破坏机构的虚位移如图 10 - 10e 所示，设杆 AC 与 BC 的转角虚位移为 θ，C 点的虚位移 $\delta = \frac{\theta l}{2}$，虚功方程为

$$P_u \cdot \frac{\theta l}{2} - 3M_u \theta = 0$$

解虚功方程得极限荷载为

$$P_u = \frac{6M_u}{l}$$

对于较复杂的梁，如荷载较多，或截面变化的梁，用机动法求解较为方便。

【例 10-1】 图 10-11a 所示两端固定的超静定梁受均布荷载作用，荷载集度为 q，梁的极限弯矩 M_u，试求梁的极限荷载 q_u。

解　根据受力分析可知，该梁出现塑性铰的位置有两固定端 A、B 和跨中截面 C。破坏机构和虚位移如图 10-11b 所示，设杆 AC 与 BC 的转角虚位移为 θ，C 点的虚位移 $\delta = \dfrac{\theta l}{2}$，虚功方程为

$$q_u \cdot \frac{1}{2} l\delta - 4M_u\theta = 0$$

解虚功方程得极限荷载为

$$q_u = \frac{16M_u}{l^2}$$

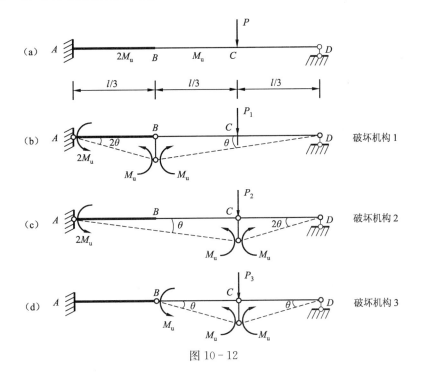

【例 10-2】 图 10-12a 所示为一变截面超静定梁，AB 段的极限弯矩为 $2M_u$，BC 段的极限弯矩为 M_u，试求梁的极限荷载。

图 10-12

解　该梁可能出现塑性铰的位置有 A、B、C 三个截面，其中出现两个塑性铰就变成破坏机构。当 A、B 两个截面出现塑性铰时，破坏机构如图 10-12b 所示，对应的破坏荷载为 P_1，虚功方程为

$$P_1 \cdot \frac{l}{3}\theta - 2M_u 2\theta - M_u 2\theta - M_u \theta = 0$$

解得破坏荷载

$$P_1 = \frac{21M_u}{l}$$

当 A、C 两个截面出现塑性铰时，破坏机构如图 10 - 12c 所示，对应的破坏荷载为 P_2，虚功方程为

$$P_2 \cdot \frac{l}{3}2\theta - 2M_u\theta - M_u\theta - M_u 2\theta = 0$$

解得破坏荷载

$$P_2 = \frac{15M_u}{2l}$$

当 B、C 两个截面出现塑性铰时，破坏机构如图 10 - 12d 所示，对应的破坏荷载为 P_3，虚功方程为

$$P_3 \cdot \frac{l}{3}\theta - 3M_u\theta = 0$$

解得破坏荷载

$$P_3 = \frac{9M_u}{l}$$

极限荷载是 3 个破坏荷载中最小者，即

$$P_u = P_2 = \frac{15M_u}{2l}$$

3. 多跨连续梁的极限荷载

设多跨连续梁每一跨为等截面的，不同跨的截面可以不同。又设各跨的荷载方向皆相同。在上述假设下可以证明，连续梁只可能在各跨内独立形成破坏机构（图 10 - 13b、c），而不可能出现由相邻几跨联合形成的破坏机构（图 10 - 13d）。

图 10 - 13a 所示连续梁受同向向下荷载作用，每跨的最大负弯矩只能在跨的两端出现，因此负的塑性铰也只能出现在跨的两端。像图 10 - 13d 所示负的塑性铰出现在跨中是不可能的。

跨内为等截面的多跨连续梁，破坏机构只能在各跨内独立形成。如果其中一跨破坏了，整个梁就失去了承载能力。因此若要确定多跨连续梁的极限荷载，可分别对每一跨，按单跨梁的破坏机构求出各自的破坏荷载，取其最小者就是连续梁的极限荷载。

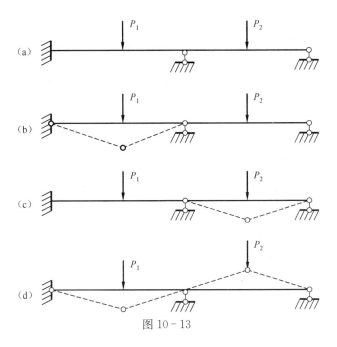

图 10 - 13

【例 10 - 3】 图 10 - 14a 所示连续梁，各跨尺寸、极限弯矩、荷载如图 10 - 14 所示，试确定该梁的极限荷载。

解 单考虑 AB 跨，破坏机构如图 10 - 14b 所示，虚功方程为

$$q_1 l \cdot \frac{l}{2}\theta - 3M_u\theta = 0$$

解得破坏荷载

$$q_1 = 6\frac{M_u}{l^2}$$

单考虑 BC 跨，破坏机构如图 10 - 14c 所示，虚功方程为

$$q_2 \cdot \frac{l}{2} \cdot \frac{l}{2}\theta - 4M_u\theta = 0$$

解得破坏荷载

$$q_2 = 16\frac{M_u}{l^2}$$

单考虑 CD 跨，该跨可能出现塑性铰的位置有 4 个截面，其中出现 3 个塑性铰则破坏，因此破坏机构有四种形式。对于图 10 - 14d 所示破坏机构，虚功方程为

$$q_3 l \cdot l\theta + 2q_3 l \cdot \frac{l}{2}\theta - M_u 2\theta - 2M_u 3\theta - 2M_u\theta = 0$$

解得破坏荷载

$$q_3 = 5\frac{M_u}{l^2}$$

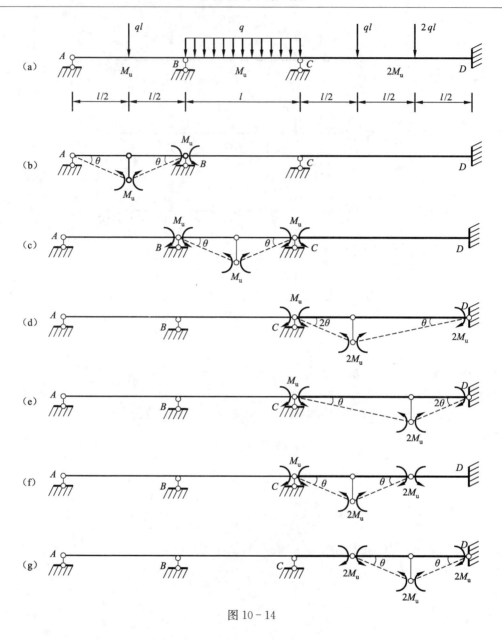

图 10 - 14

对于图 10 - 14e 所示破坏机构，虚功方程为

$$q_4 l \cdot \frac{l}{2}\theta + 2q_4 l \cdot l\theta - M_u\theta - 2M_u 3\theta - 2M_u 2\theta = 0$$

解得破坏荷载

$$q_4 = 4.4 \frac{M_u}{l^2}$$

对于图 10 - 14f 所示破坏机构，虚功方程为

$$q_5 l \cdot \frac{l}{2}\theta - M_u\theta - 2M_u 3\theta = 0$$

解得破坏荷载

$$q_5 = 14 \frac{M_u}{l^2}$$

对于图 10-14g 所示破坏机构，虚功方程为

$$2q_6 l \cdot \frac{l}{2} \theta - 2M_u 4\theta = 0$$

解得破坏荷载

$$q_6 = 8 \frac{M_u}{l^2}$$

连续梁的极限荷载为

$$q_u = q_4 = 4.4 \frac{M_u}{l^2}$$

§10-4　比例加载时判定极限荷载的一般定理

结构的极限荷载只与结构最终的破坏形式有关，最终的破坏形式只能有一种，若能知道真实的破坏机构，就可直接求得极限荷载。但对于复杂的超静定结构可能的破坏形式往往有多种，哪一种是实际发生的比较难于判断。此时，可借助于下面介绍的比例加载判定极限荷载的一般定理。

所谓比例加载是指整个结构的所有荷载都以相同的比例单调增加，不能出现卸载现象。为了讨论方便，这里将全部荷载用一个参数 P 来表示，称为荷载参数，它是代表整个荷载的广义力。

在以下的分析中，我们假定结构的材料是理想弹塑性的，截面正、负极限弯矩的绝对值相等，忽略轴力、剪力对极限弯矩的影响。

首先指出结构在极限状态下必须满足以下三个条件：

① 平衡条件：在极限状态下，结构的整体或任一局部都能维持平衡。

② 内力局限条件：在极限状态下，结构任一截面弯矩的绝对值都不能超过极限弯矩，即 $|M| \leqslant M_u$。

③ 单向机构条件：在极限状态下，结构已有一些截面的弯矩达到极限弯矩，形成足够多的塑性铰，使结构变为破坏机构，但破坏机构只能沿荷载做正功的方向单向运动。

为了讨论方便，引入两个定义：

① 对于任一单向破坏机构，用平衡条件求得的荷载值称为可破坏荷载，用 P^+ 表示。

② 用平衡条件求得的荷载，且使各截面的内力都不超过极限值，此荷载值称为可接受荷载，用 P^- 表示。

由定义可知，可破坏荷载 P^+ 只满足极限状态下的条件①和③，但不一定满足条件②；可接受荷载 P^- 只满足极限状态下的条件①和②，但不一定满足条件③。而极限荷载则同时满足上述三个条件，因此极限荷载既是可破坏荷载，又是可接受荷载。

基本定理：可破坏荷载恒不小于可接受荷载，即 $P^+ \geqslant P^-$。

证明：设结构在任一可破坏荷载 P^+ 作用下成为单向机构，其中含有 n 个塑性铰。对该单向机构的虚位移列出虚功方程为

$$P^+ \Delta = \sum_{i=1}^{n} |M_{ui}| \cdot |\theta_i| \qquad\qquad (a)$$

式中 n 为塑性铰的数目，M_{ui}、θ_i 为第 i 个塑性铰处的极限弯矩和截面的相对转角。因 θ_i 是沿着 M_{ui} 方向单向转角，所以 $M_{ui}\theta_i$ 恒为正值，可用其绝对值乘积表示之。

再设结构受任一可接受荷载 P^- 作用，各截面的弯矩记为 M^-。若发生与上述相同的机构虚位移，可列出虚功方程为

$$P^- \Delta = \sum_{i=1}^{n} M_i^- \cdot \theta_i \qquad\qquad (b)$$

式中 M_i^- 为第 i 个塑性铰处的弯矩。

根据内力局限条件，$M_i^- \leqslant |M_{ui}|$，因此有

$$\sum_{i=1}^{n} M_i^- \cdot \theta_i \leqslant \sum_{i=1}^{n} |M_{ui}| \cdot |\theta_i|$$

将式（a）和式（b）代入上式，由于 Δ 恒为正值，故得

$$P^+ \geqslant P^-$$

基本定理得证。由基本定理可以推得有关结构极限荷载的以下三个定理。

① 上限定理（或称极小定理）：可破坏荷载是极限荷载的上限。或者说极限荷载是可破坏荷载中的极小者。

证明：因为极限荷载 P_u 是可接受荷载 P^-，故由基本定理得

$$P_u \leqslant P^+$$

② 下限定理（或称极大定理）：可接受荷载是极限荷载的下限。或者说极限荷载是可接受荷载中的极大者。

证明：因为极限荷载 P_u 是可破坏荷载 P^+，故由基本定理得

$$P_u \geqslant P^-$$

③ 唯一性定理（或称单值定理）：极限荷载值是唯一确定的。

证明：设存在两种极限状态，对应的极限荷载分别为 P_{u1} 和 P_{u2}。由于每个极限荷载既是可破坏荷载 P^+，又是可接受荷载 P^-，如果把 P_{u1} 视为 P^+，把 P_{u2} 视为 P^-，则有

$$P_{u1} \geqslant P_{u2}$$

反之，如果把 P_{u2} 视为 P^+，把 P_{u1} 视为 P^-，则有

$$P_{u2} \geqslant P_{u1}$$

由于以上两式要同时满足，因此必有

$$P_{u1} = P_{u2}$$

极限荷载唯一性得证。

上限定理和下限定理既可用来给出极限荷载的上、下限范围，也可用来求得极限荷载的精确值。如果能像例 10－3 那样，完备地列出所有可能的破坏机构，并对应于各破坏机构求出极限荷载的上限值（可破坏荷载），从中取最小者即为极限荷载。

【**例 10－4**】试求图 10－15a 所示等截面超静定梁的极限荷载，极限弯矩 M_u 已知。

解　对于图 10－15b 所示破坏机构，列出虚功方程

$$P_1 \cdot \frac{l}{3}\theta + P_1 \cdot \frac{2l}{3}\theta = M_u \cdot 5\theta$$

解得可破坏荷载

$$P_1 = \frac{5M_u}{l}$$

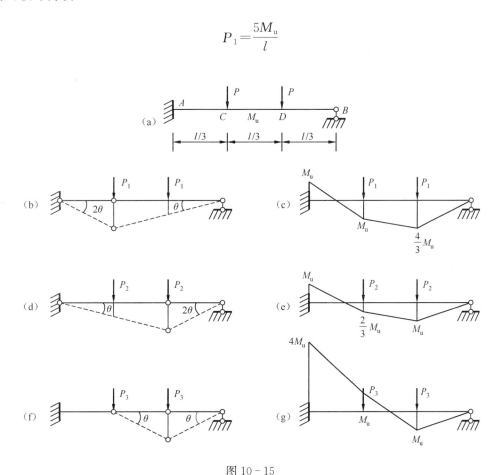

图 10－15

在 P_1 作用下，梁的弯矩如图 10－15c 所示，不满足内力局限条件，P_1 不是可接受荷载。

对于图 10－14d 所示破坏机构，列出虚功方程

$$P_2 \cdot \frac{l}{3}\theta + P_2 \cdot \frac{2l}{3}\theta = M_u \cdot 4\theta$$

解得可破坏荷载

$$P_2 = \frac{4M_u}{l}$$

在 P_2 作用下，梁的弯矩如图 10 - 15e 所示，满足内力局限条件，P_2 是可接受荷载。

对于图 10 - 15f 所示破坏机构，列出虚功方程

$$P_3 \cdot \frac{l}{3}\theta = M_u \cdot 3\theta$$

解得可破坏荷载

$$P_3 = \frac{9M_u}{l}$$

在 P_3 作用下，梁的弯矩如图 10 - 15g 所示，不满足内力局限条件，P_3 不是可接受荷载。

这里只有 P_2 既是可破坏荷载，也是可接受荷载。因此，该梁的极限荷载为

$$P_u = P_2 = \frac{4M_u}{l}$$

【**例 10 - 5**】试求图 10 - 16a 所示等截面外伸梁的极限荷载，极限弯矩 M_u 已知。

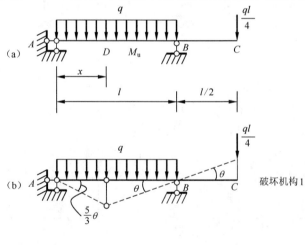

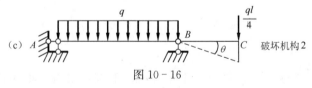

图 10 - 16

解 该梁为静定梁，出现一个塑性铰就破坏。出现塑性铰的位置是 AB 段弯矩抛物线顶点所对的 D 截面和支座 B 处。由平衡方程解得支座 A 的反力为 $R_A = \frac{3}{8}ql$，设 D 截面的坐标为 x，则 D 截面的弯矩为

$$M_D = \frac{3}{8}qlx - \frac{1}{2}qx^2$$

$$\frac{\mathrm{d}M_D}{\mathrm{d}x} = \frac{3}{8}ql - qx = 0, \quad x = \frac{3}{8}l$$

破坏机构 1 如图 10-16b 所示，列出虚功方程

$$q \cdot \frac{l}{2} \cdot \frac{5}{8}l\theta - \frac{ql}{4} \cdot \frac{l}{2}\theta = M_u \cdot \left(\frac{5}{3}\theta + \theta\right)$$

解得可破坏荷载

$$q_1 = 14.2\frac{M_u}{l^2}$$

破坏机构 2 如图 10-16c 所示，列出虚功方程

$$\frac{ql}{4} \cdot \frac{l}{2}\theta = M_u\theta$$

解得可破坏荷载

$$q_2 = 8\frac{M_u}{l^2}$$

该梁的极限荷载为

$$q_u = q_2 = 8\frac{M_u}{l^2}$$

【例 10-6】试求图 10-17a 所示等截面连续梁的极限荷载，极限弯矩 M_u 已知。

解　因连续梁的两跨荷载方向相反，因此可能两跨联合形成破坏机构（图 10-17d）。对于图 10-17b 所示破坏机构 1，列出虚功方程

$$P \cdot \frac{2l}{3}\theta = M_u3\theta + M_u2\theta$$

解得可破坏荷载

$$P_1 = 7.5\frac{M_u}{l}$$

对于图 10-17c 所示破坏机构 2，列出虚功方程

$$1.2P \cdot \frac{l}{2}\theta = M_u\theta + M_u2\theta$$

解得可破坏荷载

$$P_2 = 5\frac{M_u}{l}$$

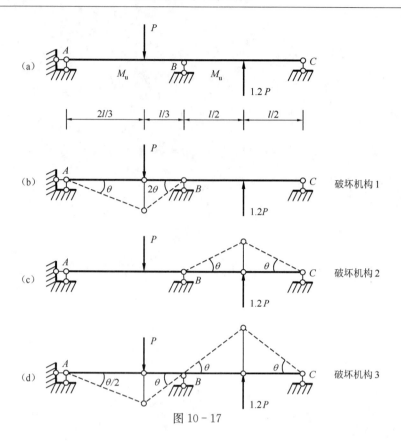

图 10 - 17

对于图 10 - 17d 所示破坏机构 3，列出虚功方程

$$P \cdot \frac{l}{3}\theta + 1.2P \cdot \frac{l}{2}\theta = M_u \frac{3}{2}\theta + M_u 2\theta$$

解得可破坏荷载

$$P_3 = 3.75\frac{M_u}{l}$$

该连续梁的极限荷载为

$$P_u = P_3 = 3.75\frac{M_u}{l}$$

【例 10 - 7】 试求图 10 - 18a 所示变截面连续梁的极限荷载，各段梁的极限弯矩如图所示。

解 对于图 10 - 18b 所示破坏机构 1，列出虚功方程

$$ql \cdot \frac{2l}{3}\theta + 2ql \cdot \frac{l}{3}\theta = 2M_u 3\theta + M_u \theta$$

解得可破坏荷载

$$q_1 = 5.25\frac{M_u}{l^2}$$

对于图 10 - 18c 所示破坏机构 2，列出虚功方程

$$ql \cdot \frac{l}{3}\theta + 2ql \cdot \frac{2l}{3}\theta = 2M_u 3\theta + M_u 2\theta$$

解得可破坏荷载

$$q_2 = 4.8 \frac{M_u}{l^2}$$

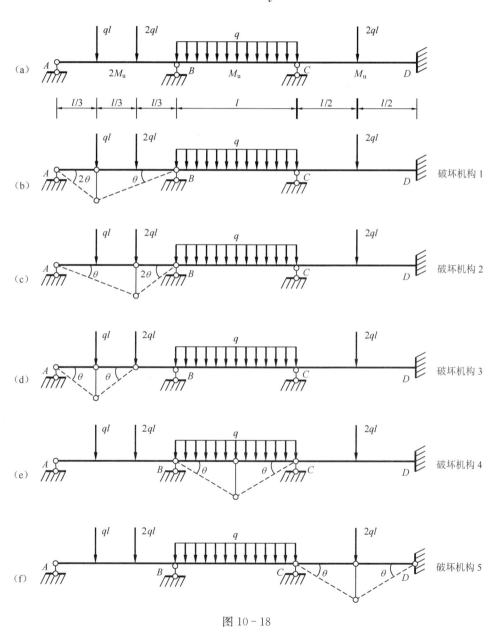

图 10 - 18

对于图 10-18d 所示破坏机构 3，列出虚功方程

$$ql \cdot \frac{l}{3}\theta = 2M_u 3\theta$$

解得可破坏荷载

$$q_3 = 18\frac{M_u}{l^2}$$

对于图 10-18e 所示破坏机构 4，列出虚功方程

$$q \cdot \frac{l}{2} \cdot \frac{l}{2}\theta = 4M_u\theta$$

解得可破坏荷载

$$q_4 = 16\frac{M_u}{l^2}$$

对于图 10-18f 所示破坏机构 5，列出虚功方程

$$2ql \cdot \frac{l}{2}\theta = 4M_u\theta$$

解得可破坏荷载

$$q_5 = 4\frac{M_u}{l^2}$$

该连续梁的极限荷载为

$$q_u = q_5 = 4\frac{M_u}{l^2}$$

*§10-5　刚架的极限荷载

1. 机动法求刚架的极限荷载

若不考虑轴力、剪力对极限弯矩的影响，刚架极限荷载的分析原理和方法与连续梁的类似。出现塑性铰的位置除了跟连续梁一样之外，刚结点的杆端也是出现塑性铰的位置。

【例 10-8】 试求图 10-19a 所示刚架的极限荷载，已知柱和梁的极限弯矩分别为 M_u 和 $2M_u$。

解　图 10-19a 所示刚架出现塑性铰的位置除了 A、C、E 处之外，因横梁的极限弯矩大于立柱的极限弯矩，故 B、D 两刚结点处的塑性铰只能出现在立柱的顶端。

对于图 10-19b 所示破坏机构 1，列出虚功方程

$$2P \cdot l\theta = M_u\theta \cdot 2 + 2M_u \cdot 2\theta$$

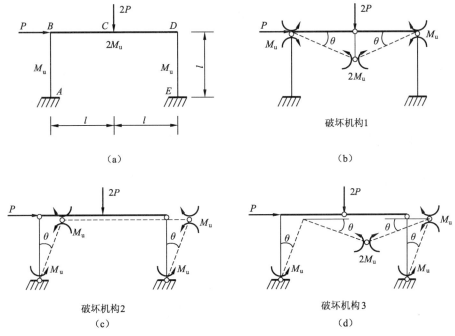

图 10 - 19

解得可破坏荷载

$$P_1 = 3\frac{M_u}{l}$$

对于图 10 - 19c 所示破坏机构 2，列出虚功方程

$$P \cdot l\theta = M_u\theta \cdot 4$$

解得可破坏荷载

$$P_2 = 4\frac{M_u}{l}$$

对于图 10 - 19d 所示破坏机构 3，列出虚功方程

$$P \cdot l\theta + 2P \cdot l\theta = M_u\theta \cdot 4 + 2M_u \cdot 2\theta$$

解得可破坏荷载

$$P_3 = 2.67\frac{M_u}{l}$$

该刚架的极限荷载为

$$P_u = P_3 = 2.67\frac{M_u}{l}$$

对于简单刚架用机动法求极限荷载比较方便。对于较复杂的刚架，可能的破坏形式有多种，容易遗漏一些破坏形式，已求得的可破坏荷载的极小值不一定是极限荷载，只是其上限。

2. 增量变刚度法求刚架的极限荷载

增量变刚度法是以矩阵位移法为基础适用于计算机求解的一种方法。此方法采用如下假设：

① 出现塑性铰之前材料是弹性的，出现塑性铰之后塑性区退化为塑性铰所在的一个截面，其余部分仍为弹性的。

② 荷载按比例增加，且必须作用在结点上，因此塑性铰只能出现在结点处。

③ 每个杆件（单元）的极限弯矩为常数，不同杆件的极限弯矩可以不同。

④ 忽略轴力和剪力对极限弯矩的影响。

增量变刚度法的基本思路是将结构塑性分析的非线性问题转化为分阶段的线性问题求解。此方法有如下特点：

① 将总荷载分成若干荷载增量，进行分阶段计算。由塑性铰出现前的弹性阶段开始为第一阶段，然后过渡到一个塑性铰阶段，再后过渡到两个塑性铰阶段，等等，直到结构的极限状态。每一阶段对应一个荷载增量，并可算出相应的内力和位移增量，将荷载增量叠加得极限荷载，将内力和位移增量叠加得总的内力和位移，这就叫增量法。

② 对于每个荷载增量，仍按弹性方法计算，但不同阶段需采用不同的刚度矩阵。每出现一个塑性铰，原结构就多出一个单向铰，相关的单元刚度矩阵和结构的总刚度矩阵都要作相应的修改，这就叫变刚度法。

当修改后的结构总刚度矩阵变为奇异矩阵，或总刚度矩阵主对角线中出现零元素时，结构达到极限状态。

下面以图 10-20a 所示梁为例对增量变刚度法的基本思路加以说明。

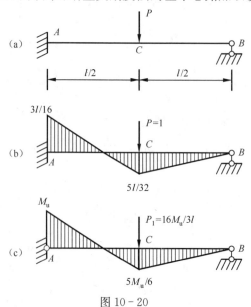

图 10-20

按矩阵位移法该梁可划分为 AC、CB 两个单元，A、B、C 三个结点。B 为铰结点，可能出现塑性铰的是 A、C 两个刚结点。

（1）弹性阶段

荷载由零开始，增加到第一个塑性铰出现之前为弹性阶段。为确定第一个塑性铰出现位置，取单位荷载 $P=1$ 作弯矩图（$\overline{M}_1$ 图），如图 10-20b 所示。刚结点 A、C 处弯矩的最大值为

$$\overline{M}_{1\text{max}} = \overline{M}_A = \frac{3l}{16}$$

当荷载增加到

$$P = P_1 = \frac{M_u}{\overline{M}_{1\text{max}}} = \frac{16M_u}{3l}$$

时，结点 A 处形成第一个塑性铰，梁的弯矩如图 10-20c 所示，结点弯矩表示为

$$M_1 = P_1 \overline{M}_1$$

（2）一个塑性铰阶段

由第一个塑性铰形成之后，到第二个塑性铰出现之前为一个塑性铰阶段。在此阶段中，刚结点 A 应改为铰结点，原结构修改为图 10-21a 所示的简支梁。为确定下一个塑性铰出现位置，取单位荷载 $P=1$ 作弯矩图（$\overline{M}_2$ 图），如图 10-21a 所示。刚结点 C 处弯矩值最大为

$$\overline{M}_{2\text{max}} = \overline{M}_C = \frac{l}{4}$$

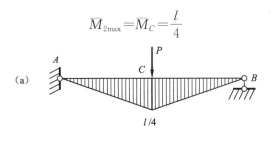

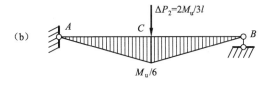

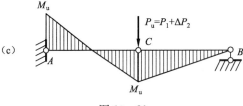

图 10-21

当第二个塑性铰出现时，荷载增量为

$$\Delta P_2 = \frac{M_u - M_1}{\overline{M}_{2\max}} = \frac{M_u - \dfrac{5}{6}M_u}{\dfrac{l}{4}} = \frac{2M_u}{3l}$$

弯矩增量为

$$\Delta M_2 = \Delta P_2 \overline{M}_2$$

增量弯矩图如图 10 - 21b 所示。

（3）极限状态

该梁出现两个塑性铰后，变成破坏机构，达到极限状态。将前面两个阶段的弯矩叠加得极限状态的弯矩

$$M = M_1 + \Delta M_2$$

弯矩图如图 10 - 21c 所示。

将前面两个阶段的荷载增量叠加得极限荷载为

$$P_u = P_1 + \Delta P_2 = \frac{16M_u}{3l} + \frac{2M_u}{3l} = \frac{6M_u}{l}$$

此解与前面图 10 - 10 所示梁，用静力法或机动法求得的极限荷载完全相同。

3. 单元刚度矩阵的修正

采用矩阵位移法进行上述计算时，需对单元刚度矩阵和结构的总刚度矩阵进行不断地修改。每当出现一个新的塑性铰，结构中就增加一个新铰链，某些单元的刚结点就要变成铰结点，单元的刚度矩阵和结构的总刚度矩阵就要相应的修改。

两端为刚结点（图 10 - 22a）的单元刚度方程为

$$
\begin{Bmatrix} \overline{X}_i \\ \overline{Y}_i \\ \overline{M}_i \\ \overline{X}_j \\ \overline{Y}_j \\ \overline{M}_j \end{Bmatrix}^e =
\begin{bmatrix}
\dfrac{EA}{l} & 0 & 0 & -\dfrac{EA}{l} & 0 & 0 \\[2mm]
0 & \dfrac{12EI}{l^3} & \dfrac{6EI}{l^2} & 0 & -\dfrac{12EI}{l^3} & \dfrac{6EI}{l^2} \\[2mm]
0 & \dfrac{6EI}{l^2} & \dfrac{4EI}{l} & 0 & -\dfrac{6EI}{l^2} & \dfrac{2EI}{l} \\[2mm]
-\dfrac{EA}{l} & 0 & 0 & \dfrac{EA}{l} & 0 & 0 \\[2mm]
0 & -\dfrac{12EI}{l^3} & -\dfrac{6EI}{l^2} & 0 & \dfrac{12EI}{l^3} & -\dfrac{6EI}{l^2} \\[2mm]
0 & \dfrac{6EI}{l^2} & \dfrac{2EI}{l} & 0 & -\dfrac{6EI}{l^2} & \dfrac{4EI}{l}
\end{bmatrix}^e
\begin{Bmatrix} \overline{u}_i \\ \overline{v}_i \\ \overline{\theta}_i \\ \overline{u}_j \\ \overline{v}_j \\ \overline{\theta}_j \end{Bmatrix}^e
\tag{a}
$$

单元的刚度矩阵为

$$
[\,\overline{K}\,]^{\mathrm{e}}=\begin{bmatrix}
\dfrac{EA}{l} & 0 & 0 & -\dfrac{EA}{l} & 0 & 0 \\[2mm]
0 & \dfrac{12EI}{l^{3}} & \dfrac{6EI}{l^{2}} & 0 & -\dfrac{12EI}{l^{3}} & \dfrac{6EI}{l^{2}} \\[2mm]
0 & \dfrac{6EI}{l^{2}} & \dfrac{4EI}{l} & 0 & -\dfrac{6EI}{l^{2}} & \dfrac{2EI}{l} \\[2mm]
-\dfrac{EA}{l} & 0 & 0 & \dfrac{EA}{l} & 0 & 0 \\[2mm]
0 & -\dfrac{12EI}{l^{3}} & -\dfrac{6EI}{l^{2}} & 0 & \dfrac{12EI}{l^{3}} & -\dfrac{6EI}{l^{2}} \\[2mm]
0 & \dfrac{6EI}{l^{2}} & \dfrac{2EI}{l} & 0 & -\dfrac{6EI}{l^{2}} & \dfrac{4EI}{l}
\end{bmatrix}^{\mathrm{e}} \tag{b}
$$

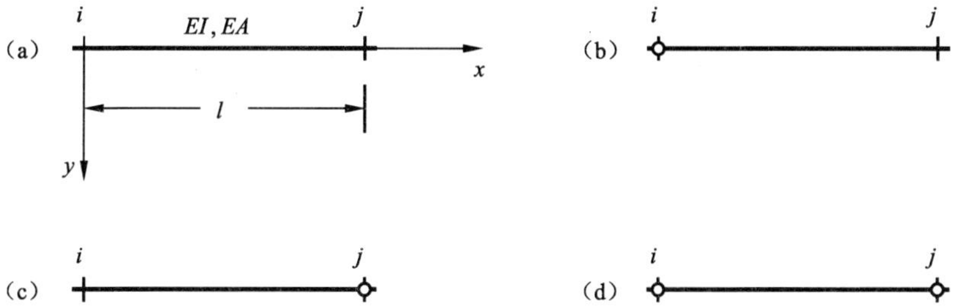

图 10 - 22

① 单元 i 端出现塑性铰时（图 10 - 22b），$\overline{M}_i=0$，由式（a）的第三行得

$$\bar{\theta}_i=-\frac{3}{2l}\bar{v}_i+\frac{3}{2l}\bar{v}_j-\frac{1}{2}\bar{\theta}_j$$

代入式（a）得修改后的单元刚度矩阵为

$$
[\,\overline{K}\,]^{\mathrm{e}}=\begin{bmatrix}
\dfrac{EA}{l} & 0 & 0 & -\dfrac{EA}{l} & 0 & 0 \\[2mm]
0 & \dfrac{3EI}{l^{3}} & 0 & 0 & -\dfrac{3EI}{l^{3}} & \dfrac{3EI}{l^{2}} \\[2mm]
0 & 0 & 0 & 0 & 0 & 0 \\[2mm]
-\dfrac{EA}{l} & 0 & 0 & \dfrac{EA}{l} & 0 & 0 \\[2mm]
0 & -\dfrac{3EI}{l^{3}} & 0 & 0 & \dfrac{3EI}{l^{3}} & -\dfrac{3EI}{l^{2}} \\[2mm]
0 & \dfrac{3EI}{l^{2}} & 0 & 0 & -\dfrac{3EI}{l^{2}} & \dfrac{3EI}{l}
\end{bmatrix}^{\mathrm{e}} \tag{c}
$$

② 单元 j 端出现塑性铰时（图 10 - 22c），$\overline{M}_j=0$，由式（a）的第六行得

$$\bar{\theta}_j=-\frac{3}{2l}\bar{v}_i-\frac{1}{2}\bar{\theta}_i+\frac{3}{2l}\bar{v}_j$$

代入式（a）得修改后的单元刚度矩阵为

$$[\bar{K}]^e = \begin{bmatrix} \dfrac{EA}{l} & 0 & 0 & -\dfrac{EA}{l} & 0 & 0 \\ 0 & \dfrac{3EI}{l^3} & \dfrac{3EI}{l^2} & 0 & -\dfrac{3EI}{l^3} & 0 \\ 0 & \dfrac{3EI}{l^2} & \dfrac{3EI}{l} & 0 & -\dfrac{3EI}{l^2} & 0 \\ -\dfrac{EA}{l} & 0 & 0 & \dfrac{EA}{l} & 0 & 0 \\ 0 & -\dfrac{3EI}{l^3} & -\dfrac{3EI}{l^2} & 0 & \dfrac{3EI}{l^3} & 0 \\ 0 & 0 & 0 & 0 & 0 & 0 \end{bmatrix}^e \qquad \text{(d)}$$

③ 单元 i、j 两端出现塑性铰时（图 10 - 22d），单元退化为杆单元，单元刚度矩阵为

$$[\bar{K}]^e = \begin{bmatrix} \dfrac{EA}{l} & 0 & 0 & -\dfrac{EA}{l} & 0 & 0 \\ 0 & 0 & 0 & 0 & 0 & 0 \\ 0 & 0 & 0 & 0 & 0 & 0 \\ -\dfrac{EA}{l} & 0 & 0 & \dfrac{EA}{l} & 0 & 0 \\ 0 & 0 & 0 & 0 & 0 & 0 \\ 0 & 0 & 0 & 0 & 0 & 0 \end{bmatrix}^e \qquad \text{(e)}$$

4. 增量变刚度法计算步骤

在比例加载情况下，刚架所受全部荷载用荷载参数 P 表示。

① 首先进行第一阶段的计算。令荷载参数 $P=1$，由刚架总刚度方程求出各结点的位移，再由单元刚度方程求出各结点的单位弯矩 $\bar{M}_1$。

② 将各结点的极限弯矩 M_u 与单位弯矩 $\bar{M}_1$ 相比，取其最小者即为第一阶段结束时的荷载，即

$$P_1 = \left(\dfrac{M_u}{\bar{M}_1}\right)_{\min}$$

在荷载 P_1 作用下刚架各结点的弯矩为

$$M_1 = P_1 \bar{M}_1$$

此时第一个塑性铰出现在 M_u 与 $\bar{M}_1$ 比值最小的结点处，第一阶段结束。

③ 进行第二阶段的计算。确定与出现塑性铰结点相关的单元，并修改其单元刚度矩阵，同时修改刚架的总刚度矩阵。

④ 设修改后的总刚度矩阵为 K_2，检查 K_2 是否为奇异矩阵，即行列式 $|K_2|$ 是否为零。如果 $|K| \neq 0$，表明结构尚未达到极限状态，还可承受更大荷载。

将出现塑性铰的刚结点改为铰结点，令 $P=1$，利用修改后的总刚度矩阵和单元刚度矩阵算出各结点处的单位弯矩 $\overline{M}_2$。

⑤ 将各结点的弯矩差值（$M_\mathrm{u}-M_1$）与 $\overline{M}_2$ 相比，取其最小者即为第二阶段的荷载增量，即

$$\Delta P_2=\left(\frac{M_\mathrm{u}-M_1}{\overline{M}_2}\right)_{\min}$$

在荷载增量 ΔP_2 作用下刚架各结点的弯矩增量为

$$\Delta M_2=\Delta P_2\overline{M}_2$$

荷载和弯矩的累加值为

$$P_2=P_1+\Delta P_2$$
$$M_2=M_1+\Delta M_2=P_1\overline{M}_1+\Delta P_2\overline{M}_2$$

此时第二个塑性铰出现在（$M_\mathrm{u}-M_1$）与 $\overline{M}_2$ 比值最小的结点处，第二阶段结束。

⑥ 重复上述第③、④、⑤步，进行第三、第四、……阶段计算，直至第 n 阶段，出现 $|K_n|=0$ 为止。此时结构已变为破坏机构，达到极限状态，将各阶段荷载增量累加得极限荷载，即

$$P_\mathrm{u}=P_1+\Delta P_2+\cdots+\Delta P_{n-1}$$

§10-6　小　结

结构的弹性设计是以个别截面上的局部应力来衡量整个结构的承载能力，不够经济合理，不能反映实际结构的强度储备，所以有必要对结构进行塑性设计分析。结构的塑性设计方法在混凝土结构设计中有广泛应用。本章重点掌握超静定梁的极限荷载的求解，比例加载时判定极限荷载的一般定理。

1. 基本概念

极限弯矩；塑性铰；破坏机构；可破坏荷载；极限荷载

（1）极限弯矩

当截面上各点的应力都达到材料的屈服极限时的截面弯矩称为极限弯矩。极限弯矩是截面所能承受的最大弯矩，是表征截面承受弯曲变形能力的常数，只与材料和截面的几何性质有关，而与所受荷载无关。

（2）塑性铰

由于截面的弯矩达到极限弯矩，而像铰链一样使两侧杆件绕其转动的截面称为塑性铰。

塑性铰是一种单向铰，且能承受一定弯矩。

（3）破坏机构

当结构在荷载作用下形成足够数目的塑性铰时，结构（整体或局部）变为几何可变体系而失去承载能力，称为破坏机构。

（4）可破坏荷载

对于任一单向破坏机构，应用平衡条件求得的荷载值称为可破坏荷载。

（5）极限荷载

与各破坏机构相对应的可破坏荷载中的最小者称为极限荷载。极限荷载是结构可以承受荷载的极限值。

2. 结构极限荷载的计算

（1）静力法

静力法是利用塑性铰截面的弯矩等于极限弯矩的条件，由静力平衡方程求解极限荷载的方法。静力法适用于静定结构或低次超静定结构极限荷载的计算。

① 等截面静定梁或刚架：作静定结构的弯矩图，令最大弯矩等于极限弯矩，根据最大弯矩与荷载的静力平衡条件求解极限荷载。

② 等截面一次超静定梁或刚架：用力法作结构的弯矩图，令最大弯矩等于极限弯矩，原结构转化为出现一个单向铰的静定结构。将极限弯矩视为外荷载，再作静定结构的弯矩图，令新出现的最大弯矩等于极限弯矩，根据新的最大弯矩与荷载的静力平衡条件求解极限荷载。

（2）机动法

机动法是利用虚位移原理，由虚功方程求得极限荷载的方法。对于高次超静定结构，应用机动法求解极限荷载更为方便。其具体步骤为：

① 分析所有可能出现塑性铰的截面位置；

② 假设各种可能的破坏机构；

③ 对每一破坏机构，建立虚功方程，逐一求解相应的破坏荷载，取其最小者即为极限荷载。

（3）增量变刚度法

增量变刚度法是以矩阵位移法为基础适用于计算机求解的一种方法。多用于高次超静定刚架极限荷载的计算。

习　　题

10-1　试求图示各截面的极限弯矩 M_u，材料的屈服极限 σ_s 已知。

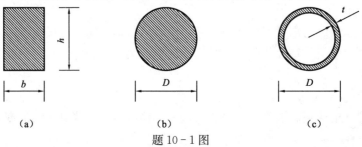

（a）　　　　　　　（b）　　　　　　　（c）

题 10-1 图

10-2　试求图示 T 形截面和工字形截面的极限弯矩 M_u，材料的屈服极限 $\sigma_s = 2.4 \times 10^2 \mathrm{MPa}$，图示尺寸为 cm。

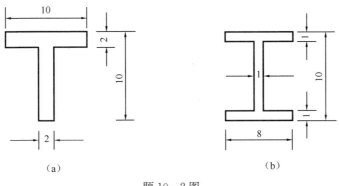

题 10-2 图

10-3　指出图示各连续梁可能出现塑性铰的位置，并画出所有可能的破坏机构。

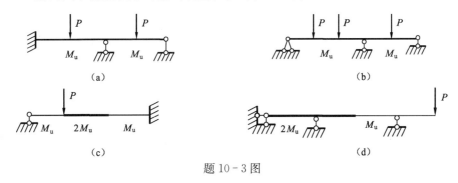

题 10-3 图

10-4　指出图示各刚架可能出现塑性铰的位置，用增量变刚度法求极限荷载时需划分多少个单元？

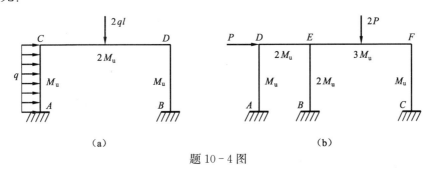

题 10-4 图

10-5　试求图示各梁的极限荷载。

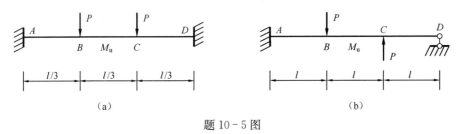

题 10-5 图

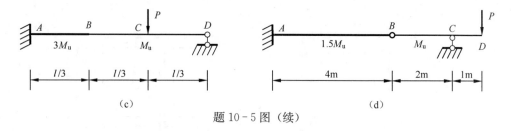

题 10-5 图（续）

10-6　试求图示连续梁的极限荷载。

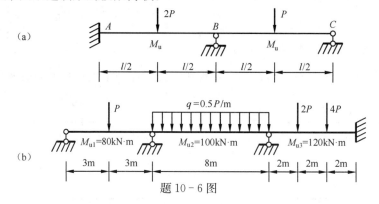

题 10-6 图

10-7　试用机动法求图示刚架的极限荷载。

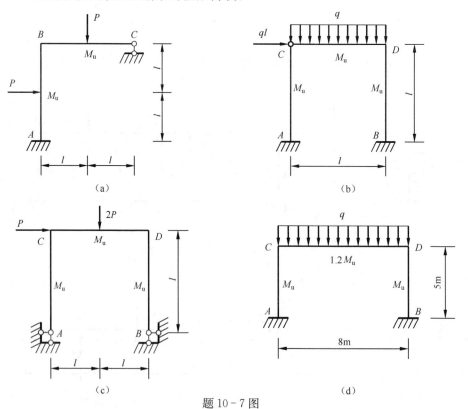

题 10-7 图

第 11 章　结构的稳定计算

§11-1　概　　述

在材料力学中我们已经研究过轴心受压杆件丧失稳定性的问题。如图 11-1a 所示的两端铰支直杆，受逐渐增大的轴向压力 P 作用。当压力小于临界力，即 $P < P_{cr}$ 时（图 11-1b），杆在横向干扰力作用下会发生弯曲，但干扰力去掉后杆又恢复到原来的直线平衡状态，这种直线平衡状态称为稳定平衡。当压力等于临界力，即 $P = P_{cr}$ 时（图 11-1c），杆在横向干扰力作用下发生弯曲，干扰力去掉后杆不能恢复到原来的直线平衡状态，而在干扰力作用下的微弯位置保持平衡，这种平衡状态称为随遇平衡。当压力大于临界力，即 $P > P_{cr}$ 时（图 11-1d），杆在横向干扰力作用下发生弯曲，当干扰力消失后杆不仅不能恢复到原来的直线平衡状态，也不能在干扰力作用下的微弯位置保持平衡，而是继续发生很大弯曲，甚至使杆件破坏，这种平衡状态称为不稳定平衡。当杆的轴向压力达到或超过临界力，即 $P \geqslant P_{cr}$ 时，直线状态下的平衡已是不稳定的，通常将这种现象称为丧失稳定，简称失稳。

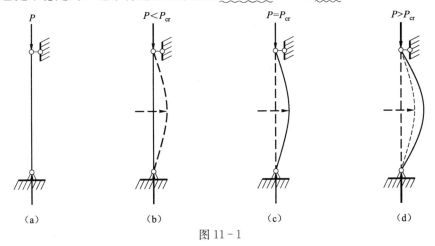

图 11-1

结构失稳有两种基本形式，分支点失稳和极值点失稳。现以压杆为例加以说明。

1. 分支点失稳

图 11-2a 所示为简支压杆，轴线为理想直线，荷载沿轴线作用。随着压力的增加，压力 P 与杆中点挠度 Δ 之间的关系曲线如图 11-2b 所示。

当荷载值 P 小于欧拉临界值 $P_{cr} = \dfrac{\pi^2 EI}{l^2}$ 时，压杆仅产生轴向变形（挠度 $\Delta = 0$），压杆处于直线形式的平衡状态。在图 11-2b 中，由直线 OAB 表示。如果压杆受到轻微干扰而发生弯曲，偏离原始平衡状态，但当干扰消失后，压杆仍又回到原始平衡状态。因此，当 $P_1 < P_{cr}$ 时，原始平衡路径 I 的 OB 段上任一点 A 所对应的平衡状态是稳定的。也就是说原始的直线平衡形式是唯一的平衡形式。

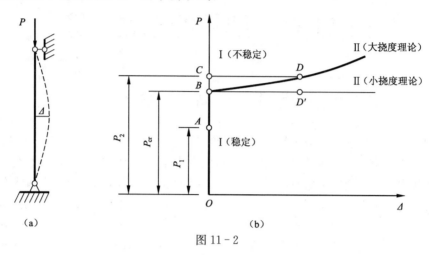

图 11 - 2

当荷载值 $P > P_{cr}$ 时，原始的平衡形式不再是唯一的，压杆既可以直线形式平衡，也可以弯曲形式平衡（图 11 - 2a 中虚线所示）。与此相应，在图 11 - 2b 中也有两条不同的平衡路径，一条是原始平衡路径 I ，由直线 BC 表示；另一条是平衡路径 II，由曲线 BD（大挠度理论）或直线 BD'（小挠度理论）表示。因此，当 $P_2 > P_{cr}$ 时，原始平衡路径 I 的 BC 段上任一点 C 所对应的平衡状态是不稳定的。

两条平衡路径 I 和 II 的交点 B 称为分支点。分支点 B 将原始平衡路径分为两段，OB 段上的点属于稳定平衡，BC 段上的点属于不稳定平衡。在分支点 B 处，原始平衡路径 I 与新平衡路径 II 同时并存，原始平衡路径 I 由稳定平衡转变为不稳定平衡。具有这种特征的失稳形式称为分支点失稳。分支点对应的荷载称为临界荷载，对应的平衡状态称为临界状态。

其他结构也可能出现分支点失稳的现象。如图 11 - 3a 所示的刚架，图 11 - 3b 所示的抛物线拱，当所受荷载达到临界荷载时，原始的平衡形式由稳定转变为不稳定，出现如图中虚线所示新的平衡形式。

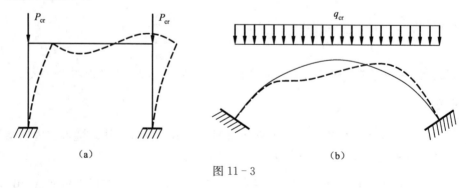

图 11 - 3

2. 极值点失稳

图 11 - 4a、b 分别为具有初始曲率的压杆和受偏心荷载作用的压杆，在加载一开始压杆就处于弯曲平衡状态。按照小挠度理论，其 P-Δ 曲线如图 11 - 4c 中曲线 OA 所示。在初始阶段挠度增加较慢，以后逐渐加快，当压力接近中心压杆的欧拉临界值时，挠度趋于无穷大。如果按照大挠度理论，其 P-Δ 曲线如图 11 - 4c 中曲线 OBC 所示。B 点为极值点，荷载达到极大值。在极值点以前的曲线 OB 段，随着荷载的增加，杆件的挠度在增加，杆件内的截面弯矩也相应增加，截面弯矩的增量与外力矩的增量相抵，杆件的平衡状态是稳定的。在极值点以后的曲线 BC 段，虽然杆件的挠度在继续增加，但杆件内的截面弯矩不增反降，截面弯矩增量与外力矩增量无法相抵，相应的荷载值也随之下降，平衡状态是不稳定的。在极值点处，杆件由稳定平衡转变为不稳定平衡，这种失稳形式称之为极值点失稳，极值点处所对应的荷载称为临界荷载。

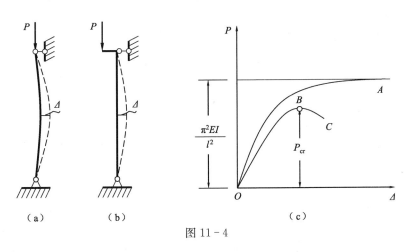

图 11 - 4

工程上习惯将分支点失稳作为第一类失稳，将极值点失稳作为第二类失稳。对于扁平的拱式结构，还可能发生跳跃失稳现象。例如，图 11 - 5a 所示的扁平拱式桁架，当荷载超过临界值时，桁架会如图中虚线所示突然由凸形转为凹形平衡状态。图 11 - 5b 所示为跳跃失稳时的平衡路径，其中 AB 和 DEF 段对应于稳定平衡，BCD 段对应于不稳定平衡。

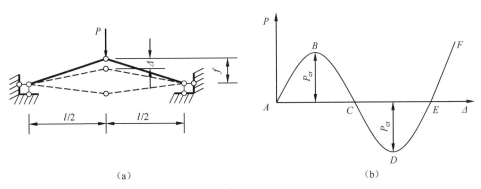

图 11 - 5

以上所述为结构的整体失稳，对于薄壁结构还可能发生局部失稳。而局部失稳常常会很快导致薄壁结构的整体失稳。

实际结构因不可避免地存在构件的初弯曲、荷载偏心、截面形状或材质方面的缺陷等因素，所以其丧失稳定时，严格地说都属于第二类失稳。第二类失稳在力学性质上属于几何非线性问题，计算起来比较复杂，需借助于计算机通过数值分析的方法确定其临界荷载。第一类失稳物理概念清晰，通常可用解析的方法计算其临界荷载。第一类失稳的临界荷载实际上是第二类失稳临界荷载的上限值。对于第二类失稳问题，常可将第一类失稳的临界荷载乘上一定的折减系数，或对其表达式作适当修正求得相应的临界荷载。

本章主要介绍杆系结构在弹性阶段整体第一类失稳时临界荷载的计算方法，包括静力法、能量法、矩阵位移法等。

§11－2　用静力法确定临界荷载

根据结构在临界状态下的静力特征确定临界荷载的方法称为静力法。当结构处于临界状态时，其平衡形式具有二重性，平衡路径发生分支，即可在原始路径上保持平衡，也可在新的路径上保持平衡。结构在新路径上保持平衡的荷载最小值即为临界荷载。

1. 有限自由度体系的临界荷载

图 11－6a 所示体系 AB 为刚性杆，AC 为弹性杆，抗弯刚度为 EI。该体系可简化为图 11－6b 所示弹性支承的轴心压杆，A 端弹簧的转动刚度 $k_r = \dfrac{3EI}{l}$。当荷载 P 小于临界荷载 P_{cr} 时，杆 AB 始终在铅垂位置保持平衡（图 11－6b）。当荷载 P 达到临界荷载 P_{cr} 时，平衡路径发生分支，杆 AB 即可在铅垂位置保持平衡，也可在图 11－6c 所示的新位置上保持平衡。新位置可用一个独立参数杆 AB 的转角 θ 来表示，该体系为一个自由度。由平衡方程 $\sum m_A = 0$，得

$$Pl\sin\theta - k_r\theta = 0 \tag{a}$$

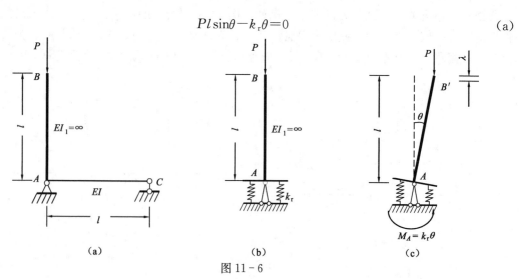

图 11－6

在铅垂位置附近，可近似取 $\sin\theta=\theta$，上式改写为

$$(Pl-k_r)\theta=0 \qquad\qquad\qquad\text{(b)}$$

式（b）为关于位移参数 θ 的线性齐次代数方程，其零解 $\theta=0$ 对应于失稳前的原始平衡路径 Ⅰ，非零解 $\theta\neq0$ 对应于失稳后新的平衡路径 Ⅱ。要得到 θ 的非零解，式（b）中的系数必须为零，即

$$D=Pl-k_r=0 \qquad\qquad\qquad\text{(c)}$$

由此可得临界荷载

$$P_{cr}=\frac{k_r}{l}=\frac{3EI}{l^2}$$

对于 n 个自由度体系，可对新的平衡状态建立 n 个独立的平衡方程，新位形非零解的条件是 n 个平衡方程的系数行列式等于零，即

$$D=0 \qquad\qquad\qquad\text{(11-1)}$$

式（11-1）称为体系的稳定方程或特征方程，n 个特征根中的最小者即为临界荷载。

【例 11-1】试求图 11-7a 所示体系的临界荷载。

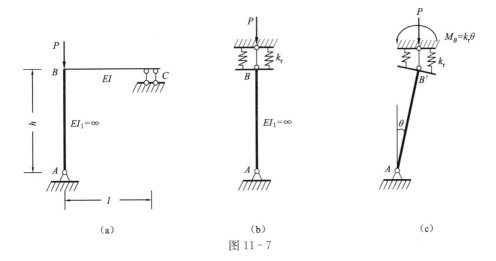

图 11-7

解　体系失稳时会发生侧移，可按图 11-7b、c 所示计算简图进行分析。柱顶的转动刚度系数为 $k_r=4i_{BC}=\dfrac{4EI}{l}$。该体系为一个自由度，新位置可用杆 AB 的转角 θ 来表示。由平衡方程 $\sum m_A=0$，得

$$Ph\theta-M_B=Ph\theta-\frac{4EI}{l}\theta=0$$

稳定方程为

$$D=Ph-\frac{4EI}{l}=0$$

临界荷载为

$$P_{cr} = \frac{4EI}{hl}$$

【例 11 - 2】 图 11 - 8a 所示体系，杆 AB、BC、CD 均为刚性杆，铰链 B、C 处为弹性支承，弹簧的刚度系数均为 k。体系 D 端受轴向压力，试求其临界荷载。

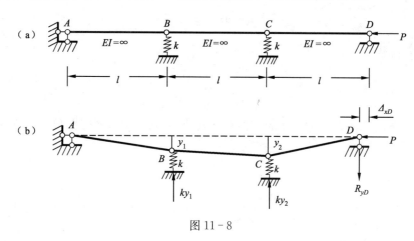

图 11 - 8

解 体系失稳后的新位形如图 11 - 8b 所示，可用铰 B、C 的竖向位移 y_1、y_2 两个独立参数完全确定，属两个自由度体系。两弹性支承的反力分别为 ky_1、ky_2。取整体，由平衡方程 $\sum m_A = 0$，解得支座 D 的反力为

$$R_{yD} = \frac{1}{3}(ky_1 + 2ky_2)$$

再分别取 BCD 为分离体，列平衡方程 $\sum m_B = 0$；CD 为分离体，列平衡方程 $\sum m_C = 0$，得

$$\left.\begin{array}{r} Py_1 + ky_2l - R_{yD}2l = 0 \\ Py_2 - R_{yD}l = 0 \end{array}\right\}$$

将支座 D 的反力表达式代入上式，整理后得

$$\left.\begin{array}{r} (3P - 2kl)y_1 - kly_2 = 0 \\ -kly_1 + (3P - 2kl)y_2 = 0 \end{array}\right\}$$

这是一组关于位移参数 y_1、y_2 的线性齐次代数方程，其零解 $y_1 = y_2 = 0$ 对应于失稳前的原始平衡状态，非零解对应于失稳后新的平衡状态。非零解的特征方程为

$$\begin{vmatrix} 3P - 2kl & -kl \\ -kl & 3P - 2kl \end{vmatrix} = 0$$

展开后得

$$3P^2 - 4Pkl + k^2l^2 = 0$$

解得两个特征根为

$$P_1 = kl, \quad P_2 = \frac{kl}{3}$$

其中最小者为临界荷载，即

$$P_{cr} = \frac{kl}{3}$$

2. 无限自由度体系的临界荷载

在无限自由度体系中，新平衡状态下平衡方程是微分方程而不是代数方程，这与有限自由度体系是不同的。关于无限自由度等截面轴心受压直杆的临界荷载，在材料力学压杆稳定中已有介绍，并给出简支压杆临界荷载欧拉公式的导出过程和其他压杆欧拉公式的一般形式。

图 11-9a 所示为一端固定、一端铰支的等截面压杆，在临界状态下，新的平衡形式如图 11-9b 所示。杆各截面的挠度皆不同，不能用有限个参数表示其位置，属无限自由度体系。

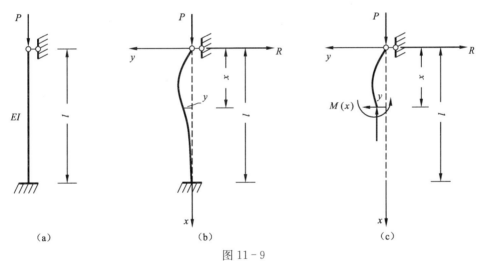

图 11-9

将压杆由 x 部位截开，取上部为分离体，受力如图 11-9c 所示。根据平衡条件得微分方程

$$EIy'' = -M(x) = -(Py + Rx)$$

将微分方程改写为

$$y'' + \alpha^2 y = -\frac{R}{EI} x$$

其中

$$\alpha^2 = \frac{P}{EI} \tag{11-2}$$

265

微分方程的解为

$$y = A\cos\alpha x + B\sin\alpha x - \frac{R}{P}x$$

常数 A、B 和支座反力 R 可由边界条件确定。

当 $x=0$ 时，$y=0$，由此得 $A=0$。

当 $x=l$ 时，$y=0$，$y'=\theta=0$，由此得

$$\left.\begin{array}{l} B\sin\alpha l - \dfrac{R}{P}l = 0 \\[2mm] B\alpha\cos\alpha l - \dfrac{R}{P} = 0 \end{array}\right\}$$

因为挠度 $y(x)$ 不恒等于零，所以 A、B 和 R 不能全等于零。因此上式中的系数行列式应等于零，即

$$D = \begin{vmatrix} \sin\alpha l & -l \\ \alpha\cos\alpha l & -1 \end{vmatrix} = 0$$

将行列式展开，得如下方程式

$$\tan\alpha l = \alpha l$$

这就是计算图 11-9a 所示无限自由度弹性压杆临界荷载的稳定方程，它是一个超越方程，可用试算法逐次渐近求解，也可用图 11-10 所示的图解法求解。

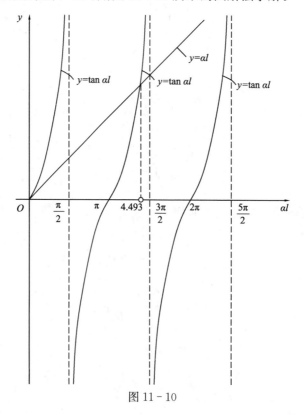

图 11-10

稳定方程的最小正根为 $\alpha l = 4.493$（图 11 - 10），将该值代入式（11 - 2），解得临界荷载为

$$P_{cr} = \alpha^2 EI = (4.493)^2 \frac{EI}{l^2} = \frac{\pi^2 EI}{(0.7l)^2}$$

此解就是材料力学中给出的欧拉公式，杆的计算长度系数 $\mu = 0.7$。

【**例 11 - 3**】试求图 11 - 11a 所示体系的临界荷载和柱 AB 的计算长度。

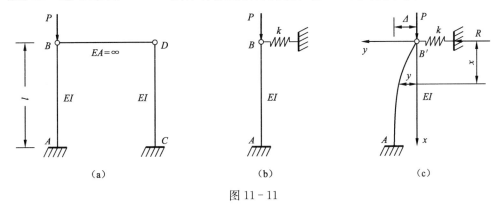

图 11 - 11

解　图 11 - 11a 所示体系失稳时会发生侧移，杆 CD、BD 对杆 AB 只起弹性支承作用，计算简图如图 11 - 11b 所示，弹簧刚度 $k = \dfrac{3EI}{l^3}$，弹性支承的反力为 R。

临界状态下，杆 AB 在新位置上的变形如图 11 - 11c 所示，变形曲线的微分方程为

$$EIy'' = -(Py - Rx)$$

改写为

$$y'' + \alpha^2 y = \frac{R}{EI}x$$

其中

$$\alpha^2 = \frac{P}{EI}$$

微分方程的解为

$$y = A\cos\alpha x + B\sin\alpha x + \frac{R}{P}x$$

引入边界条件：$x = 0$，$y = 0$，解得 $A = 0$；$x = l$，$y = \Delta$，$y' = 0$，解得

$$\left. \begin{aligned} B\sin\alpha l + \frac{R}{P}l &= \Delta \\ B\alpha\cos\alpha l + \frac{R}{P} &= 0 \end{aligned} \right\}$$

将反力 $R=k\Delta$ 代入上式，得

$$\left. \begin{array}{l} B\sin\alpha l+\dfrac{R}{P}l-\dfrac{R}{k}=0 \\[3mm] B\alpha\cos\alpha l+\dfrac{R}{P}=0 \end{array} \right\}$$

因为挠度 $y(x)$ 不恒等于零，所以 B 和 R 不能全等于零。因此上式中的系数行列式应等于零，即

$$D=\begin{vmatrix} \sin\alpha l & \dfrac{l}{P}-\dfrac{1}{k} \\[3mm] \alpha\cos\alpha l & \dfrac{1}{P} \end{vmatrix}=0$$

将行列式展开，并利用 $P=\alpha^2 EI$、$k=\dfrac{3EI}{l^3}$，得体系的稳定方程为

$$\tan\alpha l=\alpha l-\dfrac{(\alpha l)^3}{3}$$

将上式改写为

$$D=\dfrac{(\alpha l)^3}{3}-\alpha l+\tan\alpha l=0$$

应用试算法求解：

当 $\alpha l=2.4$ 时，$\tan\alpha l=-0.916$，$D=1.192$

当 $\alpha l=2.0$ 时，$\tan\alpha l=-2.185$，$D=-1.518$

当 $\alpha l=2.2$ 时，$\tan\alpha l=-1.374$，$D=-0.025$

当 $\alpha l=2.21$ 时，$\tan\alpha l=-1.345$，$D=0.043$

由此求得 $\alpha l=2.21$，体系的临界荷载为

$$P_{cr}=2.21^2\dfrac{EI}{l^2}=\dfrac{4.88EI}{l^2}=\dfrac{\pi^2 EI}{(1.42l)^2}$$

杆长系数 $\mu=1.42$，柱 AB 的计算长度 $l_0=1.42l$。

【例 11-4】 试求图 11-12a 所示阶形变截面立柱的稳定方程，并求 11-12c 所示立柱的临界荷载。

解 设立柱失稳时上、下两部分的挠度分别为 y_1，y_2，两部分的平衡微分方程为

$$EI_1 y''_1=-P_1 y_1$$
$$EI_2 y''_2=-P_1 y_2-P_2(y_2-\Delta_2)$$

将以上二式改写为

$$\left. \begin{array}{l} y''_1+\alpha_1^2 y_1=0 \\[2mm] y''_2+\alpha_2^2 y_2=\dfrac{P_2\Delta_2}{EI_2} \end{array} \right\}$$

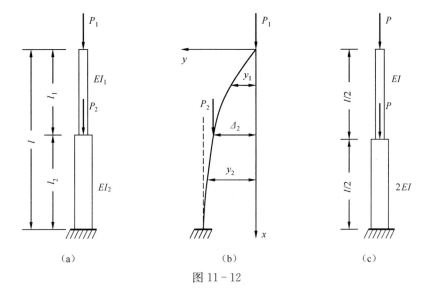

图 11 - 12

式中

$$\alpha_1^2=\frac{P_1}{EI_1},\quad \alpha_2^2=\frac{P_1+P_2}{EI_2}$$

微分方程的解为

$$y_1=A_1\sin\alpha_1 x+B_1\cos\alpha_1 x$$

$$y_2=A_2\sin\alpha_2 x+B_2\cos\alpha_2 x+\frac{P_2\Delta_2}{\alpha_2^2 EI_2}$$

积分常数 A_1、B_1 和 A_2、B_2 可由上下端的边界条件和 $x=l_1$ 处的变形连续条件来确定。

当 $x=0$ 时，$y_1=0$，由此得

$$B_1=0$$

当 $x=l$ 时，$y'_2=0$，由此得

$$A_2-B_2\tan\alpha_2 l=0$$

当 $x=l_1$ 时，$y_1=y_2=\Delta_2$，$y'_1=y'_2$，由此得

$$A_1\sin\alpha_1 l_1=\Delta_2$$

微分方程的解改写为

$$A_1\sin\alpha_1 l_1-B_2(\tan\alpha_2 l\sin\alpha_2 l_1+\cos\alpha_2 l_1)-\frac{P_2\Delta_2}{\alpha_2^2 EI_2}=0 \tag{a}$$

$$A_1\alpha_1\cos\alpha_1 l_1-B_2\alpha_2(\tan\alpha_2 l\cos\alpha_2 l_1-\sin\alpha_2 l_1)=0 \tag{b}$$

将式 $\alpha_2^2=\dfrac{P_1+P_2}{EI_2}$ 和式 $A_1\sin\alpha_1 l_1=\Delta_2$ 代入式（a），得

$$A_1\frac{P_1}{P_1+P_2}\sin\alpha_1 l_1-B_2(\tan\alpha_2 l\sin\alpha_2 l_1+\cos\alpha_2 l_1)=0 \tag{c}$$

由式（c）和式（b）的系数行列式等于零，有

$$\begin{vmatrix} \dfrac{P_1}{P_1+P_2}\sin\alpha_1 l_1 & -(\tan\alpha_2 l\sin\alpha_2 l_1+\cos\alpha_2 l_1) \\ \alpha_1\cos\alpha_1 l_1 & -\alpha_2(\tan\alpha_2 l\cos\alpha_2 l_1-\sin\alpha_2 l_1) \end{vmatrix}=0$$

展开后，得稳定方程

$$\tan\alpha_1 l_1\cdot\tan\alpha_2 l_2=\frac{\alpha_1}{\alpha_2}\cdot\frac{P_1+P_2}{P_1}$$

对于图 11-12c 所示阶形立柱，$P_1=P_2=P$，$l_1=l_2=\dfrac{l}{2}$，$EI_2=2EI_1=2EI$，于是有

$$\alpha_1=\sqrt{\frac{P_1}{EI_1}}=\sqrt{\frac{P}{EI}}，\quad \alpha_2=\sqrt{\frac{P_1+P_2}{EI_2}}=\sqrt{\frac{P}{EI}}=\alpha_1$$

$$\tan^2\frac{1}{2}\alpha_1 l=2$$

解得最小正根为

$$\alpha_1 l=\sqrt{\frac{P}{EI}}l=1.91$$

立柱的临界荷载为

$$P_{cr}=3.65\frac{EI}{l^2}$$

§11-3 用能量法确定临界荷载

用能量法求临界荷载，仍是以系统失稳时平衡的二重性为依据，并以能量形式表示其平衡条件，寻求体系在新位形下维持平衡的荷载，其中最小者即为临界荷载。

以能量形式表示的平衡条件就是势能驻值原理。对于弹性结构，它可表述为：在满足支承条件和变形连续条件的一切虚位移中，同时又满足平衡条件的位移必定使结构的势能 E_P 为驻值，也就是势能的一阶变分等于零，即

$$\delta E_P=0$$

结构的势能 E_P 等于结构的应变能 U 和外力势能 U_P 之和，即

$$E_P=U+U_P$$

现以图 11-6 的单自由度体系为例对能量法作简单说明。体系的应变能 U 为弹簧势能

$$U=\frac{1}{2}k_r\theta^2$$

外力势能 U_P 为荷载 P 的势能

$$U_P=-P\lambda$$

式中 λ 为荷载作用点沿荷载方向的位移（图 11-6c）。

$$\lambda = l(1-\cos\theta) = \frac{l}{2}\theta^2$$

体系的势能为

$$E_P = U + U_P = \frac{1}{2}(k_r - Pl)\theta^2$$

应用势能驻值原理 $\delta E_P = \dfrac{dE_P}{d\theta} = 0$，得

$$(k_r - Pl)\theta = 0$$

该式与静力法导出的平衡方程是一样的。余下的计算与静力法完全相同，仍根据位移 θ 有非零解的条件得到稳定方程，进而求得临界荷载。

对于无限自由度的弹性压杆，未知挠曲线函数 y 可视为具有无限多个独立参数，结构的势能是挠曲线函数 y 的泛函。应用势能驻值原理求临界荷载的精确解，需对泛函作变分计算，还是比较复杂的。实用上多采用瑞利-里兹法，即将无限自由度的稳定问题简化为有限自由度来处理，以求得临界荷载的近似解。

瑞利-里兹法是将实际的挠曲线函数近似地表示为一组已知函数的线性组合，即

$$y = \sum_{i=1}^{n} a_i \varphi_i(x) \tag{11-3}$$

式中 $\varphi_i(x)$ 为满足位移边界条件的已知函数，a_i 为待定的独立参数。于是，压杆失稳的位形就由 n 个独立参数 a_i 所完全确定，属具有 n 个自由度的稳定问题。

压杆由直线平衡状态过渡到临近弯曲平衡状态，弯曲应变能为

$$U = \frac{1}{2}\int_0^l \frac{M^2}{EI}dx \tag{11-4}$$

将关系式 $EIy'' = -M$ 代入上式，得

$$U = \frac{1}{2}\int_0^l EI(y'')^2 dx = \frac{1}{2}\int_0^l EI\Big[\sum_{i=1}^{n} a_i \varphi_i''(x)\Big]^2 dx \tag{11-5}$$

压杆由直线平衡状态过渡到弯曲平衡状态时，轴向荷载的势能有所减少。如图 11-13a 所示压杆发生弯曲变形时，荷载作用点有竖向位移 Δ。设微段 dx 因倾角 θ 引起的竖向位移为 $d\Delta$（图 11-13b），则有

$$d\Delta = (1-\cos\theta)dx \approx \frac{1}{2}\theta^2 dx = \frac{1}{2}(y')^2 dx$$

沿杆长积分得总的竖向位移

$$\Delta = \frac{1}{2}\int_0^l (y')^2 dx \tag{11-6}$$

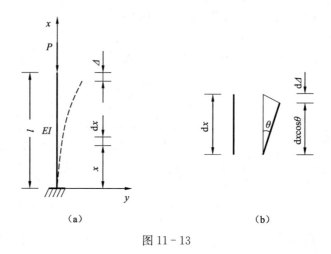

图 11 - 13

荷载势能为

$$U_P = -P\Delta = -\frac{P}{2}\int_0^l (y')^2 \mathrm{d}x = -\frac{P}{2}\int_0^l \left[\sum_{i=1}^n a_i \varphi'_i(x)\right]^2 \mathrm{d}x \qquad (11-7)$$

若有多个集中荷载沿杆轴线作用于不同位置，则荷载势能可叠加为

$$U_P = -\sum P_i \Delta_i \qquad (11-8)$$

由于压杆失稳时的位移曲线一般很难精确预计和表达，用能量法通常只能求得临界荷载的近似值，而近似程度完全取决于假设的位移曲线与真实失稳的位移曲线的符合程度。因此，恰当选取位移曲线就成为能量法的关键问题。若选取的位移曲线恰好符合真实失稳的位移曲线，就可求得临界荷载的精确值。否则，求得的临界荷载将高于精确值。因为，只有真实的位移曲线才能使体系的势能取驻值。而假设的位移曲线相当于对体系的变形施加了某种约束，使体系抵抗失稳能力有所提高。

用能量法计算压杆临界荷载时，假设的位移函数必须满足位移边界条件。位移函数通常可取为幂级数或三角级数。为了方便应用，表 11 - 1 中列出了几种常用的函数形式，计算时应选取多少项由精度要求来决定。若增加一项所得的值与先前值相差不大，说明所求得的临界荷载已接近于精确值。一般取 2～3 项就可得到良好结果。

表 11 - 1　满足位移边界条件的常用级数

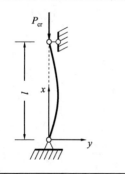	(a) $y = a_1\sin\dfrac{\pi x}{l} + a_2\sin\dfrac{2\pi x}{l} + a_3\sin\dfrac{3\pi x}{l} + \cdots$ (b) $y = a_1 x(l-x) + a_2 x^2(l-x) + a_3 x(l-x)^2 + a_4 x^2(l-x)^2 + \cdots$

续表

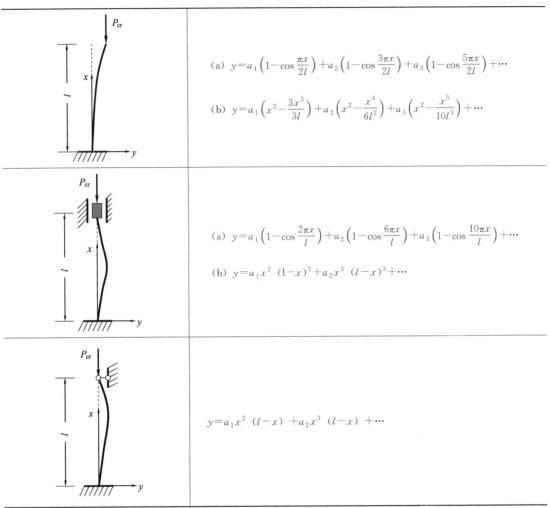

（a）$y=a_1\left(1-\cos\dfrac{\pi x}{2l}\right)+a_2\left(1-\cos\dfrac{3\pi x}{2l}\right)+a_3\left(1-\cos\dfrac{5\pi x}{2l}\right)+\cdots$

（b）$y=a_1\left(x^2-\dfrac{3x^3}{3l}\right)+a_2\left(x^2-\dfrac{x^4}{6l^2}\right)+a_3\left(x^2-\dfrac{x^5}{10l^3}\right)+\cdots$

（a）$y=a_1\left(1-\cos\dfrac{2\pi x}{l}\right)+a_2\left(1-\cos\dfrac{6\pi x}{l}\right)+a_3\left(1-\cos\dfrac{10\pi x}{l}\right)+\cdots$

（b）$y=a_1 x^2\ (l-x)^2+a_2 x^3\ (l-x)^3+\cdots$

$y=a_1 x^2\ (l-x)+a_2 x^3\ (l-x)+\cdots$

【**例 11 - 5**】 试选用不同的位移函数，用能量法计算图 11 - 14a 所示立柱的临界荷载，并分析计算结果。

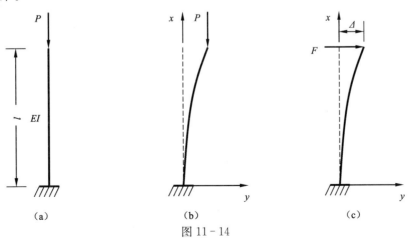

图 11 - 14

解 立柱失稳时的新位形如图 11-14b 所示，位移边界条件为：$x=0$ 处，$y=0$、$y'=0$。下面选取满足边界条件的四种位移函数进行计算。

（1）取表 11-1 中三角级数首项：$y=a_1\left(1-\cos\dfrac{\pi x}{2l}\right)$

$$y'=\frac{\pi a_1}{2l}\sin\frac{\pi x}{2l}, \quad y''=\frac{\pi^2 a_1}{l^2}\cos\frac{\pi x}{2l}$$

由式（11-5）和式（11-7）求得

$$U=\frac{1}{2}\int_0^l EI(y'')^2\,\mathrm{d}x=\frac{\pi^4 EI}{64l^3}a_1^2$$

$$U_P=-\frac{P}{2}\int_0^l (y')^2\,\mathrm{d}x=-\frac{\pi^2 P}{16l}a_1^2$$

由势能驻值条件 $\delta E_P=\dfrac{\mathrm{d}\,(U+U_P)}{\mathrm{d}a_1}=0$，得到

$$\left(\frac{\pi^2 EI}{4l^2}-P\right)a_1=0$$

为使方程取非零解，要求 a_1 的系数为零，得临界荷载为

$$P_{\mathrm{cr}}=\frac{\pi^2 EI}{4l^2}=2.467\,\frac{EI}{l^2}$$

以上所得结果与静力法求得的临界荷载完全相同，说明所取位移函数恰好符合压杆失稳时的真实位移曲线。

（2）取表 11-1 中幂级数首项：$y=a_1\left(x^2-\dfrac{x^3}{3l}\right)$

这是立柱端部受一横向力（图 11-14c）时位移曲线的一般形式。

$$y'=a_1\left(2x-\frac{x^2}{l}\right), \quad y''=2a_1\left(1-\frac{x}{l}\right)$$

由式（11-5）和式（11-7）求得

$$U=\frac{1}{2}\int_0^l EI(y'')^2\,\mathrm{d}x=\frac{2EIl}{3}a_1^2$$

$$U_P=-\frac{P}{2}\int_0^l (y')^2\,\mathrm{d}x=-\frac{4Pl^3}{15}a_1^2$$

由势能驻值条件 $\delta E_P=\dfrac{\mathrm{d}(U+U_P)}{\mathrm{d}a_1}=0$，得

$$\left(\frac{2EIl}{3}-\frac{4Pl^3}{15}\right)a_1=0$$

由方程非零解条件，得临界荷载为

$$P_{\mathrm{cr}}=2.5\,\frac{EI}{l^2}$$

与临界荷载的精确值相比，仅偏高约 1.32%。

（3）设 $y = a_1 x^2 + a_2 x^3$

这是考虑位移边界条件的三次抛物线方程，含有 a_1 和 a_2 两个独立参数。

$$y' = 2a_1 x + 3a_2 x^2, \quad y'' = 2a_1 + 6a_2 x$$

由式（11-5）和式（11-7）求得

$$U = \frac{1}{2} \int_0^l EI(y'')^2 \mathrm{d}x = 2EIl(a_1^2 + 3la_1 a_2 + 3l^2 a_2^2)$$

$$U_P = -\frac{P}{2} \int_0^l (y')^2 \mathrm{d}x = -\frac{Pl^3}{30}(20a_1^2 + 45la_1 a_2 + 27l^2 a_2^2)$$

由势能驻值条件 $\dfrac{\partial E_P}{\partial a_1} = \dfrac{\partial(U + U_P)}{\partial a_1} = 0$ 和 $\dfrac{\partial E_P}{\partial a_2} = \dfrac{\partial(U + U_P)}{\partial a_2} = 0$，得

$$\left. \begin{array}{l} 2EIl^2(2a_1 + 3la_2) - \dfrac{Pl^4}{30}(40a_1 + 45la_2) = 0 \\[2mm] 2EIl^2(3a_1 + 6la_2) - \dfrac{Pl^4}{30}(45a_1 + 54la_2) = 0 \end{array} \right\}$$

令 $\alpha = \dfrac{Pl^2}{EI}$，则上式改写为

$$\left. \begin{array}{l} (24 - 8\alpha)a_1 + l(36 - 9\alpha)a_2 = 0 \\[2mm] (20 - 5\alpha)a_1 + l(40 - 6\alpha)a_2 = 0 \end{array} \right\}$$

由非零解条件，得稳定方程

$$\begin{vmatrix} 24 - 8\alpha & l(36 - 9\alpha) \\ 20 - 5\alpha & l(40 - 6\alpha) \end{vmatrix} = 0$$

将行列式展开，得

$$3\alpha^2 - 104\alpha + 240 = 0$$

解得最小正根为

$$\alpha = 2.486$$

临界荷载为

$$P_{\mathrm{cr}} = 2.486 \frac{EI}{l^2}$$

与临界荷载的精确值相比，仅偏高约 0.75%。

上述计算结果表明，虽然位移函数（2）与（3）同为三次抛物线，但位移函数（3）是两项，所以比只有一项的位移函数（2）计算精度高。

（4）设 $y = a_1 x^2$

这是考虑位移边界条件的二次抛物线方程。

$$y' = 2a_1 x, \quad y'' = 2a_1$$

由式（11-5）和式（11-7）求得

$$U = \frac{1}{2}\int_0^l EI(y'')^2 \mathrm{d}x = 2EIla_1^2$$

$$U_P = -\frac{P}{2}\int_0^l (y')^2 \mathrm{d}x = -\frac{2Pl^3}{3}a_1^2$$

由势能驻值条件 $\delta E_P = \dfrac{\mathrm{d}(U+U_P)}{\mathrm{d}a_1} = 0$，得

$$\left(4EIl - \frac{4Pl^3}{3}\right)a_1 = 0$$

由方程非零解条件，得临界荷载为

$$P_{\mathrm{cr}} = 3\frac{EI}{l^2}$$

与临界荷载的精确值相比，偏高达 21.59%。

结果表明，假设的位移函数为二次抛物线时，与立柱失稳的真实位移曲线相差甚远。

【例 11-6】用能量法计算例 11-3 中图 11-11a 所示体系的临界荷载。

解　结构发生侧向失稳时，结构的应变能既包括压杆 AB 的应变能，也包括未受压力杆 CD 的弯曲应变能。取杆 AB 失稳的位移函数为 B 端受横向力作用的变形曲线

$$y = a_1\left(x^2 - \frac{x^3}{3l}\right)$$

这也是杆 CD 的真实位移曲线。因此，二杆的应变能相同。

$$y' = a_1\left(2x - \frac{x^2}{l}\right), \quad y'' = 2a_1\left(1 - \frac{x}{l}\right)$$

由式（11-5）和式（11-7）求得

$$U = 2 \times \frac{1}{2}\int_0^l EI(y'')^2 \mathrm{d}x = \frac{4EIl}{3}a_1^2$$

$$U_P = -\frac{P}{2}\int_0^l (y')^2 \mathrm{d}x = -\frac{4Pl^3}{15}a_1^2$$

由势能驻值条件 $\delta E_P = \dfrac{\mathrm{d}(U+U_P)}{\mathrm{d}a_1} = 0$，得

$$\left(\frac{4EIl}{3} - \frac{4Pl^3}{15}\right)a_1 = 0$$

由方程非零解条件，得临界荷载为

$$P_{\mathrm{cr}} = 5\frac{EI}{l^2}$$

与临界荷载的精确值相比，仅偏高 2.4%。

【**例 11 - 7**】图 11 - 15a 所示为等截面简支压杆，受均布自重荷载 q 作用，试用能量法计算临界荷载。

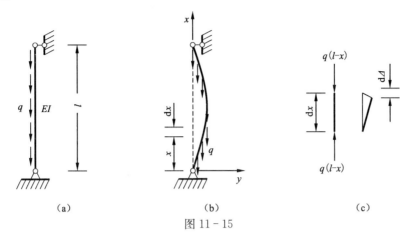

图 11 - 15

解　由图 11 - 15b 可知，压杆失稳的位移边界条件为：$x=0$ 和 $x=l$ 处，$y=0$。取满足位移边界条件位移函数为

$$y=ax(l^2-x^2)$$
$$y'=a(l^2-3x^2), \quad y''=-6ax$$

压杆应变能为

$$U=\frac{1}{2}\int_0^l EI(y'')^2 \mathrm{d}x = 6EIl^3a^2$$

任一微段 $\mathrm{d}x$ 所受压力为 $q(l-x)$（图 11 - 15c）。微段的竖向位移为

$$\mathrm{d}\Delta=\frac{1}{2}(y')^2\mathrm{d}x$$

微段的荷载势能为

$$\mathrm{d}U=-q(l-x)\mathrm{d}\Delta=-\frac{q}{2}(l-x)(y')^2\mathrm{d}x$$

均布自重荷载势能为

$$U_P-\frac{q}{2}\int_0^l(l-x)a^2(l^2-3x^2)^2\mathrm{d}x=-\frac{3ql^6}{20}a^2$$

由势能驻值定理和非零解条件得稳定方程

$$\frac{\mathrm{d}(U+U_P)}{\mathrm{d}a}=6EIl^3-\frac{3ql^6}{20}=0$$

压杆的临界荷载为

$$q_{cr}=40\frac{EI}{l^3}$$

§11－4　组合压杆的稳定

压杆的临界荷载与杆件截面惯性矩有关，惯性矩越大，临界荷载也越大，压杆抗失稳的能力就越强。为了增大截面惯性矩，又少用材料，工程中常采用图 11－16 所示的组合压杆。例如，钢桁桥的压杆、厂房的双肢柱、起重机或高压线电柱的塔身等，都采用组合压杆。组合压杆通常由肢杆和缀条（或缀板）组合而成。缀条与肢杆的连接一般视为铰结，称为缀条式组合压杆，如图 11－16a 所示。缀板与肢杆的连接视为刚结，称为缀板式组合压杆，如图 11－16b 所示。

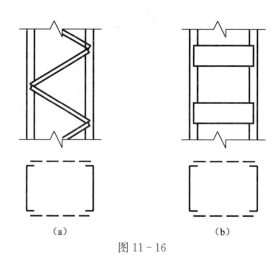

（a）　　　　　　　（b）

图 11－16

这里仅讨论双肢组合压杆。组合压杆虽可使截面惯性矩增大，但整体剪切变形较大，使临界荷载比相应的实腹压杆有明显降低。组合压杆稳定分析的关键在于确定剪切变形对临界荷载的影响。

1. 剪切变形对临界荷载的影响

图 11－17a 所示为简支压杆，当压杆失稳时会发生弯曲，杆的内力除了有轴力和弯矩之外，还有剪力。杆的挠度除了由弯矩引起的弯曲变形的挠度 y_1 之外，还有剪力引起的剪切变形的附加挠度 y_2。压杆的实际挠度为

$$y＝y_1＋y_2$$

压杆挠曲线的曲率为

$$y''＝\frac{\mathrm{d}^2 y_1}{\mathrm{d}x^2}＋\frac{\mathrm{d}^2 y_2}{\mathrm{d}x^2} \tag{a}$$

由弯矩引起弯曲的曲率为

$$\frac{\mathrm{d}^2 y_1}{\mathrm{d}x^2}＝-\frac{M}{EI} \tag{b}$$

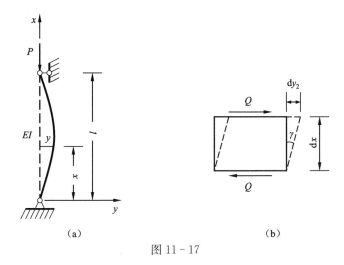

图 11 - 17

为了计算由剪力引起附加弯曲的曲率 $\dfrac{\mathrm{d}^2 y_2}{\mathrm{d}x^2}$，在压杆上任取一微段（图 11 - 17b）。剪力引起微段的附加转角 $\dfrac{\mathrm{d}y_2}{\mathrm{d}x}$ 在数值上等于剪应变 γ，于是可得

$$\frac{\mathrm{d}y_2}{\mathrm{d}x} = \gamma = k\,\frac{Q}{GA} = \frac{k}{GA} \cdot \frac{\mathrm{d}M}{\mathrm{d}x}$$

附加弯曲的曲率为

$$\frac{\mathrm{d}^2 y_2}{\mathrm{d}x^2} = \frac{k}{GA} \cdot \frac{\mathrm{d}^2 M}{\mathrm{d}x^2} \tag{c}$$

将式（b）、（c）代入式（a），得

$$y'' = -\frac{M}{EI} + \frac{k}{GA}\frac{\mathrm{d}^2 M}{\mathrm{d}x^2} \tag{d}$$

对于图 11 - 17a 所示简支压杆，有 $M = Py$，代入式（d），于是得考虑剪切变形影响的压杆挠曲线微分方程

$$EI\left(1 - \frac{kP}{GA}\right)y'' + Py = 0 \tag{11 - 9}$$

与不计剪切变形影响的简支压杆相比，二阶导数前系数多出因子 $\left(1 - \dfrac{kP}{GA}\right)$。令

$$\alpha^2 = \frac{P}{EI\left(1 - \dfrac{kP}{GA}\right)} \tag{e}$$

微分方程的通解为

$$y = A\cos\alpha x + B\sin\alpha x$$

引入边界条件：$x = 0$，$y = 0$；$x = l$，$y = 0$；可得稳定方程为

$$\sin\alpha l = 0$$

其最小正根 $\alpha l = \pi$，代入式（e）可得临界荷载为

$$P_{\text{cr}} = \frac{1}{1 + \dfrac{k}{GA} \cdot \dfrac{\pi^2 EI}{l^2}} \cdot \frac{\pi^2 EI}{l^2} = \beta P_{\text{e}} \qquad (11-10)$$

式中 $P_{\text{e}} = \dfrac{\pi^2 EI}{l^2}$ 为简支压杆的欧拉临界荷载；β 为修正系数，可写为

$$\beta = \frac{1}{1 + \dfrac{k P_{\text{e}}}{GA}} = \frac{1}{1 + \dfrac{k \sigma_{\text{e}}}{G}}$$

式中 σ_{e} 为欧拉临界应力。

修正系数 β 恒小于 1，如工字形截面压杆，截面系数 $k \approx 1$，材料为三号钢，欧拉临界应力取为 $\sigma_{\text{e}} = 200\text{MPa}$，剪切弹性模量 $G = 80 \times 10^3\text{MPa}$，$\beta = 0.9975$。可见剪切变形对实腹压杆临界荷载的影响很小，可以忽略不计。

式（11-10）中的 $\dfrac{k}{GA}$ 为单位剪力引起的压杆平均剪应变 γ。只要求得组合压杆由单位剪力引起的剪应变 γ，将其代入式（11-10），即可得到组合压杆的临界荷载。

2. 缀条式组合压杆

图 11-18a 所示为比较常用的缀条式双肢组合压杆，取压杆的一个结间进行分析。缀条与肢杆视为铰结，计算简图如图 11-18c 所示。在单位剪力作用下剪应变 γ 可近似写为

$$\gamma \approx \tan \gamma = \frac{\delta_{11}}{d}$$

位移 δ_{11} 可按桁架位移计算公式计算，即

$$\delta_{11} = \Sigma \frac{\overline{N}^2}{EA}$$

由于肢杆的截面积比缀条的截面积大得多，所以只考虑缀条的变形对位移的影响。缀条的横杆，轴力 $\overline{N} = 1$，杆长 $b = \dfrac{d}{\tan\alpha}$，截面积设为 A_{p}；缀条的斜杆，轴力 $\overline{N} = \dfrac{1}{\cos\alpha}$，杆长为 $\dfrac{d}{\sin\alpha}$，截面积设为 A_{q}，于是有

$$\delta_{11} = \frac{d}{E}\left(\frac{1}{A_{\text{q}}\sin\alpha\cos^2\alpha} + \frac{1}{A_{\text{p}}\tan\alpha}\right)$$

单位剪力作用下剪应变为

$$\gamma = \frac{1}{E}\left(\frac{1}{A_{\text{q}}\sin\alpha\cos^2\alpha} + \frac{1}{A_{\text{p}}\tan\alpha}\right)$$

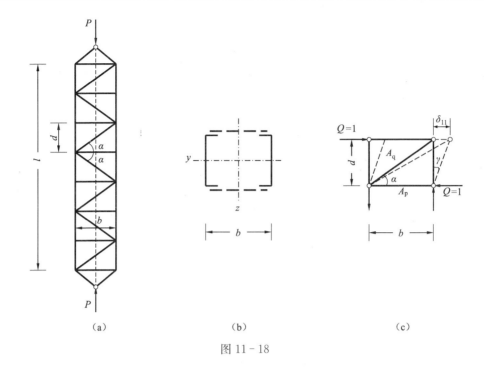

（a）　　　　　　　　　　　（b）　　　　　　　　　　（c）

图 11 - 18

将该式代替式（11 - 10）中的 $\dfrac{k}{GA}$，即得临界荷载为

$$P_{cr}=\frac{P_e}{1+\dfrac{P_e}{E}\left(\dfrac{1}{A_q\sin\alpha\cos^2\alpha}+\dfrac{1}{A_p\tan\alpha}\right)} \tag{11 - 11}$$

式中 $P_e=\dfrac{\pi^2 EI}{l^2}$ 为按实腹计算的组合杆绕 z 轴失稳时欧拉临界荷载，所用惯性矩 I 为图 11 - 18b 所示两主肢杆截面对 z 轴的惯性矩。设单肢杆的截面积为 A_d，截面对自身形心轴的惯性矩为 I_d，自身形心轴到 z 轴的距离近似为 $\dfrac{b}{2}$，应用平行轴定理得

$$I=2I_d+\frac{1}{2}A_d b^2 \tag{11 - 12}$$

　　式（11 - 11）分母括号中的第一项为缀条的斜杆对稳定的影响，第二项为缀条的横杆对稳定的影响。刚度相同时斜杆比横杆的影响大得多，近似计算时可略去横杆的影响。并考虑到一般情况下型钢翼缘两侧平面内都没有缀条，于是式（11 - 11）可简化为

$$P_{cr}=\frac{P_e}{1+\dfrac{P_e}{E}\cdot\dfrac{1}{2A_q\sin\alpha\cos^2\alpha}}$$

将上式化为欧拉公式的基本形式 $P_{cr}=\dfrac{\pi^2 EI}{(\mu l)^2}$，则杆长系数为

$$\mu = \sqrt{1 + \frac{\pi^2 I}{l^2} \cdot \frac{1}{2A_q \sin\alpha \cos^2\alpha}} \tag{11-13}$$

在图 11-18b 中，设两主肢杆截面对 z 轴的回转半径为 i，按实腹计算压杆的截面惯性矩 I 和柔度 λ_0 分别为

$$I = 2A_d i^2, \quad \lambda_0 = \frac{l}{i}$$

工程中，一般斜缀条的倾角 α 在 $30°\sim60°$ 之间，故可取

$$\frac{\pi^2}{\sin\alpha \cos^2\alpha} \approx 27$$

将该值代入式（11-13），并引入 I 和 λ_0，得缀条式组合压杆的杆长系数为

$$\mu = \sqrt{1 + \frac{27 A_d}{\lambda_0^2 A_q}} \tag{11-14}$$

缀条式组合压杆的柔度为

$$\lambda = \mu\lambda_0 = \sqrt{\lambda_0^2 + 27 \frac{A_d}{A_q}} \tag{11-15}$$

这就是钢结构设计规范中推荐的缀条式组合压杆柔度的计算公式。

3. 缀板式组合压杆

图 11-19a 所示为双肢缀板式组合压杆，肢杆与缀板刚性连接，可视为单跨多层刚架。肢杆由剪力引起弯曲变形的反弯点位于相邻结点间的中点，剪力平均分配在两肢杆上。取标准结间，计算简图如图 11-19c 所示，单位剪力作用下弯矩图如图 11-19d 所示。由图乘法得侧向位移为

$$\delta_{11} = \sum \int \frac{\overline{M}^2}{EI} ds = \frac{d^3}{24EI_d} + \frac{bd^2}{12EI_b}$$

式中 I_d 为单根肢杆横截面对自身形心轴的惯性矩，I_b 为两侧一对缀板横截面惯性矩之和。

剪应变为

$$\gamma = \frac{\delta_{11}}{d} = \frac{d^2}{24EI_d} + \frac{bd}{12EI_b}$$

用上式代替式（11-10）中的 $\frac{k}{GA}$，得缀板式组合压杆的临界荷载为

$$P_{cr} = \frac{P_e}{1 + \left(\dfrac{d^2}{24EI_d} + \dfrac{bd}{12EI_b}\right) P_e} \tag{11-16}$$

该式分母括号中的第一项为肢杆对稳定的影响，第二项为缀板对稳定的影响。

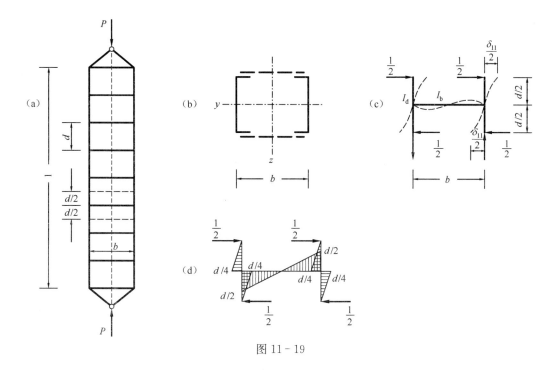

图 11 - 19

一般情况下，缀板的刚度比肢杆的刚度大得多，可近似认为 $EI_b = \infty$，于是式（11 - 16）可简化为

$$P_{cr} = \frac{P_e}{1 + \dfrac{d^2}{24EI_d} P_e} = \frac{P_e}{1 + \dfrac{\pi^2 d^2 I}{24 l^2 I_d}} \tag{11 - 17}$$

其中 I 由式（11 - 12）确定，为图 11 - 19b 所示组合杆截面对 z 轴的惯性矩。

引入如下公式：

$$I = 2A_d i^2, \quad I_d = A_d i_d^2, \quad \lambda_0 = \frac{l}{i}, \quad \lambda_d = \frac{d}{i_d}$$

式中符号 i 和 λ_0 的意义同前，i_d 和 λ_d 为单根肢杆截面对自身形心轴的回转半径和柔度。将上面各式代入式（11 - 17）得

$$P_{cr} = \frac{P_e}{1 + \dfrac{\pi^2 d^2 i^2 A_d}{12 l^2 i_d^2 A_d}} = \frac{P_e}{1 + 0.83 \dfrac{\lambda_d^2}{\lambda_0^2}} \tag{11 - 18}$$

若近似地以 1 代替 0.83，可进一步简化为

$$P_{cr} = \frac{\lambda_0^2}{\lambda_0^2 + \lambda_d^2} P_e \tag{11 - 19}$$

相应的杆长系数为

$$\mu = \sqrt{\frac{\lambda_0^2 + \lambda_d^2}{\lambda_0^2}} \tag{11 - 20}$$

缀板式组合压杆的柔度为

$$\lambda = \frac{\mu l}{i} = \mu \lambda_0 = \sqrt{\lambda_0^2 + \lambda_d^2} \tag{11-21}$$

这就是钢结构设计规范中给出的缀板式组合压杆柔度的计算公式。

§11-5　刚架的稳定

　　刚架在竖向荷载作用下的失稳通常属于第二类稳定性问题。如图 11-20a 所示刚架，当横梁上受均布荷载作用时会发生侧移，杆件处于弯曲平衡状态，这与偏心压杆相同。

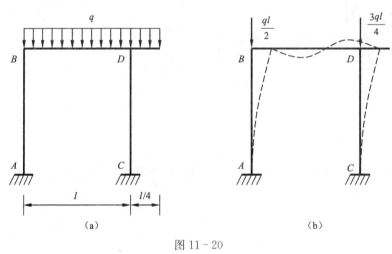

图 11-20

　　第二类稳定性问题比较复杂，实用上常将梁上的荷载分配到两端的结点上，如图 11-20b 所示。若忽略杆的轴向变形，只有立柱受轴向压力，则刚架在失稳前不会发生侧移，杆件保持直线平衡状态。当荷载增加到临界值时，平衡状态发生分支，刚架会发生侧移，出现图 11-20b 中虚线所示的位形。这样，就将本属于第二类稳定性问题近似地转化为第一类稳定性问题。一般在作刚架稳定性分析时，可以忽略杆件轴向变形的影响。

1. 单压杆刚架的稳定

　　若图 11-20b 所示刚架中只有立柱 AB 受轴向压力，则横梁 BD 和立柱 CD 的刚度不变，可视为立柱 AB 的弹性约束。这样，就将刚架的稳定性问题转化为单一压杆的稳定性问题，就可用前面所讲的静力法或能量法计算刚架的临界荷载。

　　图 11-21a 所示刚架，只有杆 AB 顶端受集中荷载作用，忽略杆的轴向变形，B 端没有线位移，但可转动。B 端的转动受杆 BC 的限制，杆 BC 可视为杆 AB 的转动弹性约束，可简化为图 11-21b 所示的计算简图。转动约束的刚度系数 k_r 由杆 BC 的转动刚度所定。由图 11-21c，得 $k_r = 4i = \dfrac{4EI}{l}$。

图 11-22a 所示刚架，杆 AB 的 B 端只可能发生水平位移，但 B 端的水平位移受到 BDC 部分的限制。因此，BDC 部分可视为杆 AB 的水平弹性约束，可简化为图 11-22b 所示的计算简图。弹簧刚度系数 k 可由图 11-22c 来计算，先由 $\overline{M}$ 图图乘求得柔度系数 $\delta = \dfrac{2l^3}{3EI}$，进而求得刚度系数 $k = \dfrac{1}{\delta} = \dfrac{3EI}{2l^3}$。

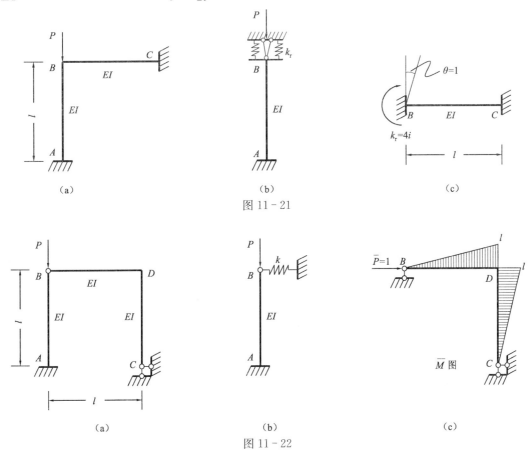

图 11-21

图 11-22

图 11-23a 所示为对称刚架，两立柱顶端受有相同的竖向荷载。刚架失稳后的新位形有两种，一种是图 11-23b 所示的对称位形，另一种是图 11-23c 所示的反对称位形。

计算刚架的临界荷载时可利用其对称性。当刚架按对称位形失稳时，取图 11-23d 所示的半边结构进行分析。计算简图如图 11-23e 所示，转动约束的刚度系数 $k_r = i_{BE} = \dfrac{2EI}{l}$。当刚架按反对称位形失稳时，取图 11-23f 所示的半边结构进行分析。计算简图如图 11-23g 所示，转动约束的刚度系数 $k_r = 3i_{BE} = \dfrac{6EI}{l}$。

刚架的临界荷载应为按上述两种形式失稳时所求临界荷载中的较小者。比较两种失稳形式临界荷载的大小。对于图 11-23e 所示对称失稳的计算简图，当 $EI_1 \to 0$ 时，变为一端固定、一端水平铰支的压杆，由欧拉公式可知临界荷载为 $\dfrac{\pi^2 EI}{(0.7h)^2}$；当 $EI_1 \to \infty$ 时，变为两端固定的压杆，由欧拉公式可知临界荷载为 $\dfrac{\pi^2 EI}{(0.5h)^2}$。对于图 11-23g 所示反对称失稳的计算简图，当 $EI_1 \to 0$ 时，变为一端固定，一端自由的悬臂压杆，由欧拉公式可知临界荷载为 $\dfrac{\pi^2 EI}{(2h)^2}$；当 $EI_1 \to \infty$ 时，变为一端固定，一端滑动支承的压杆，临界荷载为 $\dfrac{\pi^2 EI}{h^2}$。

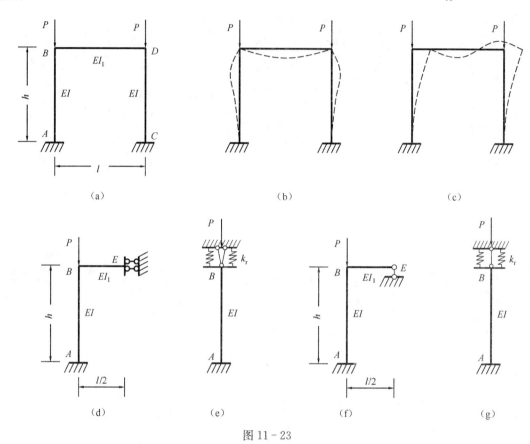

图 11-23

经过比较可以看出，刚架的失稳形式只能是反对称的。临界荷载随横梁的抗弯刚度 EI_1 变化，变化范围为

$$\frac{\pi^2 EI}{(2h)^2} \leqslant P_{cr} \leqslant \frac{\pi^2 EI}{h^2}$$

【例 11-8】试求图 11-24a 所示刚架的临界荷载。

解 图 11-24a 所示刚架失稳时立柱顶端 B 可发生转角和侧移，计算简图如图 11-24b 所示，转动刚度系数 $k_r = 3i_{BC} + 3i_{BD} = \dfrac{9EI}{l}$。

设刚架失稳时 B 端的转角为 θ，约束反力矩 $M_B = k_r\theta$。由图 11-24c 建立平衡微分方程为

$$EIy'' = -(Py - k_r\theta)$$

令

$$\alpha^2 = \frac{P}{EI}$$

微分方程改写为

$$y'' + \alpha^2 y = \frac{9\theta}{l}$$

微分方程的通解为

$$y = A\sin\alpha x + B\cos\alpha x + \frac{9EI}{Pl}\theta$$

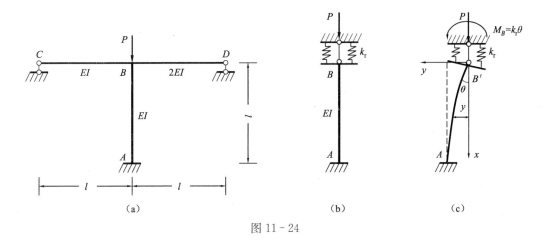

图 11 - 24

引入边界条件：$x=0$，$y=0$，$y'=\theta$；$x=l$，$y'=0$，得

$$B + \frac{9EI}{Pl}\theta = 0$$

$$A\alpha - \theta = 0$$

$$A\alpha\cos\alpha l - B\alpha\sin\alpha l = 0$$

由 A、B、θ 有非零解的条件，得稳定方程

$$D = \begin{vmatrix} 0 & 1 & \dfrac{9EI}{Pl} \\ \alpha & 0 & -1 \\ \alpha\cos\alpha l & -\alpha\sin\alpha l & 0 \end{vmatrix} = 0$$

展开后得

$$\tan\alpha l + \frac{1}{9}\alpha l = 0$$

应用试算法求解：

当 $\alpha l = 0.9\pi$（162°）时，$\qquad \tan\alpha l = -0.3249$，$\qquad D = -0.0107$

当 $\alpha l = 0.911\pi$（164°）时，$\qquad \tan\alpha l = -0.2867$，$\qquad D = 0.0313$

当 $\alpha l = 0.9056\pi$（163°）时，$\qquad \tan\alpha l = -0.3057$，$\qquad D = 0.0104$

当 $\alpha l = 0.9028\pi$（162.5°）时，$\quad \tan\alpha l = -0.3153$，$\qquad D = 0.0002$

取 $\alpha l = 0.9028\pi$，刚架的临界荷载为

$$P_{cr} = \alpha^2 EI = (0.9028\pi)^2 \frac{EI}{l^2} = 8.044\frac{EI}{l^2}$$

2. 刚架稳定性分析的矩阵位移法

随着杆件轴向压力的增大，杆的转动刚度和侧移刚度会随之减小。当杆件的轴向压力很大时，杆件的轴力对刚度的影响往往不能忽略。

一般刚架中的压杆不只一个，图 11 - 20b 所示刚架中的两个立柱同时受压，且轴向压力不同，则不能将其中一个立柱视为另一立柱的弹性约束。

用矩阵位移法计算刚架的内力时，并不考虑轴力对弯曲变形的影响，所用的单元称为普通单元。在稳定问题中，压杆所承受的轴力是其失稳变弯的决定因素，因此在单元分析中必须考虑轴力对弯曲变形的影响。考虑轴力对弯曲变形影响的单元称为压杆单元，下面以能量法推导压杆单元的刚度方程。

设压杆单元受轴向压力 P 作用，单元的结点位移与结点力分别为

$$\{\bar{\delta}\}^e = \begin{Bmatrix} \bar{\delta}_1 \\ \bar{\delta}_2 \\ \bar{\delta}_3 \\ \bar{\delta}_4 \end{Bmatrix} = \begin{Bmatrix} \bar{v}_i \\ \bar{\theta}_i \\ \bar{v}_j \\ \bar{\theta}_j \end{Bmatrix}, \quad \{\bar{F}\}^e = \begin{Bmatrix} \bar{F}_1 \\ \bar{F}_2 \\ \bar{F}_3 \\ \bar{F}_4 \end{Bmatrix} = \begin{Bmatrix} \bar{Y}_i \\ \bar{M}_i \\ \bar{Y}_j \\ \bar{M}_j \end{Bmatrix}$$

结点位移与结点力的正向如图 11 - 25a、b 所示。

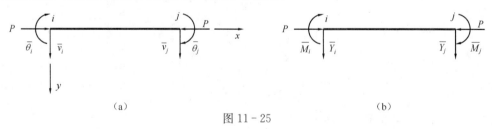

(a) $\qquad\qquad\qquad\qquad\qquad\qquad\qquad$ (b)

图 11 - 25

设位移函数为多项式

$$y = a_1 + a_2 x + a_3 x^2 + a_4 x^3 \qquad\qquad (a)$$

根据结点位移关系确定位移函数中的四个待定常数。结点位移条件为

当 $x = 0$ 时，$y = \bar{v}_i$；$a_1 = \bar{v}_i$

当 $x = 0$ 时，$y' = \bar{\theta}_i$；$a_2 = \bar{\theta}_i$

当 $x = l$ 时，$y = \bar{v}_j$；$a_1 + a_2 l + a_3 l^2 + a_4 l^3 = \bar{v}_j$

当 $x = l$ 时，$y' = \bar{\theta}_j$；$a_2 + 2a_3 l + 3a_4 l^2 = \bar{\theta}_j$

由此求得

$$a_1 = \bar{v}_i, \quad a_2 = \bar{\theta}_i$$

$$a_3 = -\frac{3}{l^2}\bar{v}_i - \frac{2}{l}\bar{\theta}_i + \frac{3}{l^2}\bar{v}_j - \frac{1}{l}\bar{\theta}_j$$

$$a_4 = \frac{2}{l^3}\bar{v}_i + \frac{1}{l^2}\bar{\theta}_i - \frac{2}{l^3}\bar{v}_j + \frac{1}{l^2}\bar{\theta}_j$$

将上面常数代入式（a），得以结点位移表示的位移函数

$$y = \left(1 - 3\frac{x^2}{l^2} + 2\frac{x^3}{l^3}\right)\bar{v}_i + x\left(1 - 2\frac{x}{l} + \frac{x^2}{l^2}\right)\bar{\theta}_i + \left(3\frac{x^2}{l^2} - 2\frac{x^3}{l^3}\right)\bar{v}_j - \frac{x^2}{l}\left(1 - \frac{x}{l}\right)\bar{\theta}_j$$

简写为

$$y = \sum_{i=1}^{4}\bar{\delta}_i\varphi_i(x) \tag{b}$$

其中

$$\left.\begin{array}{l}\varphi_1(x) = 1 - 3\left(\dfrac{x}{l}\right)^2 + 2\left(\dfrac{x}{l}\right)^3 \\[3mm] \varphi_2(x) = l\left[\dfrac{x}{l} - 2\left(\dfrac{x}{l}\right)^2 + \left(\dfrac{x}{l}\right)^3\right] \\[3mm] \varphi_3(x) = 3\left(\dfrac{x}{l}\right)^2 - 2\left(\dfrac{x}{l}\right)^3 \\[3mm] \varphi_4(x) = -l\left[\left(\dfrac{x}{l}\right)^2 - \left(\dfrac{x}{l}\right)^3\right]\end{array}\right\} \tag{11-22}$$

$\varphi_i(x)$ 是由单位杆端位移 $\bar{\delta}_i = 1$ 所引起的挠度，称为形状函数。

单元的势能为

$$E_P = U + U_{P1} + U_{P2}$$

其中 U 为单元应变能：

$$U = \frac{1}{2}\int_0^l EI(y'')^2\mathrm{d}x = \frac{1}{2}\int_0^l EI\left[\sum_{i=1}^{4}\bar{\delta}_i\varphi_i''(x)\right]^2\mathrm{d}x \tag{c}$$

U_{P1} 为单元轴向力 P 的势能：

$$U_{P1} = -\frac{1}{2}\int_0^l P(y')^2\mathrm{d}x = -\frac{P}{2}\int_0^l\left[\sum_{i=1}^{4}\bar{\delta}_i\varphi_i'(x)\right]^2\mathrm{d}x \tag{d}$$

U_{P2} 为单元结点力的势能：

$$U_{P2} = -\sum_{i=1}^{4}\bar{F}_i\bar{\delta}_i \tag{e}$$

应用势能驻值原理 $\dfrac{\partial E_P}{\partial\bar{\delta}_i} = 0$，有

$$-\frac{\partial U_{P2}}{\partial\bar{\delta}_i} = \frac{\partial U}{\partial\bar{\delta}_i} + \frac{\partial U_{P1}}{\partial\bar{\delta}_i} \qquad (i = 1,2,3,4) \tag{f}$$

由式（c）、（d）、（e），得各项为

$$\frac{\partial U_{P2}}{\partial \bar{\delta}_i} = -\bar{F}_i$$

$$\frac{\partial U}{\partial \bar{\delta}_i} = \int_0^l EI \Big[\sum_{j=1}^4 \bar{\delta}_j \varphi_j''(x) \Big] \varphi_i''(x) \mathrm{d}x = \sum_{j=1}^4 \bar{\delta}_j \int_0^l EI \varphi_i'' \varphi_j'' \mathrm{d}x$$

$$\frac{\partial U_{P1}}{\partial \bar{\delta}_i} = -P \int_0^l \Big[\sum_{j=1}^4 \bar{\delta}_j \varphi_j'(x) \Big] \varphi_i'(x) \mathrm{d}x = -\sum_{j=1}^4 \bar{\delta}_j P \int_0^l \varphi_i' \varphi_j' \mathrm{d}x$$

将各项代入式（f），得

$$\bar{F}_i = \Big(\sum_{j=1}^4 \bar{k}_{ij} - \sum_{j=1}^4 \bar{s}_{ij} \Big) \bar{\delta}_j \qquad (i=1,2,3,4) \tag{11-23}$$

这就是压杆单元的刚度方程，其中

$$\left. \begin{aligned} \bar{k}_{ij} &= \int_0^l EI \varphi_i'' \varphi_j'' \mathrm{d}x \\ \bar{s}_{ij} &= P \int_0^l \varphi_i' \varphi_j' \mathrm{d}x \end{aligned} \right\} \qquad \begin{pmatrix} i=1,2,3,4 \\ j=1,2,3,4 \end{pmatrix} \tag{11-24}$$

将压杆单元的刚度方程写成矩阵形式

$$\begin{Bmatrix} \bar{Y}_i \\ \bar{M}_i \\ \bar{Y}_j \\ \bar{M}_j \end{Bmatrix}^e = \begin{bmatrix} \bar{k}_{11} & \bar{k}_{12} & \bar{k}_{13} & \bar{k}_{14} \\ \bar{k}_{21} & \bar{k}_{22} & \bar{k}_{23} & \bar{k}_{24} \\ \bar{k}_{31} & \bar{k}_{32} & \bar{k}_{33} & \bar{k}_{34} \\ \bar{k}_{41} & \bar{k}_{42} & \bar{k}_{43} & \bar{k}_{44} \end{bmatrix}^e - \begin{bmatrix} \bar{s}_{11} & \bar{s}_{12} & \bar{s}_{13} & \bar{s}_{14} \\ \bar{s}_{21} & \bar{s}_{22} & \bar{s}_{23} & \bar{s}_{24} \\ \bar{s}_{31} & \bar{s}_{32} & \bar{s}_{33} & \bar{s}_{34} \\ \bar{s}_{41} & \bar{s}_{42} & \bar{s}_{43} & \bar{s}_{44} \end{bmatrix}^e \begin{Bmatrix} \bar{v}_i \\ \bar{\theta}_i \\ \bar{v}_j \\ \bar{\theta}_j \end{Bmatrix}^e$$

简写为

$$\{\bar{F}\}^e = ([\bar{k}]^e - [\bar{s}]^e) \{\bar{\delta}\}^e \tag{11-25}$$

将式（11-22）代入式（11-24），可得矩阵中的各项元素，即

$$[\bar{k}]^e = \begin{bmatrix} \dfrac{12EI}{l^3} & \dfrac{6EI}{l^2} & -\dfrac{12EI}{l^3} & \dfrac{6EI}{l^2} \\[2mm] \dfrac{6EI}{l^2} & \dfrac{4EI}{l} & -\dfrac{6EI}{l^2} & \dfrac{2EI}{l} \\[2mm] -\dfrac{12EI}{l^3} & -\dfrac{6EI}{l^2} & \dfrac{12EI}{l^3} & -\dfrac{6EI}{l^2} \\[2mm] \dfrac{6EI}{l^2} & \dfrac{2EI}{l} & -\dfrac{6EI}{l^2} & \dfrac{4EI}{l} \end{bmatrix}^e \tag{11-26}$$

$$[\bar{s}]^e = P \begin{bmatrix} \dfrac{6}{5l} & \dfrac{1}{10} & -\dfrac{6}{5l} & \dfrac{1}{10} \\[2mm] \dfrac{1}{10} & \dfrac{2l}{15} & -\dfrac{1}{10} & -\dfrac{l}{30} \\[2mm] -\dfrac{6}{5l} & -\dfrac{1}{10} & \dfrac{6}{5l} & -\dfrac{1}{10} \\[2mm] \dfrac{1}{10} & -\dfrac{l}{30} & -\dfrac{1}{10} & \dfrac{2l}{15} \end{bmatrix}^e \tag{11-27}$$

压杆单元的刚度矩阵由两部分组成，其中 $[\bar{k}]^e$ 为不考虑轴向压力影响的普通梁单元的刚度矩阵，$[\bar{s}]^e$ 为考虑轴向压力影响的矩阵，称为单元的几何刚度矩阵。由式（11-27）可以看到单元几何刚度矩阵中的各项元素的大小跟轴向压力 P 值成正比。

有了压杆单元的刚度矩阵，就可用矩阵位移法对刚架进行稳定计算。假设刚架只受结点荷载，失稳前各杆只受轴力，且忽略各杆的轴向变形。

对于由横梁和立柱组成的刚架，受压杆件用压杆单元的刚度矩阵，非受压杆件仍用普通单元的刚度矩阵。如用矩阵位移法计算内力相同，将单元的刚度方程进行坐标变换，并叠加得刚架的整体刚度方程为

$$([K]-[S])\{\Delta\}=\{0\} \tag{11-28}$$

因为刚架失稳前各杆只受轴力，故结点荷载列阵中各元素皆为零。

临界状态下，根据非零解条件（$\{\Delta\}\neq0$），得稳定方程为

$$|[K]-[S]|=0 \tag{11-29}$$

稳定方程是含有荷载 P 的代数方程，其最小根就是临界荷载。

§11-6 小　结

结构的承载力除了取决于它的强度条件，还取决于它的稳定性，结构稳定性问题成为结构设计中必要的控制因素。例如，桥梁结构中的桥墩的稳定性问题，基础工程中基桩的稳定性问题等。本章重点掌握用静力法和能量法计算有限自由度体系和无限自由度体系稳定的临界荷载。

1. 基本概念

分支点失稳；极值点失稳；临界荷载；特征方程；势能驻值原理

（1）分支点失稳

结构的平衡路径发生分支的失稳称为分支点失稳，工程上又称第一类失稳。

（2）极值点失稳

结构的内力与外力不再能随荷载与变形的增加而保持平衡的失稳称为极值点失稳，工程上又称第二类失稳。

（3）临界荷载

在分支点失稳中，与分支点相对应的荷载称为临界荷载；在极值点失稳中，极值点处所对应的荷载称为临界荷载。

（4）特征方程（稳定方程）

特征方程又称稳定方程，是结构在新位形下保持平衡时，平衡方程非零解所必须满足的条件，即平衡方程的系数行列式等于零。特征方程的最小特征根即为临界荷载。

（5）势能驻值原理

对于弹性结构，在满足支承条件和变形连续条件的一切虚位移中，同时又满足平衡条件的位移必定使结构的势能 E_P 为驻值，也就是势能的一阶变分等于零，即 $\delta E_P=0$。

2. 知识要点

（1）静力法求解有限自由度体系临界荷载 P_{cr} 的计算步骤

① 设定新位形；

② 建立结构在新位形下的平衡方程；

③ 根据临界状态下平衡的二重性确定特征方程；

④ 求解特征方程，取特征根的最小者即为临界荷载 P_{cr}。

（2）能量法求解有限自由度体系临界荷载 P_{cr} 的计算步骤

① 设定新位形，计算体系的总势能 E_P；

② 根据势能驻值原理，建立驻值方程 $\dfrac{\partial E_P}{\partial \Delta_i}=0$；

③ 根据驻值方程非零解条件建立特征方程；

④ 求解特征方程，取特征根的最小者即为临界荷载 P_{cr}。

（3）静力法求解无限自由度体系临界荷载 P_{cr} 计算步骤

① 设定新位形；

② 根据结构挠曲线近似微分方程，建立新位形下的平衡方程（关于挠度的非齐次微分方程）；

③ 求解微分方程，并由边界条件建立特征方程；

④ 求解特征方程，求出临界荷载。

（4）能量法求解无限自由度体系临界荷载 P_{cr} 计算步骤

① 设定新位形；

② 计算内力势能（弯曲应变能）U、外力势能 U_P 和总势能 $E=U+U_P$；

③ 根据势能驻值原理，建立驻值方程；

④ 根据驻值方程非零解条件建立特征方程；

⑤ 求解特征方程，取其最小特征根即为所求临界荷载。

习　　题

11-1　什么是结构丧失稳定性？它是如何分类的？

11-2　什么是分支点失稳？什么是极值点失稳？二者有何不同？

11-3　什么是结构失稳的自由度？它与稳定方程的解有何关系？结构丧失第一类稳定性的临界荷载是如何确定的？

11-4　试比较用静力法和能量法分析第一类稳定性问题的基本原理和方法。

11-5　为什么用能量法求得的临界荷载值通常都是近似解？且都高于精确值？

11-6　组合压杆失稳时的临界荷载计算与实腹压杆有何不同？为什么？

11-7　单压杆刚架与多压杆刚架在稳定分析时有何不同？哪些刚架可化为单压杆刚架？哪些不可以？

11-8　试用静力法和能量法求图示各有限自由度体系的临界荷载。

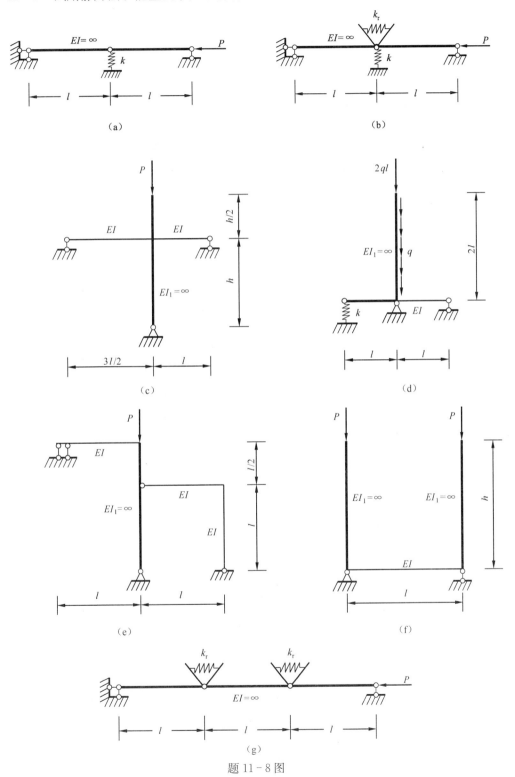

题 11-8 图

11-9 试求图示刚架的临界荷载。

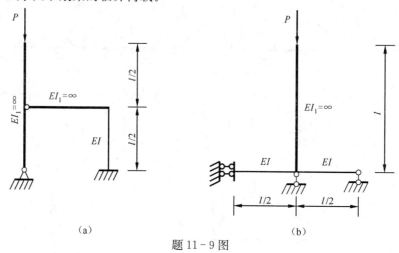

（a）　　　　　　　　　　（b）

题 11-9 图

11-10 试用静力法建立图示各体系的稳定方程。

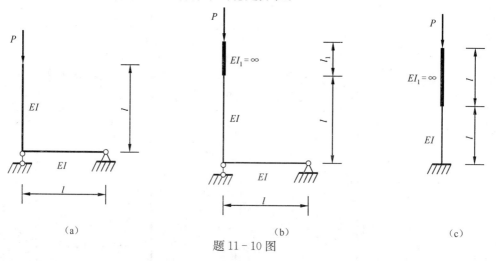

（a）　　　　　　　（b）　　　　　　　（c）

题 11-10 图

11-11 试用静力法求图示各体系的临界荷载。

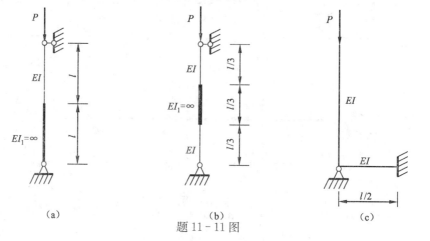

（a）　　　　　　　（b）　　　　　　　（c）

题 11-11 图

11－12　试用能量法求图示各体系的临界荷载。

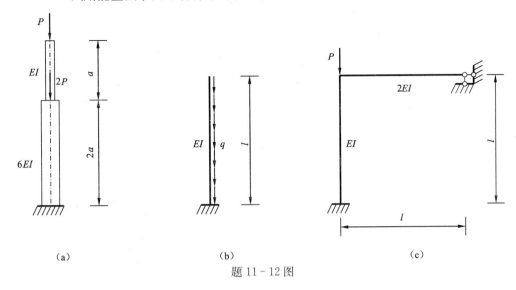

题 11－12 图

第 12 章　结构的动力计算

§12-1　概　　述

1. 结构动力计算的研究内容

前面各章我们研究的是结构在静力荷载作用下内力和位移的计算，属于静力学问题。荷载的大小和方向不随时间而变化，或荷载缓慢施加，其大小变化非常缓慢，引起结构上各质点的加速度很小，所产生的惯性力可忽略不计，结构始终处于平衡状态。

但是，在工程中我们往往会遇到另外一类荷载，其大小和方向可随时间迅速变化，称为动力荷载（或称干扰力）。动荷载所引起结构上各质点的加速度和由此产生的惯性力是很大的，不可忽略不计。例如，在高层厂房设计中，如何防止机器振动带来的影响，在房屋结构设计中，如何考虑对地震的设防等，都需要对动力荷载的影响进行深入的研究。在结构的动力计算中，结构不再处于平衡状态，不能用静力学的方法去计算内力和位移，而需用动力学的方法来分析计算。首要的是确定结构在动力荷载作用下可能产生的最大内力，以作为设计时强度计算的依据；其次，还需找出结构在动力荷载作用下的最大位移、速度、加速度，使其不超过规范所规定的允许值，以避免振动对人体健康和建筑物带来的损害。

2. 动力荷载的分类

工程实际中的动力荷载主要可分为以下三类：

（1）周期荷载

其作用随时间周期性变化的荷载称为周期荷载。周期荷载中最简单也是最重要的一种称为简谐荷载。简谐荷载随时间的变化规律可用正弦或余弦函数表示（图 12-1）。机器的转子由于质量偏心所引起的荷载就属于这一类。

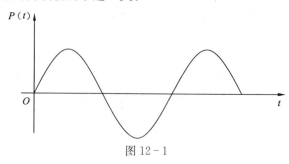

图 12-1

（2）冲击荷载

在很短的时间内，其值急剧增大或减小的荷载称为冲击荷载（图 12 - 2）。如各种爆破、落锤冲击、碰撞等就属于这一类荷载。

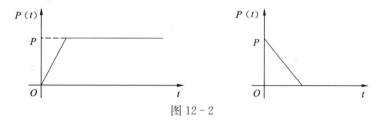

图 12 - 2

（3）随机荷载

前两类荷载随时间的变化规律事先是可确定的，属于可确定性荷载。工程中还有一类荷载在任一时刻的值事先无法确定，称为随机荷载。如地震作用、风荷载就属于这一类。

图 12 - 3 所示为某次地震记录到的地面加速度。

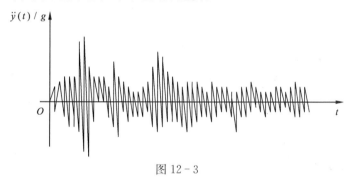

图 12 - 3

3. 体系的自由度

结构在动力荷载作用下会发生振动，如汽车通过桥梁时会使桥梁发生振动，机器运转时会引起厂房的振动，地震时会使地面上的建筑物发生振动等。

结构振动可视为结构上各质点的运动，各质点的位置随着时间不断地发生变化。任一时刻确定结构上全部质量位置所需独立几何参数的数目称为体系的自由度。

实际结构的质量是连续分布的，可以说具有无限多个自由度，若按无限多个自由度计算，不仅十分困难，而且也没有这个必要。因此，通常把连续分布的无限自由度问题简化为有限自由度问题。最常用的方法是集中质量法，即把连续分布的质量简化为有限个集中质量。

图 12 - 4a 所示为一简支梁跨中放有重物，梁本身的质量较重物的质量小得多，可略而不计，于是可简化为图 12 - 4b 所示的一个集中质量，该体系为一个自由度。

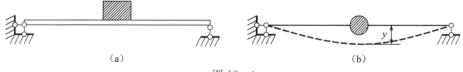

（a） （b）

图 12 - 4

图 12-5a 所示为一厂房屋架，由于屋盖的质量较大，立柱的质量较小，又忽略了屋架的轴向变形，因此水平振动时，可将屋架的全部质量视为集中在立柱顶端，体系简化为一个自由度，计算简图如屋架右侧所示。

图 12-5b 为一二层刚架，侧向振动时，可将立柱的质量分化为位于上下横梁处的集中质量，横梁的轴向变形不计，刚架的全部质量都集中在上、下层的横梁处，简化为两个集中质量，体系为两个自由度，计算简图如刚架右侧所示。

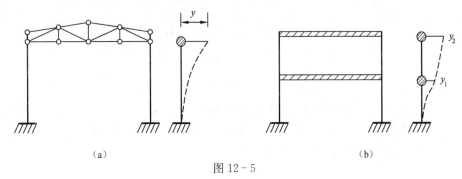

(a)   (b)

图 12-5

体系的自由度与体系所简化的集中质量数目并无对应关系，与体系是静定的，还是超静定的也无关系。体系的自由度只能看振动时，确定体系所有集中质量的位置所需独立几何参数的数目。一个集中质量的体系可能是两个自由度（图 12-6a），而两个集中质量的体系可能是一个自由度（图 12-6b）。

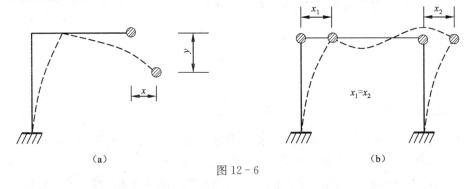

(a)   (b)

图 12-6

看确定体系所有集中质量位置的几何参数是否独立可根据受弯杆件不计轴向变形。另外，同一体系若其振动形式不同，体系的自由度也可能不同。图 12-7a 所示为一建筑物基础，可简化为刚性质块，若在平面内振动时为三个自由度，即水平位移 x、竖向位移 y 和角位移 φ（图 12-7b），若只在竖直方向振动时，则为一个自由度（图 12-7c）。

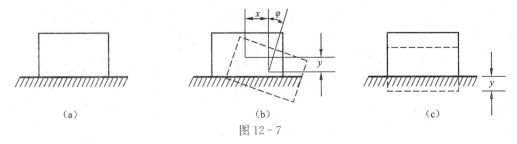

(a)   (b)   (c)

图 12-7

§12－2　单自由度体系的自由振动

单自由度体系的形式多种多样，但其自由振动的规律是相同的。自由振动是指体系受到干扰后，在自身恢复力作用下，在平衡位置附近做往复运动。为了研究方便起见，我们可将所有的单自由度体系抽象为弹簧-质量系统的力学模型（图 12－8a），物块的质量 m 即为体系的集中质量，弹簧的刚度系数 k 即为体系的刚度系数。

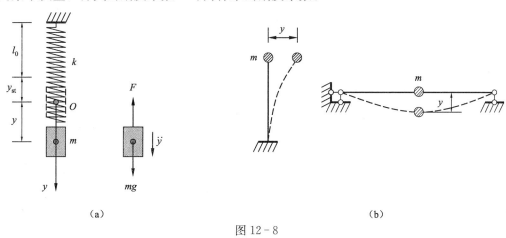

图 12－8

1. 自由振动微分方程

取平衡位置为坐标原点，任一瞬时物块受力如图 12－8a 所示，运动微分方程

$$m\ddot{y}=mg-F=mg-k(y+y_{st}) \tag{12-1}$$

在平衡位置

$$mg=ky_{st} \tag{a}$$

上式简化为

$$m\ddot{y}+ky=0 \tag{12-2}$$

化为标准形式

$$\ddot{y}+\omega^2 y=0 \tag{12-3}$$

其中

$$\omega^2=\frac{k}{m} \tag{b}$$

式（12－3）为二阶常系数线性齐次微分方程，其通解，即单自由度体系自由振动的运动方程为

$$y=C_1\cos\omega t+C_2\sin\omega t \tag{c}$$

式中的积分常数 C_1 和 C_2 可由初始条件来确定，设初始时刻 $t=0$ 时，质量的初始位移为 y_0，初始速度为 v_0，即

$$y(0)=y_0, \qquad \dot{y}(0)=v_0$$

于是得

$$C_1=y_0, \qquad C_2=\frac{v_0}{\omega}$$

代入式（c）得

$$y=y_0\cos\omega t+\frac{v_0}{\omega}\sin\omega t \tag{12-4}$$

由此可见，自由振动是由两部分组成的，一部分是由初始位移引起的，并以幅值 y_0 按余弦规律振动；另一部分是由初始速度引起的，并以幅值 $\frac{v_0}{\omega}$ 按正弦规律振动。二者的相位差为 $\frac{\pi}{2}$。

按三角变换规律，可将两部分合并为

$$y=A\sin(\omega t+\alpha) \tag{12-5}$$

$$\left.\begin{array}{l} A=\sqrt{y_0^2+\dfrac{v_0^2}{\omega^2}} \\[3mm] \alpha=\tan^{-1}\dfrac{y_0\omega}{v_0} \end{array}\right\} \tag{12-6}$$

式中 A 为质量偏离平衡位置的最大位移，称为振幅，α 称为初相位角。振幅 A 和初相位角 α 与初始位移 y_0 和初始速度 v_0 有关，初始条件不同，自由振动的振幅和初相位角也不同。

单自由度体系自由振动的规律可用一模为 A、初始倾角为 α 的旋转向量，以角速度 ω 逆时针转动，向量末端在 y 轴上的投影来描述（图 12-9）。

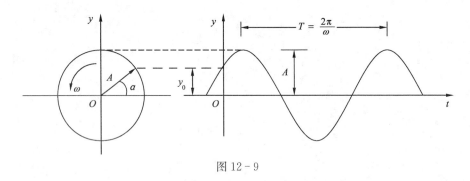

图 12-9

自由振动是一种周期性的简谐运动，振动一次所需的时间为

$$T=\frac{2\pi}{\omega} \tag{12-7}$$

称为体系的自振周期。

单位时间内振动次数为

$$f = \frac{1}{T} = \frac{\omega}{2\pi} \qquad (12-8)$$

通常称为<u>工程频率</u>。

旋转向量的角速度为

$$\omega = \sqrt{\frac{k}{m}} \qquad (12-9)$$

称为体系自由振动的圆频率，表示体系在 2π s 内的振动次数，又称<u>自振频率</u>。

体系的自振频率和周期是体系本身所固有的，只与体系的本身参数，即集中质量 m、刚度系数 k（或柔度系数 δ）有关，而与体系的外力、初始位移 y_0、初始速度 v_0 等因素无关。

2. 自振频率的计算

自振频率是表征体系动力特性的主要参数，也是结构动力计算首先要求解的问题。计算体系的自振频率可用刚度法，也可用柔度法，刚度和柔度互为倒数：$k = \dfrac{1}{\delta}$。

图 12 - 10a 体系的刚度如图 12 - 10b 所示，体系的柔度如图 12 - 10c 所示。刚度法和柔度法计算体系的自振频率的公式分别为

$$\omega = \sqrt{\frac{k}{m}}; \qquad \omega = \sqrt{\frac{1}{m\delta}}$$

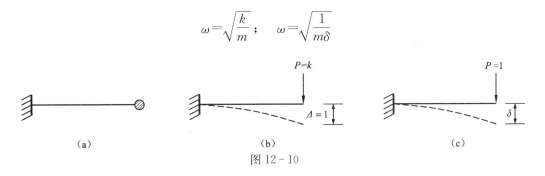

图 12 - 10

计算体系的自振频率是采用刚度法还是采用柔度法，关键取决于体系的刚度或柔度计算的难易程度，刚度好算则宜用刚度法，柔度好算则宜用柔度法。

【**例 12 - 1**】求图 12 - 11a 所示体系的自振频率。

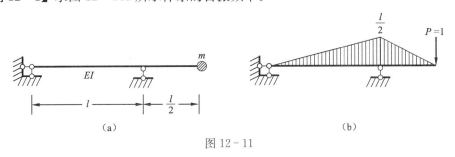

图 12 - 11

解 加单位力并作 $\overline{M}$ 图（图 12-11 b），由 $\overline{M}$ 图自乘得体系的柔度

$$\delta = \frac{l^3}{8EI}$$

按柔度法公式得体系的自振频率为

$$\omega = \sqrt{\frac{1}{m\delta}} = \sqrt{\frac{8EI}{ml^3}}$$

【例 12-2】 求图 12-12a 所示体系的自振频率。

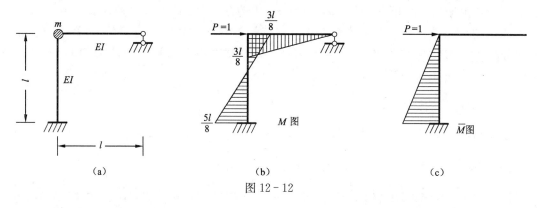

图 12-12

解 加单位力，用力法作图 12-12a 所示刚架 M 图（图 12-12b），取一静定结构并作 $\overline{M}$ 图（图 12-12c），由 M 图与 $\overline{M}$ 图图乘得体系的柔度

$$\delta = \frac{7l^3}{48EI}$$

按柔度法公式得体系的自振频率为

$$\omega = \sqrt{\frac{1}{m\delta}} = \sqrt{\frac{48EI}{7ml^3}}$$

【例 12-3】 求图 12-13a 所示体系的自振频率。

解 令横梁有单位侧向位移求体系的刚度系数 k（图 12-13b）。由位移法杆的形常数作立柱的弯矩图（图 12-13c），取横梁为隔离体（图 12-13d），立柱顶端截面的剪力分别为

$$Q_1 = Q_3 = \frac{3EI}{l^3}, \quad Q_2 = \frac{12EI}{l^3}$$

由平衡方程解得刚度系数为

$$k = \frac{18EI}{l^3}$$

按刚度法公式得体系的自振频率为

$$\omega = \sqrt{\frac{k}{2m}} = \sqrt{\frac{9EI}{ml^3}}$$

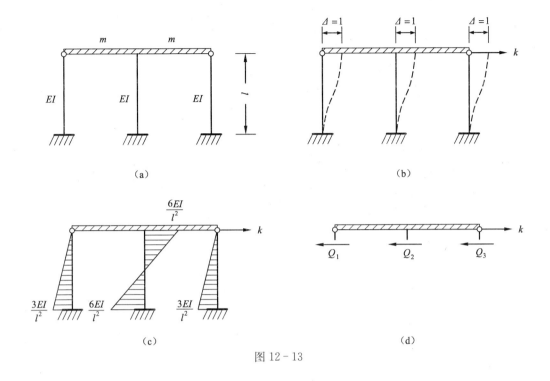

图 12 - 13

【例 12 - 4】 图 12 - 14 所示为三种不同支承的单跨梁，EI = 常数，跨中有一集中质量，试比较三者的自振频率。

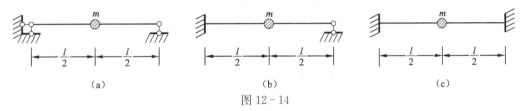

图 12 - 14

解　先根据位移计算方法，求得三梁在单位力作用下的柔度系数分别为

$$\delta_1 = \frac{l^3}{48EI}, \quad \delta_2 = \frac{7l^3}{768EI}, \quad \delta_3 = \frac{l^3}{192EI}$$

按柔度法公式得三者的自振频率分别为

$$\omega_1 = \sqrt{\frac{48EI}{ml^3}}, \quad \omega_2 = \sqrt{\frac{768EI}{7ml^3}}, \quad \omega_3 = \sqrt{\frac{192EI}{ml^3}}$$

§12 - 3　单自由度体系有阻尼的自由振动

　　体系在自身恢复力作用下的振动是一种等幅的简谐运动，在初始扰动下，振动一旦开始，就将永远进行下去。而实际情况是自由振动并不能持久，很快就会停下来。这说明体系

303

除了受自身恢复力作用之外，还受有其他阻力作用，这种阻力习惯上称为阻尼。体系振动时遇到的阻尼有各种不同的形式，例如粘滞阻尼、干摩擦阻尼和材料的内阻等，这里我们只讨论最简单也是最常见的粘滞阻尼。

当体系以较低的速度在流体介质（如空气、油类等）中运动时，体系所受介质阻力的大小与速度成正比，阻力的方向始终与速度的方向相反，这就是粘滞阻尼。粘滞阻尼力为

$$R = -c\dot{y} \tag{12-10}$$

式中 c 称为阻尼系数，它与体系的形状、大小和介质的性质有关。

具有阻尼的单自由度体系自由振动的力学模型如图 12-15 所示。取平衡位置为坐标原点，集中质量受力有体系的恢复力（弹性力与重力的合力）$-ky$，指向平衡位置；粘滞阻尼力 $-c\dot{y}$，与速度 $\dot{y}$ 方向相反。运动微分方程为

$$m\ddot{y} = -c\dot{y} - ky \tag{a}$$

令

$$\omega^2 = \frac{k}{m}, \quad 2n = \frac{c}{m} \tag{b}$$

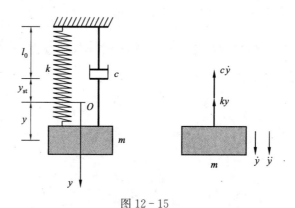

图 12-15

式（a）改写为标准形式

$$\ddot{y} + 2n\dot{y} + \omega^2 y = 0 \tag{12-11}$$

其特征方程为

$$r^2 + 2nr + \omega^2 = 0 \tag{c}$$

两个特征根为

$$r_{1,2} = -n \pm \sqrt{n^2 - \omega^2} \tag{d}$$

微分方程（12-11）的通解为

$$y = C_1 e^{r_1 t} + C_2 e^{r_2 t} \tag{12-12}$$

n 与 ω 的大小关系不同，特征根可能是实数，也可能是复数，这使体系的运动规律有很大不同。为了说明问题，引入

$$\xi = \frac{n}{\omega} = \frac{c}{2m\omega} = \frac{c}{2\sqrt{mk}} \tag{12-13}$$

ξ 称为阻尼比，它是反映阻尼特性的重要参数。令式中

$$c_{cr} = 2m\omega = 2\sqrt{mk} \tag{12-14}$$

c_{cr} 称为临界阻尼系数，它是表征振动体系自身阻尼特性的常数。下面按阻尼比 ξ 的大小，分三种不同情况进行研究。

1. 小阻尼情况

当 $\xi < 1$，为小阻尼情况，这时特征方程的两个根为一对共轭复数，即

$$r_{1,2} = -\xi\omega \pm i\omega\sqrt{1-\xi^2} \tag{12-15}$$

微分方程的解，式（12-12）可根据欧拉公式写成

$$y = A e^{-\xi\omega t}\sin(\omega_d t + \alpha) \tag{12-16}$$

式中

$$\omega_d = \omega\sqrt{1-\xi^2} \tag{12-17}$$

为有阻尼时单自由度体系自由振动的圆频率。常数 A 和 α 可由初始条件确定。

$$\left.\begin{array}{c} A = \sqrt{y_0^2 + \dfrac{(v_0 + \xi\omega y_0)^2}{\omega_d^2}} \\[2mm] \alpha = \tan^{-1}\dfrac{y_0\omega_d}{v_0 + \xi\omega y_0} \end{array}\right\} \tag{12-18}$$

有阻尼自由振动的周期为

$$T_d = \frac{2\pi}{\omega_d} = \frac{T}{\sqrt{1-\xi^2}} \tag{12-19}$$

在小阻尼情况下，阻尼对自由振动的影响表现在如下两个方面：

（1）频率变小、周期变大

由式（12-17）和式（12-19）可以看出，由于阻尼的存在，自由振动的频率略有减小、周期略有增大。工程中，一般材料的阻尼比 ξ 都很小，例如钢结构为 $0.003\sim0.024$，混凝土结构为 $0.016\sim0.048$，所以可以认为 $\omega_d = \omega$，$T_d = T$。

（2）振幅按几何级数衰减

有阻尼自由振动的振幅 $A e^{-\xi\omega t}$ 随着时间在衰减（图 12-16），相邻两个振幅的比值为

$$\eta = \frac{A e^{-\xi\omega t_k}}{A e^{-\xi\omega(t_k + T_d)}} = e^{\xi\omega T_d} \tag{12-20}$$

比值 η 称为减幅系数。由此可见在小阻尼情况下，频率、周期的变化虽然很微小，但振幅却以几何级数迅速地衰减。将上式两边取对数，得

$$\delta=\ln\frac{y_k}{y_{k+1}}=\xi\omega T_{\mathrm{d}}=\frac{2\pi\xi}{\sqrt{1-\xi^2}}\approx2\pi\xi \tag{12-21}$$

δ 称为对数减幅系数。

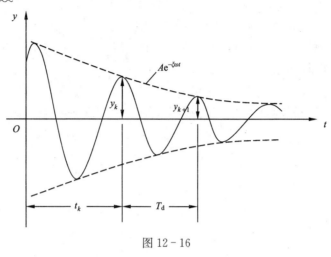

图 12 - 16

2. 临界阻尼情况

当 $\xi=1$，为临界阻尼情况，这时特征方程有两个相等的实根，即

$$r_1=r_2=-\xi\omega \tag{e}$$

运动微分方程的解为

$$y=\mathrm{e}^{-\xi\omega t}(C_1+C_2t) \tag{12-22}$$

其中积分常数 C_1 和 C_2 由运动初始条件确定。在临界阻尼情况下，体系的运动不再具有往复性，而是随着时间的推移无限地趋向平衡位置。

3. 大阻尼情况

当 $\xi>1$，为大阻尼情况，这时特征方程有两个不等的实根，即

$$r_{1,2}=-\xi\omega\pm\omega\sqrt{\xi^2-1} \tag{f}$$

运动微分方程的解为

$$y=\mathrm{e}^{-\xi\omega t}(C_1\mathrm{e}^{\sqrt{\xi^2-1}\omega t}+C_2\mathrm{e}^{-\sqrt{\xi^2-1}\omega t}) \tag{12-23}$$

积分常数 C_1 和 C_2 仍由运动初始条件确定。在大阻尼情况下，体系的运动也不具有往复性，而是由初始位置缓慢地回到平衡位置（图 12-17）。

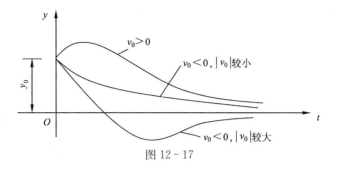

图 12 - 17

§12 - 4　单自由度体系的强迫振动

由于阻尼的存在，自由振动会逐渐停止。而工程中存在的大量持续振动是体系在动力荷载作用下的强迫振动，这里我们将主要研究简谐荷载（又称简谐激振力）作用下的强迫振动。

1.　无阻尼强迫振动

（1）振动微分方程

单自由度体系无阻尼强迫振动的力学模型如图 12 - 18 所示。

简谐激振力的表达式为

$$P(t) = F \sin \theta t \qquad (a)$$

式中 F 为激振力的幅值，θ 为激振力的频率。

质量的运动微分方程为

$$m\ddot{y} + ky = F \sin \theta t \qquad (12 - 24)$$

令 $\omega^2 = \dfrac{k}{m}$，上式改写为

$$\ddot{y} + \omega^2 y = \dfrac{F}{m} \sin \theta t \qquad (12 - 25)$$

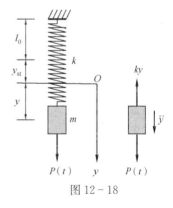

图 12 - 18

该微分方程的解可分两部分，一部分是对应于齐次微分方程（12 - 3）的通解 y_1，另一部分对应于非齐次微分方程的特解 y_2。设特解为

$$y_2 = B \sin \theta t \qquad (b)$$

将式（b）代入式（12 - 25）得

$$-B\theta^2 \sin \theta t + B\omega^2 \sin \theta t = \dfrac{F}{m} \sin \theta t$$

由此解得

$$B = \dfrac{F}{m(\omega^2 - \theta^2)} \qquad (12 - 26)$$

方程（12-25）的全解为

$$y = A\sin(\omega t + \alpha) + \frac{F}{m(\omega^2 - \theta^2)}\sin\theta t \qquad (12-27)$$

上式表明，无阻尼强迫振动是由两个简谐运动合成的，第一部分是按自振频率 ω 的自由振动，第二部分是按激振力频率 θ 的强迫振动。由于阻尼的存在，自由振动部分会逐渐衰减而消失，只有第二部分会长久保留下来，我们把这部分称为强迫振动的稳态响应。

（2）动力系数

式（12-26）为强迫振动的振幅，若将激振力的幅值 F 作为静荷载，则质量的静位移为

$$y_{st} = \frac{F}{k} = \frac{F}{m\omega^2} \qquad (c)$$

强迫振动的振幅与静位移的比值称为动力系数，用 β 表示，即

$$\beta = \frac{B}{y_{st}} = \frac{1}{1 - \dfrac{\theta^2}{\omega^2}} = \frac{1}{1 - \lambda^2} \qquad (12-28)$$

式中 $\lambda = \dfrac{\theta}{\omega}$ 称为频率比。动力系数 β 是频率比 λ 的函数，函数图像（又称幅频特性曲线），如图 12-19 所示。

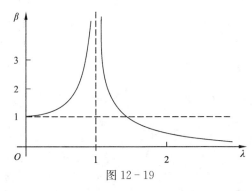

图 12-19

由图 12-19 所示的幅频特性曲线可以看出无阻尼强迫振动的一些特性。

当 $\lambda \to 0$（$\theta \to 0$）时，$\beta \to 1$。激振力的变化非常缓慢，可视为静荷载。

当 $0 < \lambda < 1$（$\theta < \omega$）时，强迫振动与激振力同相位，β 随 λ 增大而增大。

当 $\lambda \to 1$（$\theta \to \omega$）时，$\beta \to \infty$。理论上强迫振动的振幅将趋向无穷大，工程中把这种现象称为共振，此时激振力的频率称为共振频率。工程中通常取 $0.75 < \lambda < 1.25$ 为共振区，在这区间振动是很强烈的，会导致结构的破坏。共振现象是工程中需要研究的重要课题。

当 $\lambda > 1$（$\theta > \omega$）时，强迫振动的相位与激振力的相位相反，$|\beta|$ 随 λ 增大而减小，且当 $\theta \to \infty$ 时，振幅趋近于零。

激振力作用下结构的最大内力或位移计算，可将激振力的幅值视作静荷载计算结构的静内力或静位移，然后乘以动力系数即可。

【例 12 - 5】图 12 - 20a 所示结构的抗弯刚度 EI 为常数，在频率 $\theta = \sqrt{\dfrac{EI}{4ml^3}}$ 的激振力作用下作强迫振动，试求动力系数和最大动弯矩。

解　在激振力的幅值 F 作用下，结构的静弯矩如图 12 - 20b 所示。最大静弯矩为

$$M_{\text{smax}} = 2Fl$$

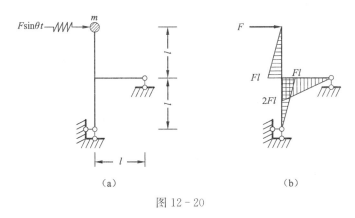

图 12 - 20

令 $F = 1$，由弯矩图图乘得结构的柔度

$$\delta = \frac{2l^3}{EI}$$

结构的自振频率为

$$\omega = \sqrt{\frac{1}{m\delta}} = \sqrt{\frac{EI}{2ml^3}}$$

动力系数和最大动弯矩分别为

$$\beta = 2, \quad M_{\text{dmax}} = M_{\text{smax}}\beta = 4Fl$$

【例 12 - 6】图 12 - 21a 所示结构，柱顶有重 $W = 20\text{kN}$ 的电动机，水平方向电动机离心力的幅值 $F = 250\text{N}$，转速 $n = 550\text{r/min}$，柱的线刚度 $i = \dfrac{EI_1}{h} = 5.88 \times 10^6 \text{N} \cdot \text{m}$。试求电动机转动时的最大水平位移和柱端弯矩的幅值。

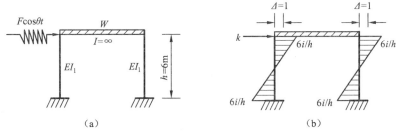

图 12 - 21

解 立柱的形常数如图 12-21b 所示，结构的刚度系数为

$$k=\frac{24i}{h^2}=\frac{24\times5.88\times10^6}{6^2}=3.92\times10^6\,\text{N/m}$$

结构的自振频率和激振力的频率分别为

$$\omega=\sqrt{\frac{k}{m}}=\sqrt{\frac{3.92\times10^6\times9.8}{20\times10^3}}=43.827,\qquad \theta=\frac{550\times2\pi}{60}=57.596$$

动力系数为

$$\beta=\frac{1}{1-\dfrac{\theta^2}{\omega^2}}=\frac{1}{1-\left(\dfrac{57.596}{43.827}\right)^2}=-1.375$$

电动机的静位移

$$y_{\text{st}}=\frac{F}{k}=\frac{250}{3.92\times10^6}\times10^3=0.064\,\text{mm}$$

柱端的静弯矩

$$M_s=\frac{6i}{h}y_{\text{st}}=5.88\times10^6\times64\times10^{-6}=376\,\text{N}\cdot\text{m}$$

最大动位移

$$y_{\text{dmax}}=y_{\text{st}}\beta=-0.064\times1.375=-0.088\,\text{mm（与 }F\text{ 方向相反）}$$

柱端最大动弯矩

$$M_{\text{dmax}}=M_s\cdot|\beta|=376\times1.375=517\,\text{N}\cdot\text{m}$$

2. 有阻尼强迫振动

有阻尼的单自由度体系强迫振动的力学模型如图 12-22 所示。取平衡位置为坐标原点，集中质量受有恢复力 $-ky$、粘滞阻尼力 $-c\dot{y}$ 和简谐激振力 $P(t)=F\sin\theta t$ 作用。运动微分方程为

$$m\ddot{y}+c\dot{y}+ky=F\sin\theta t \tag{a}$$

将上式化为标准形式

$$\ddot{y}+2\xi\omega\dot{y}+\omega^2 y=\frac{F}{m}\sin\theta t \tag{12-29}$$

式中阻尼比 $\xi=\dfrac{c}{2m\omega}$，自振频率 $\omega=\sqrt{\dfrac{k}{m}}$。

该微分方程的解仍分两部分，齐次解为式（12-16），对应于小阻尼自由振动，由于阻尼作用，这部分振动会逐渐衰减而消失。非齐次解对应于激振力作用下的强迫振动，会长久保持下去。

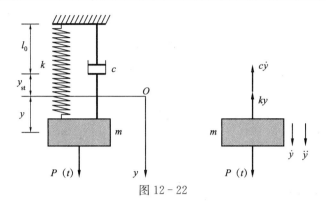

图 12 - 22

设强迫振动的稳态响应为

$$y = B\sin(\theta t - \alpha) \tag{12-30}$$

将该式代入式（12-29）可解得振幅 B 和相位差 α 为

$$\left. \begin{array}{r} B = \dfrac{y_{st}}{\sqrt{(1-\lambda^2)^2 + 4\xi^2\lambda^2}} \\[3mm] \alpha = \tan^{-1}\dfrac{2\xi\lambda}{1-\lambda^2} \end{array} \right\} \tag{12-31}$$

式中 y_{st} 为激振力幅值作用下的静位移，$\lambda = \dfrac{\theta}{\omega}$ 为频率比。由此得动力系数为

$$\beta = \frac{B}{y_{st}} = \frac{1}{\sqrt{(1-\lambda^2)^2 + 4\xi^2\lambda^2}} \tag{12-32}$$

由式（12-32）可以看出，动力系数只与阻尼比 ξ 和频率比 λ 有关，对于不同的阻尼比可得一系列 β-λ 幅频特性曲线（图 12-23）。

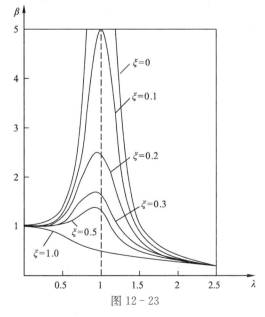

图 12 - 23

分析式（12-32）和图12-23中的各条曲线可知：

① 当 $\lambda \ll 1$（即 $\theta \ll \omega$）时，$\beta \to 1$，阻尼对振幅的影响很小，可忽略不计，而将激振力幅值作为静荷载处理。

② 当 $\lambda \gg 1$（即 $\theta \gg \omega$）时，$\beta \to 0$，阻尼对振幅的影响也很小，也可忽略不计。

各条曲线趋近于零，说明激振力交变太快，由于惯性质量来不及响应，几乎没有振动位移。

③ 当 $\lambda \to 1$（即 $\theta \to \omega$）时，阻尼对振幅的影响显著。在 $0.75 < \lambda < 1.25$ 的共振区间，随着阻尼的增加，振幅明显下降，动力系数的峰值 β_{max} 也随之下降。由式（12-32）可知 $\lambda = \sqrt{1-2\xi^2}$ 时，β 取极大值，对应的频率

$$\theta = \omega\sqrt{1-2\xi^2} \tag{12-33}$$

称为共振频率，共振时的动力系数为

$$\beta_{max} = \frac{1}{2\xi\sqrt{1-\xi^2}} \tag{12-34}$$

一般情况下，阻尼比 $\xi \ll 1$，发生共振时 $\theta \approx \omega$，动力系数为

$$\beta_{max} = \frac{1}{2\xi} \tag{12-35}$$

§12-5　两个自由度体系的自由振动

1. 自由振动微分方程——柔度法

前面单自由度体系自由振动的微分方程，我们是根据受力分析由质点运动微分方程直接得到的。两个自由度体系的受力分析比较困难，这里我们引入惯性力的概念，由质量、位移与惯性力的关系建立振动微分方程，这种方法又称柔度法。

图12-24a所示为两个自由度体系，取平衡位置为坐标原点，任一时刻两质量的位移分别为 $y_1(t)$ 和 $y_2(t)$，惯性力分别为 $-m_1\ddot{y}_1$ 和 $-m_2\ddot{y}_2$。在弹性范围内，质量的位移与惯性力的关系为

$$\left. \begin{array}{l} y_1(t) = -m_1\ddot{y}_1(t)\delta_{11} - m_2\ddot{y}_2(t)\delta_{12} \\ y_2(t) = -m_1\ddot{y}_1(t)\delta_{21} - m_2\ddot{y}_2(t)\delta_{22} \end{array} \right\} \tag{12-36}$$

该方程即为两个自由度体系的振动微分方程。

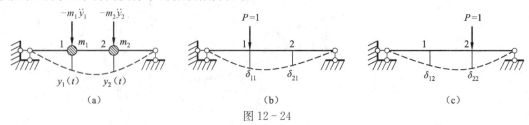

图12-24

2. 主频率和主振型

自由振动时，两质量具有相同的频率和相同的相位。设微分方程（12－36）的解为

$$\left.\begin{aligned} y_1(t)&=Y_1\sin(\omega t+\alpha)\\ y_2(t)&=Y_2\sin(\omega t+\alpha) \end{aligned}\right\} \tag{a}$$

式中 Y_1 和 Y_2 是两质量自由振动的振幅。将式（a）代入式（12－36）得

$$\left.\begin{aligned} Y_1&=m_1\omega^2 Y_1\delta_{11}+m_2\omega^2 Y_2\delta_{12}\\ Y_2&=m_1\omega^2 Y_1\delta_{21}+m_2\omega^2 Y_2\delta_{22} \end{aligned}\right\} \tag{b}$$

将上式改写为

$$\left.\begin{aligned} \left(\delta_{11}m_1-\frac{1}{\omega^2}\right)Y_1+\delta_{12}m_2 Y_2&=0\\ \delta_{21}m_1 Y_1+\left(\delta_{22}m_2-\frac{1}{\omega^2}\right)Y_2&=0 \end{aligned}\right\} \tag{12-37}$$

该式为关于两质量振幅 Y_1 和 Y_2 的方程组。当 Y_1、Y_2 都等于零时，体系始终处于静止平衡位置，若使 Y_1 和 Y_2 不同时为零，必有系数行列式等于零，即

$$\begin{vmatrix} m_1\delta_{11}-\dfrac{1}{\omega^2} & m_2\delta_{12} \\[2ex] m_1\delta_{21} & m_2\delta_{22}-\dfrac{1}{\omega^2} \end{vmatrix}=0 \tag{12-38}$$

该式称为频率方程，由此可解得自由振动的频率。

令 $\lambda=\dfrac{1}{\omega^2}$，将式（12－38）展开，得

$$\lambda_{1,2}=\frac{m_1\delta_{11}+m_2\delta_{22}\pm\sqrt{(m_1\delta_{11}+m_2\delta_{22})^2-4m_1 m_2(\delta_{11}\delta_{22}-\delta_{12}^2)}}{2} \tag{12-39}$$

两个圆频率为

$$\omega_1=\frac{1}{\sqrt{\lambda_1}},\qquad \omega_2=\frac{1}{\sqrt{\lambda_2}}$$

两个自由度体系自由振动的频率有两个，称为体系的主频率，较小者 ω_1 称第一频率，较大者 ω_2 称第二频率。

当频率 ω 确定后，两质量振幅之比 $\dfrac{Y_1}{Y_2}$ 为一常数，表示体系的位移保持不变，称为体系的主振型。按第一频率（$\omega=\omega_1$）振动时的振型称第一主振型，即

$$\frac{Y_{11}}{Y_{21}}=-\frac{\delta_{12}m_2}{\delta_{11}m_1-\dfrac{1}{\omega_1^2}} \tag{12-40a}$$

313

按第二频率（$\omega = \omega_2$）振动时的振型称第二主振型，即

$$\frac{Y_{12}}{Y_{22}} = -\frac{\delta_{12} m_2}{\delta_{11} m_1 - \dfrac{1}{\omega_2^2}} \tag{12-40b}$$

若体系是对称的，$m_1 = m_2 = m$，$\delta_{11} = \delta_{22}$，计算主频率的式（12-39）可简化为

$$\omega_{1,2} = \frac{1}{\sqrt{m(\delta_{11} \pm \delta_{12})}} \tag{12-41}$$

两个主振型为

$$\frac{Y_{11}}{Y_{21}} = 1, \qquad \frac{Y_{12}}{Y_{22}} = -1 \tag{12-42}$$

对于对称体系，可利用对称性，取一半，将两个自由度体系转化为单自由度体系分别计算主频率。

3. 自由振动微分方程——刚度法

上面是用柔度法分析体系的振动，也可利用体系的刚度，通过质量的动力平衡建立运动微分方程，这种分析方法称为刚度法。

如图 12-25 所示，仍取平衡位置为坐标原点，任一瞬时两质量所受恢复力（弹性力与重力的合力）F_1、F_2 方向与位移 y_1、y_2 方向相反，大小分别为

$$\left. \begin{array}{l} F_1 = k_{11} y_1 + k_{12} y_2 \\ F_2 = k_{21} y_1 + k_{22} y_2 \end{array} \right\} \tag{c}$$

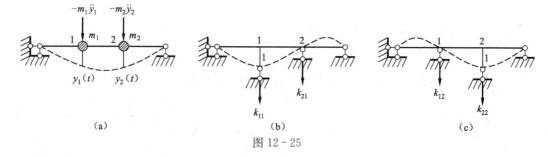

图 12-25

两质量的惯性力 $m_1 \ddot{y}_1$、$m_2 \ddot{y}_2$ 方向与加速度 $\ddot{y}_1$、$\ddot{y}_2$ 方向相反。根据达朗伯原理，质量的惯性力与恢复力形式上保持平衡，即

$$\left. \begin{array}{l} m_1 \ddot{y}_1(t) + k_{11} y_1(t) + k_{12} y_2(t) = 0 \\ m_2 \ddot{y}_2(t) + k_{21} y_1(t) + k_{22} y_2(t) = 0 \end{array} \right\} \tag{12-43}$$

这就是用刚度表示的两自由度体系自由振动的微分方程。

与柔度法类同，设微分方程（12-43）的解为

$$\left. \begin{array}{l} y_1(t) = Y_1 \sin(\omega t + \alpha) \\ y_2(t) = Y_2 \sin(\omega t + \alpha) \end{array} \right\}$$

代入式（12-43），化简后得

$$(k_{11}-\omega^2 m_1)Y_1+k_{12}Y_2=0 \\ k_{21}Y_1+(k_{22}-\omega^2 m_2)Y_2=0$$

若使两质量的振幅 Y_1、Y_2 不同时为零，得以刚度系数表示的频率方程

$$\begin{vmatrix} k_{11}-\omega^2 m_1 & k_{12} \\ k_{21} & k_{22}-\omega^2 m_2 \end{vmatrix}=0 \qquad (12-44)$$

频率方程的解为

$$\omega^2=\frac{1}{2}\left[\left(\frac{k_{11}}{m_1}+\frac{k_{22}}{m_2}\right)\pm\sqrt{\left(\frac{k_{11}}{m_1}+\frac{k_{22}}{m_2}\right)^2-\frac{4(k_{11}k_{22}-k_{12}^2)}{m_1 m_2}}\right] \qquad (12-45)$$

以刚度系数表示的主振型为

$$\frac{Y_{11}}{Y_{21}}=-\frac{k_{12}}{k_{11}-\omega_1^2 m_1} \qquad (12-46a)$$

$$\frac{Y_{12}}{Y_{22}}=-\frac{k_{12}}{k_{11}-\omega_2^2 m_1} \qquad (12-46b)$$

【**例 12-7**】求图 12-26 所示体系的自振频率和振型。

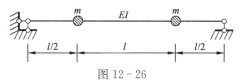

图 12-26

解　图 12-26 所示体系为对称结构，第一主振型如图 12-27a 所示，第二主振型如图 12-27b 所示。第一主振型取一半，如图 12-27c 所示，第二主振型取一半，如图 12-27d 所示。

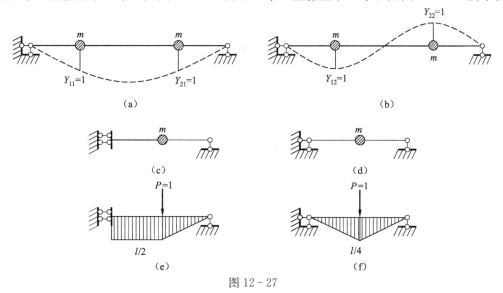

图 12-27

由图乘法求得柔度系数分别为

$$\delta_1 = \frac{l^3}{6EI}, \qquad \delta_2 = \frac{l^3}{48EI}$$

两个主频率分别为

$$\omega_1 = \sqrt{\frac{1}{m\delta_1}} = \sqrt{\frac{6EI}{ml^3}}, \qquad \omega_2 = \sqrt{\frac{1}{m\delta_2}} = \sqrt{\frac{48EI}{ml^3}}$$

【例 12-8】求图 12-28a 所示体系的自振频率和振型。集中质量 $m_1 = m$，$m_2 = 2m$。

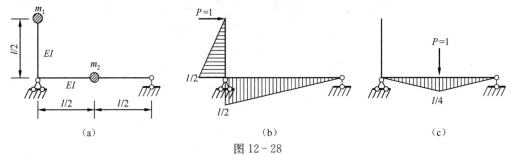

（a）　　　　　　　　　（b）　　　　　　　　　（c）

图 12-28

由弯矩图（图 12-28b、c）图乘得柔度系数分别为

$$\delta_{11} = \frac{l^3}{8EI}, \quad \delta_{22} = \frac{l^3}{48EI}, \quad \delta_{12} = \delta_{21} = \frac{l^3}{32EI}$$

令 $\delta = \dfrac{l^3}{96EI}$，则 $\delta_{11} = 12\delta$、$\delta_{22} = 2\delta$、$\delta_{12} = \delta_{21} = 3\delta$，将柔度系数代入式（12-39）得

$$\lambda_{1,2} = (8 \pm \sqrt{34})\delta m$$

体系的两个主频率为

$$\omega_1 = \frac{1}{\sqrt{\lambda_1}} = 2.635\sqrt{\frac{EI}{ml^3}}, \qquad \omega_2 = \frac{1}{\sqrt{\lambda_2}} = 6.653\sqrt{\frac{EI}{ml^3}}$$

由式（12-40a、b）解得两个主振型为

$$\frac{Y_{11}}{Y_{21}} = -\frac{6}{4 - \sqrt{34}} = 3.277, \qquad \frac{Y_{12}}{Y_{22}} = -\frac{6}{4 + \sqrt{34}} = -0.610$$

图 12-29a 所示为第一主振型，图 12-29b 所示为第二主振型。

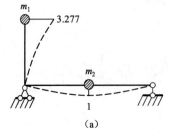

（a）

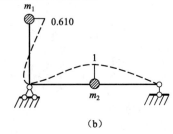

（b）

图 12-29

【**例 12 - 9**】图 12 - 30a 所示为一二层刚架，质量集中在横梁上，且 $m_1 = m_2 = m$，求刚架的自振频率和振型。

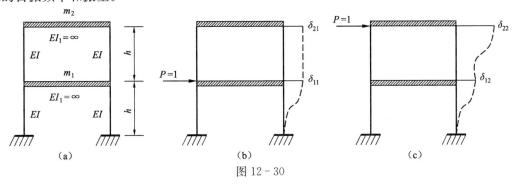

图 12 - 30

解　由图 12 - 30b，用位移法解得柔度系数

$$\delta_{11} = \delta_{21} = \frac{h^3}{24EI}$$

由图 12 - 30c，用位移法解得柔度系数

$$\delta_{12} = \frac{h^3}{24EI}, \quad \delta_{22} = \frac{h^3}{12EI}$$

令 $\delta = \frac{h^3}{24EI}$，$\delta_{11} = \delta_{12} = \delta_{21} = \delta$，$\delta_{22} = 2\delta$，将柔度系数代入式（12 - 39）得

$$\lambda_{1,2} = \frac{1}{2}(3 \pm \sqrt{5})\delta m$$

两个主频率为

$$\omega_1 = \frac{1}{\sqrt{\lambda_1}} = \sqrt{\frac{2}{(3+\sqrt{5})\delta m}} = 3.028\sqrt{\frac{EI}{mh^3}}$$

$$\omega_2 = \frac{1}{\sqrt{\lambda_2}} = \sqrt{\frac{2}{(3-\sqrt{5})\delta m}} = 7.927\sqrt{\frac{EI}{mh^3}}$$

由式（12 - 40a、b）解得两个主振型为

$$\frac{Y_{11}}{Y_{21}} = \frac{2}{1+\sqrt{5}} = 0.618, \quad \frac{Y_{12}}{Y_{22}} = \frac{2}{1-\sqrt{5}} = -1.618$$

图 12 - 31a 所示为第一主振型，图 12 - 31b 所示为第二主振型。

本题若用刚度法求解会更方便些，由图 12 - 32 根据位移法的形常数，求得刚架的刚度系数为

$$k_{11} = \frac{48EI}{h^3}, \quad k_{12} = k_{21} = -\frac{24EI}{h^3}, \quad k_{22} = \frac{24EI}{h^3}$$

令 $k = \frac{24EI}{h^3}$，则 $k_{11} = 2k_{22} = 2k$，$k_{12} = k_{21} = -k$，代入式（12 - 45）得

$$\omega^2 = \frac{k}{2m}(3 \pm \sqrt{5})$$

$$\omega_1 = \sqrt{\frac{k}{2m}(3-\sqrt{5})} = 3.028\sqrt{\frac{EI}{mh^3}}$$

$$\omega_2 = \sqrt{\frac{k}{2m}(3+\sqrt{5})} = 7.927\sqrt{\frac{EI}{mh^3}}$$

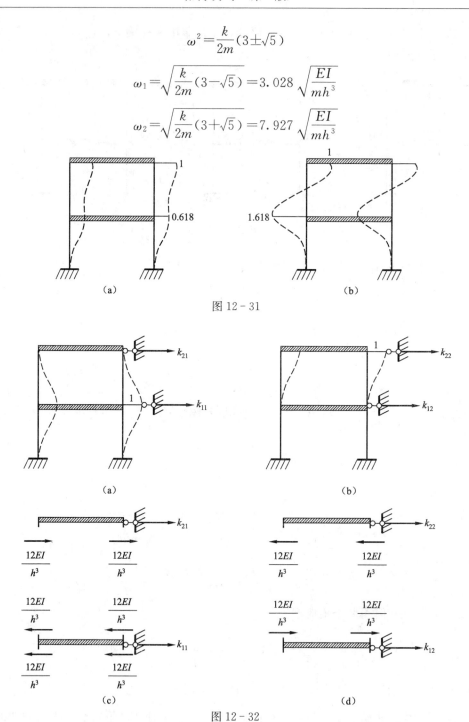

图 12 - 31

图 12 - 32

4. 主振型的正交性

两个自由度体系的自由振动为简谐振动，运动方程为

$$y_1(t)=Y_1\sin(\omega t+\alpha) \atop y_2(t)=Y_2\sin(\omega t+\alpha)} \tag{a}$$

质量的惯性力为

$$-m_1\ddot{y}_1(t)=m_1Y_1\omega^2\sin(\omega t+\alpha) \atop -m_2\ddot{y}_2(t)=m_2Y_2\omega^2\sin(\omega t+\alpha)} \tag{b}$$

在最大位移处，$y_1(t)=Y_1$，$y_2(t)=Y_2$，质量的惯性力取极值，即

$$m_1\omega^2Y_1,\quad m_2\omega^2Y_2$$

图 12-33 所示为体系的主振型及质量的惯性力。根据虚功原理，第一主振型（图 12-33a）质量的惯性力在第二主振型（图 12-33b）位移上所做的虚功，等于第二主振型质量的惯性力在第一主振型位移上所做的虚功，即

$$m_1\omega_1^2Y_{11}\cdot Y_{12}+m_2\omega_1^2Y_{21}\cdot Y_{22}=m_2\omega_2^2Y_{12}\cdot Y_{11}+m_2\omega_2^2Y_{22}\cdot Y_{21}$$

将该式改写为

$$(\omega_1^2-\omega_2^2)(m_1Y_{11}Y_{12}+m_2Y_{21}Y_{22})=0$$

因 $\omega_1\neq\omega_2$，则必有

$$m_1Y_{11}Y_{12}+m_2Y_{21}Y_{22}=0 \tag{12-47}$$

上式表明两个自由度体系自由振动的两个主振型相互正交，该式与质量有关，称为<u>第一正交性</u>。同理，对于多自由度体系的自由振动，各主振型之间也具有正交性。

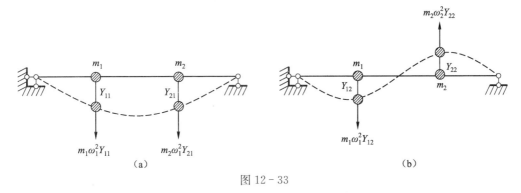

图 12-33

多自由度体系主振型间的正交性是多自由度体系的重要动力特性，说明体系在振动过程中，某一主振型的惯性力不会在其他主振型上做功，即不会引起其他振型的振动，各主振型能单独振动而不相互干扰。

§12-6　多自由度体系的自由振动

为简便起见，这里仅以柔度法分析多自由度体系的自由振动。设一具有 n 个自由度的体系，自由振动的位移和体系的柔度系数如图 12-34 所示。

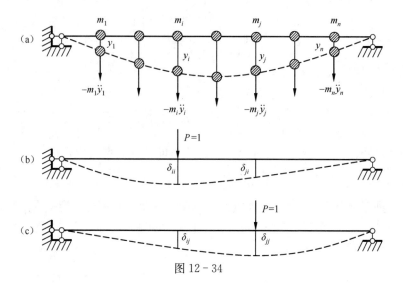

图 12 - 34

在弹性范围内，由叠加原理得各质量的位移为

$$
\left.
\begin{aligned}
y_1 &= -m_1\ddot{y}_1\delta_{11} - m_2\ddot{y}_2\delta_{12} - \cdots - m_n\ddot{y}_n\delta_{1} \\
y_2 &= -m_1\ddot{y}_1\delta_{21} - m_2\ddot{y}_2\delta_{22} - \cdots - m_n\ddot{y}_n\delta_{2n} \\
&\ \ \vdots \\
y_n &= -m_1\ddot{y}_1\delta_{n1} - m_2\ddot{y}_2\delta_{n2} - \cdots - m_n\ddot{y}_n\delta_{nn}
\end{aligned}
\right\}
\tag{a}
$$

写成矩阵形式

$$
\begin{Bmatrix} y_1 \\ y_2 \\ \vdots \\ y_n \end{Bmatrix}
= -
\begin{bmatrix}
\delta_{11} & \delta_{12} & \cdots & \delta_{1n} \\
\delta_{21} & \delta_{22} & \cdots & \delta_{2n} \\
\vdots & \vdots & \vdots & \vdots \\
\delta_{n1} & \delta_{n2} & \cdots & \delta_{nn}
\end{bmatrix}
\begin{bmatrix}
m_1 & & & \\
& m_2 & & \\
& & \ddots & \\
& & & m_n
\end{bmatrix}
\begin{Bmatrix} \ddot{y}_1 \\ \ddot{y}_2 \\ \vdots \\ \ddot{y}_n \end{Bmatrix}
\tag{12-48a}
$$

式（12-48a）简写为

$$
\{y\} = -[\delta][M]\{\ddot{y}\}
\tag{12-48b}
$$

式中$\{y\}$和$\{\ddot{y}\}$分别为位移向量和加速度向量

$$
\{y\} = \begin{Bmatrix} y_1 \\ y_2 \\ \vdots \\ y_n \end{Bmatrix}, \qquad
\{\ddot{y}\} = \begin{Bmatrix} \ddot{y}_1 \\ \ddot{y}_2 \\ \vdots \\ \ddot{y}_n \end{Bmatrix}
$$

$[\delta]$和$[M]$分别为柔度矩阵和质量矩阵

$$
\{\delta\} = \begin{bmatrix}
\delta_{11} & \delta_{12} & \cdots & \delta_{1n} \\
\delta_{21} & \delta_{22} & \cdots & \delta_{2n} \\
\vdots & \vdots & \vdots & \vdots \\
\delta_{n1} & \delta_{n2} & \cdots & \delta_{nn}
\end{bmatrix}, \qquad
[M] = \begin{bmatrix}
m_1 & & & \\
& m_2 & & \\
& & \ddots & \\
& & & m_n
\end{bmatrix}
$$

$[\delta]$为对称方阵，在集中质量体系中，$[M]$为对角矩阵。

设微分方程（12-48）的特解形式为

$$y_i = Y_i \sin (\omega t + \alpha) \qquad (i = 1, 2, \cdots, n) \qquad (b)$$

亦即设各集中质量按同一频率和同一相位做简谐振动，但振幅各不相同。

将式（b）代入式（12-48），消去公因子 $\sin (\omega t + \alpha)$ 得

$$\left.\begin{aligned}
\left(\delta_{11} m_1 - \frac{1}{\omega^2}\right) Y_1 + \delta_{12} m_2 Y_2 + \cdots + \delta_{1n} m_n Y_n = 0 \\
\delta_{21} m_1 Y_1 + \left(\delta_{22} m_2 - \frac{1}{\omega^2}\right) Y_2 + \cdots + \delta_{2n} m_n Y_n = 0 \\
\vdots \\
\delta_{n1} m_1 Y_1 + \delta_{n2} m_2 Y_2 + \cdots + \left(\delta_{nn} m_n - \frac{1}{\omega^2}\right) Y_n = 0
\end{aligned}\right\} \qquad (12\text{-}49a)$$

简写为

$$\left([\delta][M] - \frac{1}{\omega^2}[I]\right)\{Y\} = \{0\} \qquad (12\text{-}49b)$$

式中 $[I]$ 为单位矩阵。

式（12-49）为关于振幅 $\{Y\}$ 的一组线代数方程，其非零解的必要与充分条件是系数行列式等于零，即

$$\begin{vmatrix}
\left(\delta_{11} m_1 - \dfrac{1}{\omega^2}\right) & \delta_{12} m_2 & \cdots & \delta_{1n} m_n \\
\delta_{21} m_1 & \left(\delta_{22} m_2 - \dfrac{1}{\omega^2}\right) & \cdots & \delta_{2n} m_n \\
\vdots & \vdots & \vdots & \vdots \\
\delta_{n1} m_1 & \delta_{n2} m_2 & \cdots & \left(\delta_{nn} m_n - \dfrac{1}{\omega^2}\right)
\end{vmatrix} = 0 \qquad (12\text{-}50a)$$

简写为

$$\left| [\delta][M] - \frac{1}{\omega^2}[I] \right| = 0 \qquad (12\text{-}50b)$$

这就是 n 个自由度体系自由振动的频率方程。由此方程可解得 n 个自振频率（ω_1，ω_2，$\cdots$，ω_n），由小到大排列，其中最小的频率 ω_1 称为基本频率或第一频率。

将各自振频率 $\omega_i (i = 1, 2, \cdots, n)$ 代入式（12-49），并令其中一个振幅等于 1（如 $Y_1 = 1$），解得其他各振幅与该振幅的比值，即得与自振频率 $\omega_i (i = 1, 2, \cdots, n)$ 相对应的各主振型。

【例 12-10】 求图 12-35a 所示梁的自振频率和振型，梁的抗弯刚度 EI 为常数。

解　该体系为三个自由度，由弯矩图（图 12-35b、c、d）图乘得柔度系数

$$\delta_{11} = \delta_{33} = \frac{9l^3}{768EI}, \qquad \delta_{22} = \frac{16l^3}{768EI}$$

$$\delta_{12} = \delta_{21} = \delta_{23} = \delta_{32} = \frac{11l^3}{768EI}, \qquad \delta_{13} = \delta_{31} = \frac{7l^3}{768EI}$$

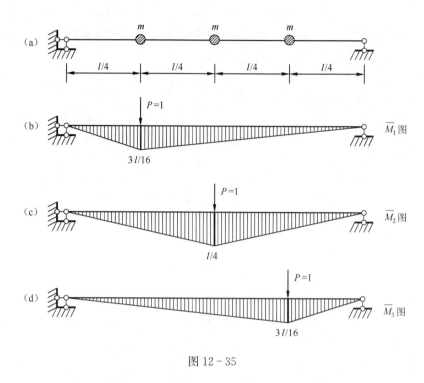

图 12 - 35

将柔度系数代入频率方程（12 - 50），并令 $\lambda = \dfrac{768EI}{ml^3\omega^2}$，得

$$\begin{vmatrix} 9-\lambda & 11 & 7 \\ 11 & 16-\lambda & 11 \\ 7 & 11 & 9-\lambda \end{vmatrix} = 0$$

展开后得

$$\lambda^3 - 34\lambda^2 + 78\lambda - 28 = 0$$

解得三个根为

$$\lambda_1 = 31.556, \quad \lambda_2 = 2.000, \quad \lambda_3 = 0.444$$

由此解得体系的自振频率为

$$\omega_1 = \sqrt{\frac{768EI}{ml^3\lambda_1}} = 4.933\sqrt{\frac{EI}{ml^3}}, \quad \omega_2 = \sqrt{\frac{768EI}{ml^3\lambda_2}} = 19.596\sqrt{\frac{EI}{ml^3}}$$

$$\omega_3 = \sqrt{\frac{768EI}{ml^3\lambda_3}} = 41.590\sqrt{\frac{EI}{ml^3}}$$

由振动方程（12 - 49）得

$$\begin{bmatrix} 9-\lambda & 11 & 7 \\ 11 & 16-\lambda & 11 \\ 7 & 11 & 9-\lambda \end{bmatrix} \begin{Bmatrix} Y_1 \\ Y_2 \\ Y_3 \end{Bmatrix} = \begin{Bmatrix} 0 \\ 0 \\ 0 \end{Bmatrix}$$

取 $\lambda = \lambda_1$，并令 $Y_{11} = 1$，前两个方程为

$$\left. \begin{aligned} 11Y_{21} + 7Y_{31} - 22.556 = 0 \\ -15.556Y_{21} + 11Y_{31} + 11 = 0 \end{aligned} \right\}$$

解得

$$Y_{11} = 1, \quad Y_{21} = 1.414, \quad Y_{31} = 1$$

同理，取 $\lambda = \lambda_2$，并令 $Y_{12} = 1$，解得

$$Y_{12} = 1, \quad Y_{22} = 0, \quad Y_{32} = 1$$

取 $\lambda = \lambda_3$，并令 $Y_{13} = 1$，解得

$$Y_{13} = 1, \quad Y_{23} = -1,414, \quad Y_{33} = 1$$

三个主振型如图 12 - 36 所示。

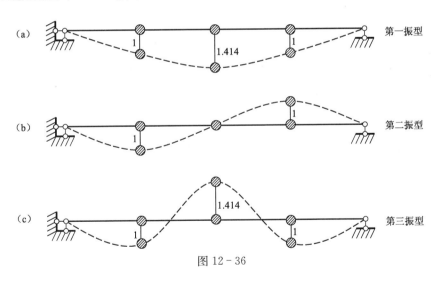

图 12 - 36

§12 - 7　小　　结

结构动力学剖析了结构动力响应的规律，提出动力响应的分析方法，为结构抗震设计提供可靠的依据。本章重点掌握单自由度体系的自由振动、强迫振动、阻尼对振动的影响，多自由度体系的自由振动及主频率和主振型的计算。本章内容为工程结构抗震设计的学习和隔震减震技术的研究应用提供了理论基础。

1. 基本概念

动力荷载；体系自由度；自由振动；自振频率；强迫振动；动力系数；主频率与主振型

（1）动力荷载

大小和方向可随时间迅速变化的荷载称为动力荷载（或称干扰力）。动荷载所引起结构上各质点的加速度和由此产生的惯性力是很大的，不可忽略不计。

（2）体系自由度

任一时刻确定结构上全部质量位置所需独立几何参数的数目称为体系的自由度。

（3）自由振动

体系受到干扰后，在自身恢复力作用下，在平衡位置附近周期性往复运动称为自由振动。

（4）自振频率

体系自由振动的圆频率（2π s 内的振动次数）称为自振频率。自振频率只与体系的自身参数有关，与外力和初始条件无关。

（5）强迫振动

体系在动力荷载（主要是简谐荷载）作用下的振动称为强迫振动。

（6）动力系数

强迫振动的振幅与静位移的比值称为动力系数。

（7）主频率与主振型

多自由度体系自由振动的圆频率称为主频率。主频率数等于体系的自由度数。与各主频率相对应的位形曲线称为体系主振型。

2. 知识要点

（1）单自由度体系的自由振动

① 自由振动的微分方程

$$m\ddot{y}+ky=0$$

② 微分方程的解

$$y=A\sin(\omega t+\alpha)$$

③ 振幅 A 和初相位角 α 为

$$A=\sqrt{y_0^2+\frac{v_0^2}{\omega^2}}, \quad \alpha=\tan^{-1}\frac{y_0\omega}{v_0}$$

④ 自振频率 ω 为

$$\omega=\sqrt{\frac{k}{m}}=\sqrt{\frac{1}{m\delta}}$$

（2）单自由度体系的强迫振动

① 简谐荷载作用下强迫振动的微分方程

$$m\ddot{y} + ky = F\sin\theta t$$

② 强迫振动的稳态响应

$$y = \frac{F}{m(\omega^2 - \theta^2)}\sin\theta t$$

③ 动力系数

$$\beta = \frac{B}{y_{\text{st}}} = \frac{1}{1 - \dfrac{\theta^2}{\omega^2}} = \frac{1}{1 - \lambda^2}$$

（3）两个自由度体系的自由振动

① 振动微分方程

$$\left.\begin{aligned}y_1(t) &= -m_1\ddot{y}_1(t)\delta_{11} - m_2\ddot{y}_2(t)\delta_{12}\\ y_2(t) &= -m_1\ddot{y}_1(t)\delta_{21} - m_2\ddot{y}_2(t)\delta_{22}\end{aligned}\right\} \quad \text{（柔度法）}$$

$$\left.\begin{aligned}m_1\ddot{y}_1(t) + k_{11}y_1(t) + k_{12}y_2(t) &= 0\\ m_2\ddot{y}_2(t) + k_{21}y_1(t) + k_{22}y_2(t) &= 0\end{aligned}\right\} \quad \text{（刚度法）}$$

② 主频率

$$\frac{1}{\omega^2} = \frac{m_1\delta_{11} + m_2\delta_{22} \pm \sqrt{(m_1\delta_{11} + m_2\delta_{22})^2 - 4m_1m_2(\delta_{11}\delta_{22} - \delta_{12}^2)}}{2} \quad \text{（柔度法）}$$

$$\omega^2 = \frac{1}{2}\left[\left(\frac{k_{11}}{m_1} + \frac{k_{22}}{m_2}\right) \pm \sqrt{\left(\frac{k_{11}}{m_1} + \frac{k_{22}}{m_2}\right)^2 - \frac{4(k_{11}k_{22} - k_{12}^2)}{m_1m_2}}\right] \quad \text{（刚度法）}$$

③ 主振型

$$\frac{Y_{11}}{Y_{21}} = -\frac{\delta_{12}m_2}{\delta_{11}m_1 - \dfrac{1}{\omega_1^2}}, \quad \frac{Y_{12}}{Y_{22}} = -\frac{\delta_{12}m_2}{\delta_{11}m_1 - \dfrac{1}{\omega_2^2}} \quad \text{（柔度法）}$$

$$\frac{Y_{11}}{Y_{21}} = -\frac{k_{12}}{k_{11} - \omega_1^2 m_1}, \quad \frac{Y_{12}}{Y_{22}} = -\frac{k_{12}}{k_{11} - \omega_2^2 m_1} \quad \text{（刚度法）}$$

④ 对称结构

$$\omega_{1,2} = \frac{1}{\sqrt{m(\delta_{11} \pm \delta_{12})}} \quad \text{（柔度法）}$$

$$\omega_{1,2} = \sqrt{\frac{k_{11} \mp k_{12}}{m}} \quad \text{（刚度法）}$$

$$\frac{Y_{11}}{Y_{21}} = 1, \quad \frac{Y_{12}}{Y_{22}} = -1$$

习 题

12-1 试确定图示各体系的动力自由度。

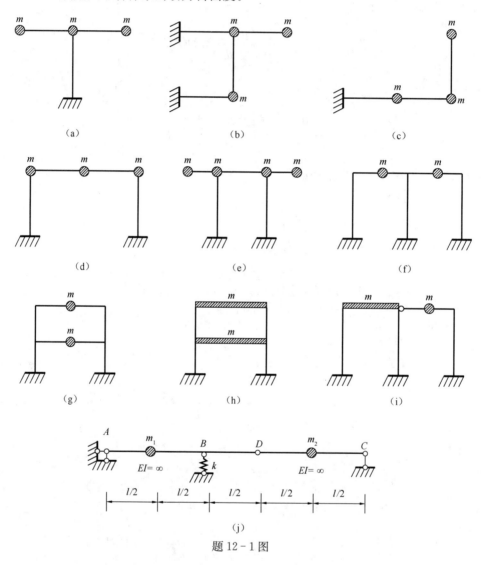

（a）　　　　（b）　　　　（c）

（d）　　　　（e）　　　　（f）

（g）　　　　（h）　　　　（i）

（j）

题 12-1 图

12-2 试求图示各体系的自振频率。

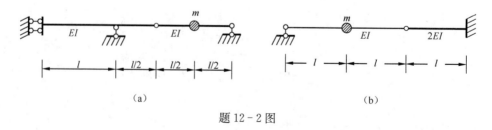

（a）　　　　　　　　（b）

题 12-2 图

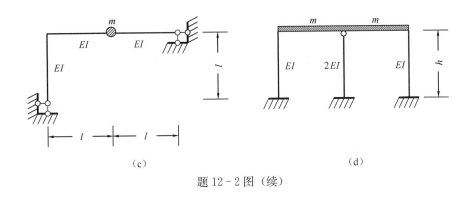

（c）　　　　　　　　　　　　（d）

题 12 - 2 图（续）

12 - 3　试比较图示梁在不同支承条件下的自振频率，梁的抗弯刚度 EI 为常数。

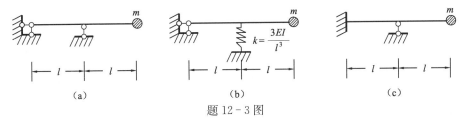

（a）　　　　　　　　（b）　　　　　　　　（c）

题 12 - 3 图

12 - 4　图示体系受水平激振力作用，激振力的频率 $\theta = \sqrt{\dfrac{3EI}{ml^3}}$，求体系的最大动位移和最大动弯矩。

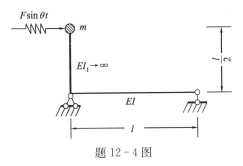

题 12 - 4 图

12 - 5　图示体系受水平激振力作用，激振力的频率 $\theta = \sqrt{\dfrac{6EI}{mh^3}}$，求体系的最大动位移和最大动弯矩。

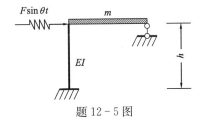

题 12 - 5 图

12 - 6　图示两体系，l、EI、m 皆相同，激振力的幅值 F 和频率 $\theta = \sqrt{\dfrac{6EI}{ml^3}}$ 也相同，试比较二者最大动弯矩的大小。

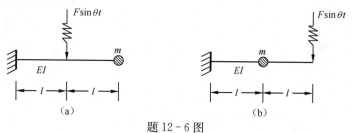

题 12 - 6 图

12 - 7　图示体系，横梁视为刚体，激振力的频率 $\theta = \sqrt{\dfrac{k}{5m}}$，试求体系的最大动位移。

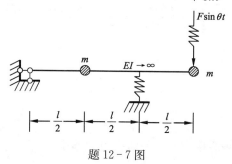

题 12 - 7 图

12 - 8　图示体系，激振力的频率 $\theta = \sqrt{\dfrac{4EI}{ml^3}}$，试求强迫振动的稳态响应。

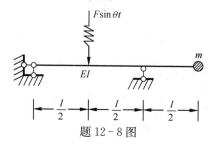

题 12 - 8 图

12 - 9　求图示体系的自振频率。

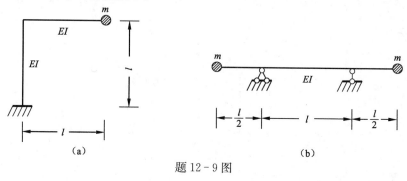

题 12 - 9 图

12-10　求图示体系的自振频率和振型。$m_1=m_2=m$，杆的 EI 等于常数。

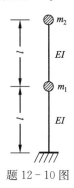

题 12-10 图

12-11　求图示体系的自振频率和振型。$m_1=2m_2=2m$，横梁 $EI_1 \to \infty$。

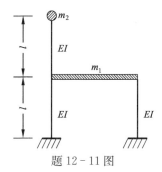

题 12-11 图

12-12　求图示体系的频率方程，杆的 EI 等于常数。

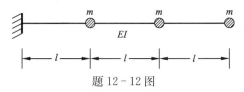

题 12-12 图

12-13　计算图示桁架的自振频率，忽略质量水平振动，各杆件 EA 相同均为常数，不计杆件自重和阻尼。

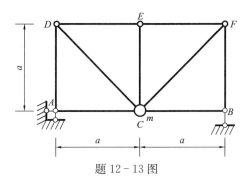

题 12-13 图

习题参考答案

第1章（略）

第2章

2-1　(1) ×；　　(2) ×；　　(3) ×；　　(4) ×

2-2　$W=8×3-11×2-3=-1$，$W=1×3+5×2-2×2-10=-1$

2-3　无多余约束几何不变体系

2-4　瞬变体系

2-5　无多余约束的几何不变体系

2-6　无多余约束的几何不变体系

2-7　瞬变体系

2-8　有两个多余约束的几何不变体系

2-9　无多余约束几何不变体系

2-10　无多余约束几何不变体系

2-11　有一个多余约束的几何不变体系

2-12　无多余约束几何不变体系

2-13　无多余约束几何不变体系

2-14　无多余约束几何不变体系

2-15　无多余约束几何不变体系

2-16　无多余约束几何不变体系

2-17　瞬变体系

2-18　瞬变体系

2-19　有一个多余约束的几何不变体系

2-20　有两个多余约束的几何不变体系

2-21　无多余约束几何不变体系

2-22　无多余约束几何不变体系

2-23　无多余约束几何不变体系

2-24　无多余约束几何不变体系

2-25　瞬变体系

2-26　几何可变体系

2-27　几何可变体系

2-28　瞬变体系

2-29　瞬变体系

2-30　有一个多余约束的几何不变体系

2-31　瞬变体系

2-32　无多余约束几何不变体系

第 3 章

3－1　(a) $M_B = \dfrac{ql^2}{8}$ （上侧受拉）

　　　(b) $M_C = \dfrac{2Pa}{3}$ （下侧受拉）

　　　(c) $M_C = 8\text{kN·m}$ （下侧受拉）

　　　(d) $M_C = 6\text{kN·m}$ （下侧受拉）

　　　(e) $M_B = 30\text{kN·m}$ （上侧受拉）

　　　(f) $M_A = 254.84\text{kN·m}$ （上侧受拉）

　　　(g) $M_C = 8\text{kN·m}$ （下侧受拉）

　　　(h) $M_{DA} = 30\text{kN·m}$ （下侧受拉）

3－2　(a) $\dfrac{Pa}{4}$ （上侧受拉）

　　　(b) $M_{AB} = 80\text{kN·m}$ （上侧受拉），$M_{EF} = 40\text{kN·m}$ （下侧受拉）

　　　(c) $M_{BC} = 9\text{kN·m}$ （上侧受拉）

　　　(d) $M_{AB} = 48\text{kN·m}$ （上侧受拉）

　　　(e) $M_{BA} = 120\text{kN·m}$ （上侧受拉）

3－3　(a) $M_{AB} = 30\text{kN·m}$ （左侧受拉）

　　　(b) $M_{EB} = 80\text{kN·m}$ （左侧受拉）

　　　(c) $M_{CD} = 80\text{kN·m}$ （内侧受拉）

　　　(d) $M_{BA} = 4\text{kN·m}$ （左侧受拉）

　　　(e) $M_{CA} = 24\text{kN·m}$ （下侧受拉）

　　　(f) $M_{BC} = 22\text{kN·m}$ （下侧受拉）

　　　(g) $M_{DC} = 60\text{kN·m}$ （内侧受拉）

　　　(h) $M_{DC} = 17.5\text{kN·m}$ （上侧受拉）

　　　(i) $M_{DA} = 0$，$M_{EC} = 8\text{kN·m}$ （外侧受拉）

　　　(j) $M_{DA} = 64\text{kN·m}$ （左侧受拉）

　　　(k) $M_{CD} = 160\text{kN·m}$ （右侧受拉），$M_{FG} = 0$

　　　(l) $M_{ED} = 12\text{kN·m}$ （内侧受拉）

3－5　(a) $N_1 = -P$，$N_2 = \sqrt{2}\,P$，$N_3 = P$

　　　(b) $N_1 = 37.5\text{kN}$，$N_2 = 7.5\text{kN}$

　　　(c) $N_1 = -\sqrt{2}\,P$，$N_2 = 1.5P$

　　　(d) $N_1 = -15\text{kN}$，$N_2 = 6.25\text{kN}$

　　　(e) $N_1 = -\dfrac{3\sqrt{2}}{2}P$，$N_2 = \dfrac{1}{2}P$

　　　(f) $N_1 = -\dfrac{4}{9}P$，$N_2 = -\dfrac{2}{3}P$，$N_3 = 0$

　　　(g) $N_1 = -\dfrac{5}{24}P$，$N_2 = -\dfrac{5}{8}P$，$N_3 = -\dfrac{1}{2}P$

3 - 6　(a) $M_K = 1.08\text{kN·m}$（内侧受拉）

　　　(b) $M_K = \dfrac{3}{50}qR^2$（内侧受拉）

3 - 7　(a) $N_{DE} = 30\text{kN}$

　　　(b) $N_{AB} = 5\text{kN}$

3 - 8　$M_D = 6\text{kN·m}$，$M_E = -2\text{kN·m}$，$Q_{D左} = 1.8\text{kN}$，$N_{D左} = 3.12\text{kN}$

3 - 9　$X_A = 16\text{kN}$（→），$Y_A = 16\text{kN}$（↑），$X_B = 16\text{kN}$（←），$Y_B = 8\text{kN}$（↑）

3 - 10　(a) $N_{DE} = 225\text{kN}$，$M_{GB} = 67.5\text{kN·m}$（下侧受拉）

　　　(b) $N_{BF} = 80\text{kN}$，$M_C = 40\text{kN·m}$（上侧受拉）

　　　(c) $N_{AD} = 12.5\text{kN}$

　　　(d) $N_{DE} = 100\text{kN}$，$M_F = 5\text{kN·m}$（上侧受拉）

　　　(e) $N_{CD} = -3.5\text{kN}$，$M_{HE} = 30\text{kN·m}$（右侧受拉）

第 4 章

4 - 4　(a) $R_A = 15\text{kN}$，$R_B = 45\text{kN}$，$Q_C = 5\text{kN}$，$M_C = 10\text{kN·m}$

　　　(b) $M_E = 40\text{kN·m}$，$R_B = 140\text{kN}$，$Q_{B左} = -60\text{kN}$

　　　(c) $Q_{C左} = 2\text{kN}$，$Q_{C右} = -28\text{kN}$

　　　(d) $Q_{K左} = -\dfrac{115}{4}\text{kN}$，$M_K = 185\text{k·N}$

4 - 5　$R_B = 537.88\text{kN}$

4 - 6　(a) $M_{K\max} = 110\text{kN·m}$，$Q_{K\max} = 10\text{kN}$，$Q_{K\min} = -30\text{kN}$

　　　(b) $M_{K\max} = 326.67\text{kN·m}$，$Q_{K\max} = 81.67\text{kN}$，$Q_{K\min} = -38.33\text{kN}$

　　　(c) $M_{K\max} = 440\text{kN·m}$，$Q_{K\max} = 40\text{kN}$，$Q_{K\min} = -100\text{kN}$

　　　(d) $M_{K\max} = 320\text{kN·m}$，$Q_{K\max} = 80\text{kN}$，$Q_{K\min} = -40\text{kN}$

4 - 7　(a) $M_{\max} = 455.5\text{kN·m}$；(b) $M_{\max} = 88.2\text{kN·m}$

第 5 章

5 - 1　(a) $\theta_A = \dfrac{ql^3}{48EI}$（↘），$\Delta_{Ay} = \dfrac{7ql^4}{384EI}$（↓）

　　　(b) $\theta_B = \dfrac{Ml}{6EI}$（↗），$\Delta_{Cy} = \dfrac{Ml^2}{16EI}$（↓）

　　　(c) $\theta_B = -\dfrac{ql^3}{24EI}$（↙），$\Delta_{Cy} = \dfrac{ql^4}{24EI}$（↓）

　　　(d) $\theta_A = \dfrac{Pl^2}{12EI}$（↘），$\Delta_{Cy} = \dfrac{Pl^3}{8EI}$（↓）

5 - 2　(a) $\Delta_{Cx} = \dfrac{4.83Pa}{Ea}$（→）

　　　(b) $\Delta_{By} = \dfrac{161}{EA}$（↓）

5 - 3　$\angle ADC$ 增大 $3.867 \times 10^{-4}\text{rad}$

5 - 4 $\Delta_{Ax}=\dfrac{qr^4}{24EI}$ $(3\pi-4)$ $(\rightarrow)$, $\Delta_{Ay}=\dfrac{qr^4}{3EI}$ $(\downarrow)$, $\theta_A=\dfrac{\pi qr^3}{8EI}$ $(\circlearrowright)$

5 - 5 $\Delta_{Cx}=\dfrac{5Pl^3}{16EI}$ $(\rightarrow)$, $\theta_A=\dfrac{11Pl^2}{24EI}$ $(\circlearrowright)$

5 - 6 $\Delta_{Cx}=\dfrac{1252}{EI}$ $(\rightarrow)$

5 - 8 $\Delta_{Dy}=\dfrac{5}{2EI}$ $(\downarrow)$

5 - 9 (a) $\Delta_{Cy}=\dfrac{Pa^3}{8EI}$ $(\downarrow)$

       (b) $\theta_B=\dfrac{7qa^3}{3EI}$ $(\circlearrowright)$

5 - 10 (a) $\Delta_{Bx}=\dfrac{120}{EI}$ $(\rightarrow)$, $\theta_B=\dfrac{60}{EI}$ $(\circlearrowleft)$

        (b) $\theta_A=\dfrac{9ql^3}{16EI}$ $(\circlearrowright)$, $\theta_B=\dfrac{11ql^3}{48EI}$ $(\circlearrowright)$

5 - 11 $\Delta_{AB}=-\dfrac{4\sqrt{2}}{3EI}$ $(\searrow)$

5 - 12 $\Delta_{HAB}=\dfrac{756}{EI}$ $(\rightarrow\!\leftarrow)$

5 - 13 $\Delta_{AB}=\dfrac{\sqrt{2}}{EA}F_Pa$ $(\searrow)$

5 - 14 $\Delta_{Cx}=\dfrac{Hb}{l}$ $(\rightarrow)$

第6章

6 - 1 (a) 3; (b) 4; (c) 2; (d) 6; (e) 4; (f) 7; (g) 21; (h) 21; (i) 2; (j) 2

6 - 2 (a) $M_{AC}=\dfrac{3Pl}{16}$

       (b) $M_B=M_C=\dfrac{ql^2}{10}$（上侧受拉）

       (c) $M_{AB}=\dfrac{ql^2}{16}$（下侧受拉）

       (d) $M_{BA}=4.5\text{kN·m}$（上侧受拉）

6 - 3 (a) $M_{AB}=11.4\text{kN·m}$（左侧受拉）

       (b) $M_{AB}=0$, $M_{BA}=4.5\text{kN·m}$（左侧受拉）, $M_{BD}=9\text{kN·m}$（上侧受拉）

       (c) $M_{AB}=73.71\text{kN·m}$（上侧受拉）

       (d) $M_A=\dfrac{47ql^2}{126}\text{kN·m}$（左侧受拉）, $M_B=\dfrac{8ql^2}{63}\text{kN·m}$（内侧受拉）,

           $M_C=\dfrac{ql^2}{63}\text{kN·m}$（外侧受拉）, $M_D=\dfrac{ql^2}{63}\text{kN·m}$（右侧受拉）

(e) $M_C = \dfrac{5ql^2}{8}$ kN·m（上侧受拉），$M_E = \dfrac{7ql^2}{16}$ kN·m（下侧受拉），

$M_F = \dfrac{ql^2}{2}$ kN·m（上侧受拉），$N_{EF} = \dfrac{7ql}{8}$ kN

(f) $M_A = 35.86$ kN·m（左侧受拉），$M_B = 23.56$ kN·m（左侧受拉），

$M_C = 30.58$ kN·m（左侧受拉）

6-4 (a) $N_{AD} = 26.47$ kN，$N_{DE} = -23.53$ kN，$N_{CD} = -1.76$ kN

(b) $N_{AB} = 0.415P$，$N_{DE} = 0.17P$

6-5 $M_B = M_C = 10$ kN·m（上侧受拉）

6-6 (a) 取 1/4 之一结构，$M_{BA} = M_{BC} = \dfrac{ql^2}{2}$（外侧受拉），

$M_{AB} = 0$，$M_{CB} = \dfrac{ql^2}{4}$（下侧受拉）

(b) $M_{AB} = M_{CB} = 0$，$M_{BA} \dfrac{ql^2}{4}$（上侧受拉），$M_{BC} = \dfrac{3ql^2}{56}$（上侧受拉），

$M_{BD} = M_{DB} = \dfrac{ql^2}{56}$（右侧受拉）

6-7 取半结构，$M_{AB} = M_{BA} = M_{BC} = 0$，$M_{CB} = M_{CD} = 0.00152F_Pl$（外侧受拉），

$M_{DC} = 0.187F_Pl$（左侧受拉）

第 7 章

7-2 (a) $M_{BC} = -54$ kN·m，$M_{CB} = -36$ kN·m

(b) $M_B = 108.66$ kN·m（上侧受拉），$M_C = 54.66$ kN·m（上侧受拉）

7-3 (a) $M_{BA} = -16$ kN·m，$M_{AB} = 10$ kN·m，

$M_{AC} = -9$ kN·m，$M_{AD} = -1$ kN·m

(b) $M_A = 27.16$ kN·m，$M_B = 20.07$ kN·m

(c) $M_{AD} = -\dfrac{11}{56}ql^2$，$M_{BE} = -\dfrac{1}{8}ql^2$，$M_{CF} = -\dfrac{1}{14}ql^2$

(d) $M_{AB} = -Pl$，$M_{AC} = 0.3Pl$，$M_{AD} = 0.4Pl$，$M_{AE} = 0.3Pl$

7-4 (a) $M_{AB} = 10.77$ kN·m（左侧受拉），$M_{BC} = M_{CB} = M_{DF} = 0$，

$M_{DC} = M_{DE} = 24.62$ kN·m（左侧受拉），$M_{ED} = 12.31$ kN·m（右侧受拉），

$M_{FD} = 20$ kN·m（上侧受拉）

(b) $M_{AD} = \dfrac{Pl}{9}$（上侧受拉），$M_{DA} = \dfrac{2Pl}{9}$（下侧受拉），$M_{DB} = \dfrac{2Pl}{9}$（右侧受拉），

$M_{BD} = \dfrac{Pl}{9}$（左侧受拉），$M_{DC} = \dfrac{4Pl}{9}$（下侧受拉），$M_{CD} = \dfrac{5Pl}{9}$（上侧受拉）

(c) $M_{AC} = 0.51$ kN·m（右侧受拉），$M_{CA} = 2.82$ kN·m（左侧受拉），

$M_{CD} = 7.18$ kN·m（上侧受拉），$M_{CE} = 4.36$ kN·m（右侧受拉），

$M_{DC} = 18.72$ kN·m（上侧受拉），$M_{DB} = 1.28$ kN·m（左侧受拉），

$M_{DF}=20$kN·m（上侧受拉），$M_{BD}=0.26$kN·m（左侧受拉）

(d) $M_{AB}=0$，$M_{BA}=\dfrac{7ql^2}{32}$（上侧受拉），$M_{BC}=\dfrac{5ql^2}{24}$（下侧受拉），

$M_{CB}=\dfrac{11ql^2}{48}$（上侧受拉），$M_{BD}=\dfrac{41ql^2}{96}$（右侧受拉），

$M_{DB}=\dfrac{55ql^2}{96}$（左侧受拉）

7-5 (a) $M_{AB}=M_{AD}=20.77$kN·m（内侧受拉），$M_{BC}=M_{BA}=20.77$（外侧受拉），

$M_{CB}=M_{CF}=24.23$kN·m（下侧受拉），$M_{DA}=M_{DE}=24.23$kN·m（下侧受拉），

$M_{ED}=M_{EF}=20.77$kN·m（内侧受拉），$M_{FE}=M_{FC}=20.77$kN·m（外侧受拉）

(b) $M_A=M_D=4.5$kN·m（内侧受拉），$M_B=M_C=4.5$kN·m（外侧受拉）

(c) $M_{BA}=0.32$kN·m（上侧受拉），$M_{BC}=16.95$（左侧受拉），

$M_{BD}=17.28$kN·m（左上侧受拉），$M_{CB}=16.74$kN·m（右侧受拉），

$M_{DB}=17.45$kN·m（右下侧受拉）

(d) $M_A=\dfrac{3ql^2}{2}$（左侧受拉），$M_B=\dfrac{19ql^2}{14}$（左侧受拉），$M_{CD}=M_{DC}=0$，

$M_{CA}=M_{CE}=\dfrac{3ql^2}{14}$（右侧受拉），$M_{DF}=M_{DB}=\dfrac{ql^2}{14}$（左侧受拉），

$M_{EC}=M_{EG}=\dfrac{ql^2}{14}$（内侧受拉），$M_{FG}=M_{FD}=\dfrac{15ql^2}{14}$（外侧受拉），$M_G=0$

7-6 (a) $\dfrac{6EI\theta}{l}$（右侧受拉）

(b) $\dfrac{3\Delta}{10a}+\dfrac{qa^3}{80EI}$

(c) $M_A=48$kN·m（右侧受拉），$M_B=0$，$M_C=48$kN·m（左侧受拉），

$M_D=96$kN·m（外侧受拉），$M_{ED}=M_{EF}=128$kN·m（下侧受拉），

$M_F=96$kN·m（外侧受拉）

7-7 $M_{AC}=M_{CA}=M_{CD}=\dfrac{12\Delta i}{13l}$（外侧受拉），$M_{BD}=M_{DC}=M_{DB}=\dfrac{12\Delta i}{13l}$（内侧受拉）

第8章

8-1 (a) $M_{AB}=1$kN·m，$M_{BA}=26$kN·m，$M_{CB}=-22$kN·m

(b) $M_{AB}=-18$kN·m，$M_{BA}=24$kN·m

(c) $M_{AB}=-54.29$kN·m，$M_{BA}=11.43$kN·m

(d) $M_{AB}=-45$kN·m，$M_{BA}=-30$kN·m，$M_{BC}=-25$kN·m

8-2 (a) $M_{BA}=4.67$kN·m，$M_{CD}=-4.67$kN·m

(b) $M_{AB}=-7.5$kN·m，$M_{BA}=15$kN·m

8-3　(a) $M_{BA} = -M_{BC} = 4.83 \text{kN·m}$, $M_{CB} = -M_{CD} = 4.81 \text{kN·m}$

　　　(b) $M_{AB} = -24.5 \text{kN·m}$, $M_{BA} = 50.98 \text{kN·m}$, $M_{CD} = -68.3 \text{kN·m}$

8-4　(a) $M_{BA} = 63 \text{kN·m}$, $M_{CB} = -45 \text{kN·m}$

　　　(b) $M_{AB} = -16 \text{kN·m}$, $M_{BA} = 13 \text{kN·m}$

　　　(c) $M_{AB} = -6 \text{kN·m}$, $M_{BA} = 12 \text{kN·m}$, $M_{BC} = -15 \text{kN·m}$

　　　(d) $M_{AB} = -9.5 \text{kN·m}$, $M_{BA} = 17 \text{kN·m}$, $M_{BC} = -22 \text{kN·m}$

8-5　(a) $M_{AB} = M_{BA} = 13 \text{kN·m}$（上侧受拉）, $M_{BD} = 26 \text{kN·m}$（上侧受拉）,

　　　　$M_{DB} = M_{DE} = 17.9 \text{kN·m}$（上侧受拉）, $M_{EF} = M_{ED} = 20 \text{kN·m}$（上侧受拉）,

　　　　$M_{BC} = 13 \text{kN·m}$（左侧受拉）, $M_{CB} = 6.5 \text{kN·m}$（右侧受拉）, $M_{FE} = 0$

　　　(b) $M_{AB} = M_{BA} = \dfrac{F_P l}{26}$（下侧受拉）, $M_{BC} = \dfrac{3 F_P l}{26}$（右侧受拉）,

　　　　$M_{BD} = \dfrac{2 F_P l}{13}$（下侧受拉）, $M_{DB} = M_{DF} = F_P l$（上侧受拉）

　　　(c) $M_{AB} = 42.8 \text{kN·m}$（上侧受拉）, $M_{BA} = M_{BC} = 64.5 \text{kN·m}$（上侧受拉）,

　　　　$M_{CE} = 265 \text{kN·m}$（左侧受拉）, $M_{CB} = 173.9 \text{kN·m}$（下侧受拉）,

　　　　$M_{CD} = 91.1 \text{kN·m}$（上侧受拉）, $M_{DC} = 1.1 \text{kN·m}$（上侧受拉）

　　　(d) $M_{AB} = 6 \text{kN·m}$（右侧受拉）, $M_{AC} = 6 \text{kN·m}$（下侧受拉）,

　　　　$M_{BA} = 3 \text{kN·m}$（左侧受拉）, $M_{CA} = M_{CE} = 32 \text{kN·m}$（上侧受拉）,

　　　　$M_{CD} = 0$, $M_{DC} = 6 \text{kN·m}$（左侧受拉）

　　　(e) $M_{AB} = 6 \text{kN·m}$（下侧受拉）, $M_{BA} = M_{BC} = 2 \text{kN·m}$（上侧受拉）,

　　　　$M_{CB} = M_{CD} = 2 \text{kN·m}$（下侧受拉）, $M_{DC} = M_{DE} = 6 \text{kN·m}$（上侧受拉）,

　　　　$M_{ED} = 0$

8-6　（利用对称性取半结构）

　　　$M_{FA} = 0$, $M_{AF} = M_{AB} = 16 \text{kN·m}$（上侧受拉）, $M_{BA} = 2 \text{kN·m}$（下侧受拉）,

　　　$M_{BC} = 8 \text{kN·m}$（左侧受拉）, $M_{BD} = 10 \text{kN·m}$（上侧受拉）,

　　　$M_{BE} = 4 \text{kN·m}$（右下侧受拉）, $M_{EB} = 2 \text{kN·m}$（右上侧受拉）,

　　　$M_{DB} = 8 \text{kN·m}$（下侧受拉）

第 9 章

9-2　(a) $k_{11} = 3$, $k_{21} = 1$

　　　(b) $k_{22} = \dfrac{8EI}{l}$, $k_{33} = \dfrac{12EI}{l^3}$

　　　(c) $k_{22} = \dfrac{16EI}{l}$, $k_{23} = \dfrac{2EI}{l}$

9-3　(a) $\{\Delta\} = \begin{bmatrix} \Delta_1 & \Delta_2 & \Delta_3 \end{bmatrix}^T = \begin{bmatrix} \Delta_{2x} & \theta_2 & \theta_3 \end{bmatrix}^T$, $\{P\} = \begin{bmatrix} 6\text{kN} & 4\text{kN·m} & -8 \text{ kN·m} \end{bmatrix}^T$

　　　(b) $\{\Delta\} = \begin{bmatrix} \Delta_1 & \Delta_2 & \Delta_3 \end{bmatrix}^T = \begin{bmatrix} \Delta_{1y} & \theta_2 & \theta_3 \end{bmatrix}^T$, $\{P\} = \begin{bmatrix} 6\text{kN} & -3\text{kN·m} & -5 \text{ kN·m} \end{bmatrix}^T$

(c) $\{\Delta\} = [\Delta_1 \quad \Delta_2 \quad \Delta_3]^T = [\theta_1 \quad \theta_2 \quad \Delta_{3y}]^T$, $\{P\} = \left[\dfrac{11}{12}ql^2 \quad \dfrac{1}{8}ql^2 \quad -\dfrac{1}{2}ql^2\right]^T$

9 - 4 (a) $[K] = \dfrac{EI}{l}\begin{bmatrix} 4 & 2 & 0 & 0 \\ 2 & 6 & 1 & 0 \\ 0 & 1 & 6 & 2 \\ 0 & 0 & 2 & 4 \end{bmatrix}$

(b) $[K] = \dfrac{EI}{l}\begin{bmatrix} 16 & -\dfrac{12}{l} & 4 & 0 & 0 & 0 \\ -\dfrac{12}{l} & \dfrac{36}{l^2} & -\dfrac{6}{l} & \dfrac{6}{l} & 0 & 0 \\ 4 & -\dfrac{6}{l} & 12 & 2 & 0 & 0 \\ 0 & \dfrac{6}{l} & 2 & 8 & -\dfrac{6}{l} & 2 \\ 0 & 0 & 0 & -\dfrac{6}{l} & \dfrac{12}{l^2} & -\dfrac{6}{l} \\ 0 & 0 & 0 & 2 & -\dfrac{6}{l} & 4 \end{bmatrix}$

9 - 5 (a) $M_{12} = -16.24\text{kN·m}$, $M_{23} = 7.88\text{kN·m}$

(b) $M_{23} = -39\text{kN·m}$, $M_{32} = -33\text{kN·m}$

9 - 6 (a) $[K] = 448 \times 10^4 \begin{bmatrix} 6 & 1 \\ 1 & 12 \end{bmatrix}\text{N·m}$

(b)

$[K] = \begin{bmatrix} 75973\text{kN/m} & 0 & 8960\text{kN} & -70000\text{kN/m} & 0 & 0 \\ 0 & 1407047\text{kN/m} & 2240\text{kN} & 0 & -747\text{kN/m} & 2240\text{kN} \\ 8960\text{kN} & 2240\text{kN} & 26880\text{kN·m} & 0 & -2240\text{kN} & 4480\text{kN·m} \\ -70000\text{kN/m} & 0 & 0 & 75973\text{kN/m} & 0 & 8960\text{kN} \\ 0 & -747\text{kN/m} & -2240\text{kN} & 0 & 1407047\text{kN/m} & -2240\text{kN} \\ 0 & 2240\text{kN} & 4480\text{kN·m} & 8960\text{kN} & -2240\text{kN} & 26880\text{kN·m} \end{bmatrix}$

9 - 7 (a) $\begin{bmatrix} 4 & 2 & 0 \\ 2 & 12 & 4 \\ 0 & 4 & 8 \end{bmatrix}\begin{Bmatrix} \theta_1 \\ \theta_2 \\ \theta_3 \end{Bmatrix} = \begin{Bmatrix} 8 \\ 2 \\ -10 \end{Bmatrix}\text{kN·m}$

(b) $\dfrac{EI}{16}\begin{bmatrix} 32 & 8 & 0 \\ 8 & 48 & -6 \\ 0 & -6 & 3 \end{bmatrix}\begin{Bmatrix} \theta_1 \\ \theta_2 \\ \Delta_{3y} \end{Bmatrix} = \begin{Bmatrix} 8 \\ 2 \\ 10 \end{Bmatrix}$

9 - 8 (a) $M_{21} = 7.2\text{kN·m}$, $M_{23} = -8.4\text{kN·m}$, $M_{32} = 10.8\text{kN·m}$

(b) $F_{x2} = -111.006\text{kN}$, $F_{y2} = -138.698\text{kN}$, $M_2 = 133.83\text{kN·m}$

$F_{x3} = -28.995\text{kN}$, $F_{y3} = -81.303\text{kN}$, $M_3 = -35.358\text{kN·m}$

9 - 9　(a)　$N_1 = 14.42\text{kN}$，$N_2 = -5.58\text{kN}$，$N_3 = -6.25\text{kN}$，$N_6 = 7.89\text{kN}$

　　　　(b)　$N_3 = \dfrac{7}{8}P$，$N_6 = \dfrac{5}{24}P$，$N_7 = -\dfrac{3}{2}P$

9 - 10　$M_2^{②} = \dfrac{F_\text{P}l}{16}$，$Q_2^{②} = \dfrac{3}{16}F_\text{P}$；$M_3^{②} = \dfrac{F_\text{P}l}{32}$，$Q_3^{②} = -\dfrac{3}{16}F_\text{P}$

第 10 章

10 - 1　(a)　$M_\text{u} = \sigma_\text{s}\dfrac{bh^2}{4}$

　　　　(b)　$M_\text{u} = \sigma_\text{s}\dfrac{D^3}{6}$

　　　　(c)　$M_\text{u} = \sigma_\text{s}\dfrac{D^3}{6}\left[1 - \left(1 - \dfrac{2t}{D}\right)^3\right]$

10 - 2　(a)　$M_\text{u} = 20.064\text{kN·m}$

　　　　(b)　$M_\text{u} = 21.12\text{kN·m}$

10 - 5　(a)　$P_\text{u} = 6\dfrac{M_\text{u}}{l}$

　　　　(b)　$P_\text{u} = 3\dfrac{M_\text{u}}{l}$

　　　　(c)　$P_\text{u} = 9\dfrac{M_\text{u}}{l}$

　　　　(d)　$P_\text{u} = 0.75M_\text{u}$

10 - 6　(a)　$P_\text{u} = 4\dfrac{M_\text{u}}{l}$

　　　　(b)　$P_\text{u} = 35\text{kN}$

10 - 7　(a)　$P_\text{u} = 1.5\dfrac{M_\text{u}}{l}$

　　　　(b)　$q_\text{u} = 3\dfrac{M_\text{u}}{l^2}$

　　　　(c)　$P_\text{u} = 2\dfrac{M_\text{u}}{l}$

　　　　(d)　$q_\text{u} = 0.275M_\text{u}$

第 11 章

11 - 8　(a)　$P_\text{cr} = \dfrac{kl}{2}$

　　　　(b)　$P_\text{cr} = \dfrac{kl}{2} + \dfrac{2k_r}{l}$

　　　　(c)　$P_\text{cr} = \dfrac{10EI}{3hl}$

　　　　(d)　$q_\text{cr} = \dfrac{k}{6} + \dfrac{EI}{2l^3}$

(e) $P_{cr} = \dfrac{11EI}{3l^2}$

(f) $P_{cr} = \dfrac{2EI}{hl}$

(g) $P_{cr} = \dfrac{k_r}{l}$

11-9 (a) $P_{cr} = \dfrac{24EI}{l^2}$

(b) $P_{cr} = \dfrac{8EI}{l^2}$

11-10 (a) $\alpha l \tan \alpha l = 3$，$\alpha = \sqrt{\dfrac{P}{EI}}$

(b) $1 - \alpha l_1 \tan \alpha l - \dfrac{\alpha l}{3} \left(\tan \alpha l + \alpha l_1 \right) = 0$，$\alpha = \sqrt{\dfrac{P}{EI}}$

(c) $\tan \alpha l - \dfrac{1}{\alpha l} = 0$，$\alpha = \sqrt{\dfrac{P}{EI}}$

11-11 (a) $P_{cr} = 4.08 \dfrac{EI}{l^2}$

(b) $P_{cr} = \dfrac{\pi^2 EI}{\left(\dfrac{2l}{3} \right)^2}$

(c) $P_{cr} = \dfrac{441EI}{l^2}$

11-12 (a) $P_{cr} = 0.879 \dfrac{EI}{a^2}$

(b) $q_{cr} = 7.837 \dfrac{EI}{l^3}$

(c) $P_{cr} = 71.73 \dfrac{EI}{l^2}$

第 12 章

12-1 (a) 3；(b) 2；(c) 3；(d) 2；(e) 3；(f) 3；(g) 4；(h) 2；(i) 2；(j) 1

12-2 (a) $\omega = \sqrt{\dfrac{32EI}{3ml^3}}$

(b) $\omega = \sqrt{\dfrac{24EI}{5ml^3}}$

(c) $\omega = \sqrt{\dfrac{48EI}{5ml^3}}$

(d) $\omega = \sqrt{\dfrac{15EI}{mh^3}}$

12 - 3　(a) $\omega = \sqrt{\dfrac{3EI}{2ml^3}}$

　　　　(b) $\omega = \sqrt{\dfrac{EI}{2ml^3}}$

　　　　(c) $\omega = \sqrt{\dfrac{12EI}{7ml^3}}$

12 - 4　$y_{dmax} = \dfrac{Fl^3}{9EI}$；$M_{dmax} = \dfrac{2}{3}Fl$

12 - 5　$y_{dmax} = \dfrac{Fh^3}{6EI}$；$M_{dmax} = Fh$

12 - 6　(a) $M_{dmax} = \dfrac{1}{15}Fl$

　　　　(b) $M_{dmax} = 2Fl$

12 - 7　$y_{dmax} = \dfrac{9F}{2k}$

12 - 8　$y = -\dfrac{Fl^3}{16EI}\sin\theta t$

12 - 9　(a) $\omega_1 = 0.806\sqrt{\dfrac{EI}{ml^3}}$，　$\omega_2 = 2.815\sqrt{\dfrac{EI}{ml^3}}$

　　　　(b) $\omega_1 = \sqrt{\dfrac{6EI}{ml^3}}$，　$\omega_2 = \sqrt{\dfrac{12EI}{ml^3}}$

12 - 10　$\omega_1 = 0.584\sqrt{\dfrac{EI}{ml^3}}$，　$\omega_2 = 3.884\sqrt{\dfrac{EI}{ml^3}}$；　$\dfrac{Y_{11}}{Y_{21}} = 0.321$，　$\dfrac{Y_{12}}{Y_{22}} = -3.121$

12 - 11　$\omega_1 = 1.609\sqrt{\dfrac{EI}{ml^3}}$，　$\omega_2 = 3.730\sqrt{\dfrac{EI}{ml^3}}$；　$\dfrac{Y_{11}}{Y_{21}} = 0.138$，　$\dfrac{Y_{12}}{Y_{22}} = -3.637$

12 - 12　$\begin{vmatrix} 2\delta m - \lambda & 5\delta m & 8\delta m \\ 5\delta m & 16\delta m - \lambda & 28\delta m \\ 8\delta m & 28\delta m & 54\delta m - \lambda \end{vmatrix} = 0$，$\left(\delta = \dfrac{l^3}{6EI},\ \lambda = \dfrac{1}{\omega^2}\right)$

12 - 13　$\omega = \sqrt{\dfrac{EA}{2.414ma}}$

参 考 文 献

[1] 龙驭球，包世华. 结构力学 [M]. 2版. 北京：高等教育出版社，1994.

[2] 李廉锟. 结构力学 [M]. 5版. 北京：高等教育出版社，2010.

[3] 朱慈勉，张伟平. 结构力学 [M]. 2版. 北京：高等教育出版社，2009.

[4] 刘玉彬，白秉三. 结构力学 [M]. 北京：科学出版社，2004.

[5] 杨弗康，李家宝. 结构力学 [M]. 北京：高等教育出版社，1998.

[6] 蒋玉川，徐双武，胡耀华. 结构力学 [M]. 北京：科学出版社，2008.